张庆祥　　　　孙振泽

出版有《危机应对》、《资源整合
方法论》、《军事地质应用》等著作。

致 读 者

读者朋友:

　　此书虽然见解还很肤浅,

　　也注定会有这样那样的错误,

　　诚恳地接受朋友们的评议指正。

　　尽管如此,

　　还是想为您提供一些可以吸取的东西,

　　那怕是一点一滴,

　　也会给我们心灵带来慰籍。

　　如果您读此书,

　　或许会减少挫折;

　　或许会规避风险;

　　或许会化解危机而免遭失败;

　　或许会更加理智的应对眼前的一切;

　　或许会给您人生带来未曾预想的精彩;

　　或许什么都没有给您——

　　　　　　　　　　　作　者

　　　　　　　2007 年 2 月于北京

目　录

第一章　危机管理的概念

第一节　事件与概念

"非典"（SARS）事件以来，"危机"这个词在我们生活中的使用频率越来越高，这说明越来越多的人们注意到了这个不可忽视然而却一直没有引起我们足够重视的问题——"危机管理"。

那么到底什么是危机管理？要回答这个问题就要先了解什么是危机。我们所说的危机，是指事物发展到具有危害性质变的临界点。如果你经常听广播、看报纸和电视，那么危机事件对于你来说就绝不陌生。你会发现媒体有很多关于战争、疾病、自然灾害、企业破产、经济衰退的报道，这些对人们的生活和生存造成了重大威胁的灾难性事件，已经发生的我们常常把它叫做危害，即将发生的我们可以把它叫做危机。因此，可以说危机几乎无处不在，无时不在。对于个人来说，在这个竞争激烈的社会里，个人的生存面临挑战；对于组织来说，要想长久地发展、立于不败之地，就必须采用正确的管理方法，任何一点细微的疏忽都关乎组织的存亡；对于国家来说，社会、政治、经济的稳定发展至关重要，没有一个和平稳定的发展环境，国家的兴旺就无从谈起；而对于全人类，环境问题、恐怖主义等都是人们所面临的威胁，环境问题得不到妥善的解决，人类就有灭绝的危险，恐怖主义只要一直存在，人类社会就永无宁日。

危机与人类社会的各个领域、各个方面都有着密切的联系，因此对危机的研究就成了一个必然的趋势。危机管理就是一门专门研究如何预防危机、应对危机的学科，由于刚起步，有关理论研究还很不完善。我们都清楚，大自然的力量是不可抗拒的，但是，人们经过努力可以把灾难造成的损失缩小到最低限度，人为的危机也是可以预防的。危机管理的最基本目标是使发展进程免

1

遭冲击或在遭受冲击后能够尽快恢复正常。

2004年12月26日，印度尼西亚苏门答腊岛附近海域发生强烈地震并引发海啸，影响到东南亚、南亚和东非地区10多个国家，造成近15万人死亡。印度尼西亚、斯里兰卡、印度、泰国等国灾情最为严重。这场海啸灾难凸显了人类在防灾救灾方面存在的五大缺陷。第一，缺乏有效的海啸预警机制。第二，缺乏统一协调的灾后应急机制。第三，危机意识淡薄，对灾难后果的严重性估计不足。第四，注重短期经济效益，无视生态环境的破坏。第五，回避责任与义务，忽视人类共同面对的问题。

海啸通常由震源在海底下50千米以内、里氏震级6.5以上的海底地震引起。水下或沿岸山崩或火山爆发也可能引起海啸。不管海洋深度如何，波都可以传播过去。剧烈震动之后不久，巨浪呼啸，越过海岸线，越过田野，迅猛地袭击着岸边的城市和村庄，瞬时人与所有设施会被洗劫一空。地震海啸给人类带来的灾难是十分巨大的。目前，人类对地震、火山、海啸等突如其来的灾变，只能通过预测、观察来预防或减少它们所造成的损失，但还不能控制它们的发生。据1700多年的资料统计，全球有记载的破坏性较大的地震海啸约发生260次。根据太平洋沿岸1300多年来海啸记载，有14万至20万人丧生于海啸灾难之中。1964年3月28日阿拉斯加湾因大面积海底运动引起海啸，最大波高达30米，海啸波及加拿大和美国沿岸，死亡150人。1960年5月23日，智利沿海地区发生一次接连不断的大地震，这次地震最大震级为里氏8.4级，引起海啸最大波高为25米。这次海啸造成900多人丧生。同时，这次海啸产生的能量波及整个太平洋，海啸波以每小时700多公里的速度在太平洋传播，在地震约20小时以后，海啸波传至日本，造成巨大灾害。

2005年8月25日，美国"卡特里娜"飓风袭击佛罗里达州，后来又于29日在美国墨西哥湾沿海地区登陆，造成重大的人员伤亡和财产损失，成为美国历史上最严重的自然灾害之一。其中，新奥尔良市受灾情况最为严重，很多屋顶被掀翻，全城停电、停水，移动电话系统陷入瘫痪状态。新奥尔良当地最大报纸《时代－小钱币》（Times－Picayune）也停刊了，工作人员全部撤离。人们又像二战期间那样，围坐在收音机旁，电波中传来女州长凯瑟琳·巴宾诺·布兰科（Kathleen Babineaux Blanco）在巴吞鲁日临时办公地的声音："灾难比我们预计的要糟糕许多，为耐心和勇气祈祷吧。"泄漏的煤气从水中冒泡，随时可能着火，甚至引发爆炸。全城1500名警察中有200人交出自己的警徽，2人自杀。囚犯虽然都撤离出城，但他们的犯罪记录没有带走。人们折断椅腿，使之成为黑夜中的火把。垃圾横溢的水中有老鼠和毒蛇。人们不敢涉水前行，只能用空冰箱当船。一名妇女用一块门板拖着丈夫的尸体，趟水去医院。一位老妇人自8月29日被困后，每天打电话给急救中心寻求救援，直到9月2日晚被大水吞没。

新奥尔良之灾原本是可以避免的。美国研究者早已预见了一个事实：他们制作精细的电脑模型，已将一场大飓风袭击新奥尔良的后果提前呈现。他们已经预计到：保护城市的堤坝将无法支撑，成千上万的人将被抛进汹涌而来的洪水中。他们甚至描述了屋顶营救的情形，以及新奥尔良80%的土地被淹没，有毒的浓汤（新奥尔良的海鲜杂烩汤很有名）在街区间漂浮。而新近披露的美国联邦紧急事务管理局（FEMA）2004年的一份文件显示，如果有飓风袭击新奥尔良，将造成百万灾民和多达35万人无家可归的惨况。

然而，美国怎么又会落到如此地步？这个地球上最富裕的国家，有着发达的基础设施、雄厚的财力以及丰富的对付风暴的经验，为什么只能在晚间新闻里看着孩子们在脏乱的避难所中哭闹着要食物？为什么飓风过后3天，当新闻记者已深入到那些绝望的人群中时，军队和救援队还不见踪影？为什么飓风过了几天后灾区仍处于一片混乱中？从表面上看，责任在谁已经很清楚了，从白宫到紧急事务管理的官员们，从联邦到各级地方政府，再到新奥尔良市临阵弃职的警察。正如美国南卡罗来纳大学自然灾害实验室主任苏珊·莱特（Susan Latter）所说的那样，"整个体制都崩溃了"。

飓风发生前，国家有关机构已经预见到了，也对公民提出过警告，希望居民撤离。但由于国家强调公民的自主权，如果公民不愿意搬走，政府是不能采取强制措施的。假设在中国灾难发生时，我们可动用公共权力强制公民离开，而在所谓的民主国家，这样一个强制力就变得很脆弱，因为它要尊重公民的自主选择。除此以外，还有一个重视程度的问题。尽管早在数日前就精确预报了飓风的登陆地点和时间，但新奥尔良的官员几乎毫无准备。同时，从密西西比州到联邦各级政府，大量的财力和人力都被用到了反恐战争中，人们在提防人祸的同时，忽视了天灾的威胁。曾经为世界所羡慕的紧急反应能力已经在退化。卡特里娜飓风成为迄今为止美国历史上最大的灾难，就不足为奇了。

然而灾难并未结束。由大西洋热带风暴转强为飓风的"奥菲莉娅"又于9月14日逐渐逼近美国北卡罗来纳州沿海地区。美国东部时间14日中午，"奥菲莉娅"飓风中心还在北卡罗来纳州威尔明顿市东南偏南64公里处，向西北偏北方向缓慢移动。包括威尔明顿市在内，北卡罗来纳州不少大西洋沿岸城市开始经历狂风暴雨。受飓风外围影响，沿海地区当天狂风大作，暴雨倾盆。从南卡罗来纳州的乔治敦，到北卡罗来纳州的俄勒冈湾，大约440公里长海岸线上各城市都已拉响"飓风警报"，以各种手段迎战"奥菲莉娅"。北卡州政府强制撤离6个沿岸城镇的居民，同时对多个相关城镇实施自愿撤离。美国政府已经发布飓风警报，呼吁居民紧急撤离至安全地带，各部门也已严阵以待，随时展开抢险救灾行动。

天灾自然不可避免，然而人祸也有其无法预料的一面。2001年9月11日，美国遭遇了迄今为止人类历史上最为严重的恐怖袭击。纽约世界贸易中心、美国国防部所在地——五角大楼先后遭到恐怖主义分子劫持飞机的猛烈撞击，导致世贸双塔轰然倒塌，共造成 3000 多人死亡和失踪。此次恐怖袭击不仅对美国人民的生命造成了威胁，给美国人民的心理带来了极大恐慌，而且对美国乃至全球的经济造成了巨大的损失。由于美国世贸中心和五角大楼遭到恐怖份子袭击，美国纽约证交所、那斯达克市场、芝加哥期货交易所和芝加哥商品交易所等各大证券交易所均停止交易。具体在东部时间上午 9：32，美国股市宣布停市。外汇市场也在此次灾难发生之后出现了大幅的震荡，英镑对美元的汇率创下六个月以来的新高。欧洲股市遭到重挫，消息传出，德国法兰克福 DAX 30 指数下跌 7．5%，伦敦金融时报 100 指数下挫了 3．9%。不久，拉美股市也全部停盘。"9·11 事件"对全球经济所造成的损害达 1 万亿美元左右，美国仅资本市场方面的损失就超过 1000 亿美元。所有这些损失，均将由于全球经济的运行，而或多或少地传导至全世界的每一个角落。资本市场是西方国家的支柱，此事件使银行业的坏帐迅速增加，保险赔偿金额创出新高纪录，部分银行与保险公司不得不面临破产的厄运。

"9·11 事件"对美国人民来说是个恐怖的噩梦，而 2003 年的发生的"非典"（SARS）事件则是中国人乃至全人类的噩梦。从 2002 年 11 月 16 日中国广东佛山发现第一例后来可称为"非典"（SARS）的病例；2003 年 2 月 3 日至 14 日，广东省发病进入高峰；2 月 11 日公布患者达 305 例，死亡达 5 例；到 3 月 12 日世界卫生组织正式发出一些地区出现急性呼吸系统综合症这一流行病的全球警报，再到 3 月 15 日，世卫组织将此改称为严重急性呼吸系统综合症（SARS）。

4 月 21 日，北大相关部门在北京对受"非典"（SARS）影响较大的旅游业、餐饮业、交通运输业做过一次调查。调查结果显示：如果"非典"（SARS）持续 3 个月，中国旅游业受较大影响，将减少旅游收入 1400 亿人民币；如果把间接影响算进去，中国经济将遭受 2100 亿人民币的损失。

货物短缺，客流稀少，销售量剧降，员工人心惶惶，争相购买板蓝根之类的药品，竟然导致此类并不能预防"非典"（SARS）的药材短缺。而对于各类企业来说，暂停营业、无薪假、裁员、降薪、缩减开支……面对这突如其来的灾难，企业显得有点手足无措，尤其是人力资源部，在平衡公司与员工利益之间经受了一场最大的考验。"非典"（SARS）不仅是对企业，对公共卫生部门的一个考验，更是对政府危机管理水平的考验。

我们生活的这个社会有着许多不确定因素，危机事件时有发生，因此加快对危机管理的研究步伐势在必行。

1.1.1 什么是危机？

学者们关于危机有多种定义：

贝尔（Coral Bell）认为，危机一词原意仅代表转折点或决定性时刻，但也可以界定为：危机是一段期间，在该段期间内，某种关系中的冲突将会升高到足以威胁改变该关系性质的程度。贝尔对危机的定义指出了它的紧迫和两面性，同时也强调了它的危害所在。

摩尔斯（Edward L Morse）认为，危机是发生于一个系统的事件或一连串事件，它必须符合一些要件，包括：（一）危机与人们要求政府具备的责任有关；（二）危机使政策制定者认识决策的做出是在时间的限制之下；（三）无法预期未来，即使能预期也是一般性的，无法针对特殊的事件。这种观点站在作为公共管理主体的政府的立场来看危机，表述了危机的主体及其行为选择。

赫尔曼（Hermann）认为，"危机是一种情景状态，使决策主体的根本目标受到威胁，在改变决策之前可获得的反应时间很有限，其发生也出乎决策主体的意料。"[1] 这种表述接近突发事件。

美国菲尼克斯德弗瑞（De Vry）技术研究院院长、著名危机管理专家劳伦斯·巴顿（Barton）认为，危机是"一个能引起潜在负面影响的具有不确定性的大事件，这种事件及其后果可能对组织及其人员、产品、服务、资产和声誉造成巨大的损害"[2]。这种观点注意到危机的影响范畴扩大到了组织及其利益相关者的声誉，将此观点从企业危机管理引入公共危机管理，由此凸显公共沟通的重要性。

美国学者罗森豪尔特则认为，危机是指"对一个社会系统的基本价值和行为准则架构产生严重威胁，并且在时间压力和不确定性因素极高的情况下，必须对其做出关键决策的事件"。[3] 这个定义更为准确地反映了危机概念的内涵，即危机通常是在决策者的核心价值观念受到严重威胁或挑战、有关信息很不充分、事态发展具有高度不确定性和需要快速决策等不利情况的汇聚。罗森豪尔的观点描述了危机的本质特征，在此情境中，作为组织者（政府）将危机所造成的损害降至最低限度，必须在相当有限的时间、物力、人力、信息资源约束下做出关键性决策和具体的应对措施。

简言之，[4] 危机是既存的人力、物力、信息、能源，以及使这些要素发挥作用的原理及价值，处于崩溃或转机中面临极其危险的状态。[5] 也可以理解为被置于危害、损害、损失等紧急状态。

1.1.2 危机的性质

从上述定义，我们可以看出危机具有如下特性：

1、意外性，对有关事态及状态的发生是不能或者难以预测的，是一种打乱既有体系及运行，使其内变量急剧而突然变化；危机往往都是不期而至，令人措手不及。对于公共危机管理研究来说，公共政策研究的最大困境就在于很难对突发事件的发生和发展做出预先的判断，所以一旦事件发生，公众和政府容易在早期陷入被动和慌乱。同时在实践中不断出现的新情况也往往是无章可循的，需要时间进行分析和寻找对策，而突发事件的处理又要求政府决策的快速有效，这时候就出现了"政策真空"的时期，突发事件继续扩大成危机。

2、威胁性，即该事态含有高度危险，可能使构成社会体制的人的生命、身体、财产等要素和机能达到崩溃的程度，危机的出现威胁到组织基本目标的实现，甚至危及组织的生存与发展。因而，排除这种危险性成为优于其他任何价值取向的行政目的。

3、多样性，对事态的未来发展推移具有不可判定性，这说明危机的发生必定是对组织的存在与发展产生了不可忽略的影响，如果处理不当，则会造成危害，带来灾难，甚至会使组织覆灭；如果处理得法，会把危险化作机遇，促进组织的发展和革新。正如诺曼·奥古斯丁所说，"每一次危机既包含了导致失败的根源，又孕育着成功的种子"。[6]因而它要求危机管理的应对策略要随机应变。

4、社会性，危机直接涉及的范围不一定是在普通的公众领域，很可能只是某个狭小区域或为数不多的个体，但是当今信息传播的多元与高速，使危机迅速公开化，事件会因为信息迅速传播而成为公众关注的焦点，使得更多的人在社会范围内成为危机事件的利益相关人。如果处理不当，一点点的失误都会酿成轩然大波，危机事件可能给更多的人带来灾难，或者影响危机管理者的公众形象和政府的公信力，甚至导致危机状态失去控制，进一步恶化。于是，政府及其危机管理者必须通过调动相当的公共资源，进行有序的公共组织力量协调，积极应对和解决危机事件，并尽力在公众心理的状态上和公共评价的体系中消除危机带来的不利影响。

5、紧迫性，从突发事件的爆发到酿成危机是一个极短的过程，可供选择判断的时间很短，一旦失去控制，就导致不均衡而恶化，甚至引起社会混乱、组织崩溃的危险，因此当危机出现时，组织对危机做出的反应和处理的时间十分紧迫，任何延缓都会带来更大的损失，它要求危机管理者必须在有限的时间里获取充分有价值的信息，分析事件爆发的原因、程度、影响，迅速找到有效的应对措施（诸如救援策略、恢复策略等），调动必要的人力、物力、财力资源，采取切实可行有效的行动，防止事件的扩大，避免涟漪效应波及其他领域。

危机的这些特点，使得危机的认识与处理显得十分重要。正确认识和及时处理危机，不仅可以化解危机，而且可以利用其中的潜在机遇；反之，则会削弱组织的竞争能力，严重的社会性危机甚至会导致整个社会一片混乱，陷入不可收拾的局面。

1.1.3 危机管理的定义

危机管理正是为了预防危机的发生，应付各种可能出现的危机情景，减轻危机损害，尽早从危机中恢复过来所进行的信息收集与分析、问题决策与预防、计划制订与责任落实、危机化解与处理、经验总结与调整的管理过程。危机管理的目的在于在危机未发生时预防危机的发生，而当危机来临时则能够采取措施减少危机所造成的伤害。

危机管理成为一门专门的科学，在西方有几十年的研究历史。最早提出"危机管理"的是英国著名危机公关专家迈克尔·里杰斯特，他说："与组织赖以生存和发展的所有内、外部公众进行有效的沟通，现已被越来越多的组织视作其战略管理的一个重要组成部分。而当组织面临危机时，这种沟通与传播又会比往常任何时候都显得更为重要。现代组织处在一个其活动透明度日益增大的时代里。若一个组织不能就其发生的危机与公众进行合适的沟通，不能告诉社会它面对灾难局面正在采取什么补救措施，不能很好地表现它对所发生事故的态度，这无疑将会给组织的信誉带来致命的损害，甚至有可能导致组织的消亡。组织可制定计划以有效地处理意外事故，并在危机出现的情况下保护组织的信誉。"

格林（Green）认为危机管理的任务是尽可能控制事态，在危机事件中把损失控制在一定的范围内，在事态失控后要争取重新控制住。这种观点注意危机的应对，没有涉及危机前的侦测、预警、隔离和危机后的恢复，代表对危机管理的较早认识水平。美国著名咨询顾问史蒂文·芬克（Steven Fink）在《危机管理》一书中，指出危机管理是指组织对所有危机发生因素的预测、分析、化解、防范等而采取的行动，包括组织面临的政治的、经济的、法律的、技术的、自然的、人为的、管理的、文化的、环境的和不可确定的所有相关因素的管理。他认为，任何防止危机发生的措施，都是危机管理；任何为了消解危机所产生的危害与疑虑，而使人更能主宰自身命运的手段或措施，都可称为危机管理。简言之，危机管理就是一种应变准备。这种观点注意到了危机的事前管理的重要性。海耶士（Richard E. Hayes）认为，危机管理是指一种适应性的管理及控制过程，它是由六个管理步骤所组成，包括：（一）密切对环境作监测。（二）对问题作实际了解。（三）制定可用的替选方案。（四）预测行动方案的可能后果。（五）决定行动方案。（六）下达工作方向及排定计划内容等。这种观点将危机的事前管理细化为具体的行动步骤。雷米（John Ramee）认为，危机管理是指组织针对危机的发展阶段所作不同的管理措施。如在危机发生前，应对危机的警告信息做确切的侦察，并疏畅沟通管道，做好危机的应对决策；当危机发生时，要成立危机管理小组负责处理并将危机予以隔离。这种观点将危机的事前和事中管理结合起来。罗伯特·希斯在其《危机管理》一书中认为，危机管理包括管理者和主管去考虑如何减少危机情境的发生、如何做好危机管理的准备、如何规划以及如何培训员工应对危机局面、如何从危机中很快复原。这 4 个方面构成了基本的危机管理。对此的通用说法是危机管理"PPRR"模式，包括：危机前的预防（Prevention）、危机前的准备（Preparation）、危机爆发时的应对（Response）和危机结束期的恢复（Recovery）。

总的来说，所谓"危机管理"，就是对危机进行控制以防止和回避危害出现，使组织或个人在危机中得以生存下来，并将危机所造成的损害限制在最低限度。

有关组织、国家乃至国际机构为避免或者减轻危机或者紧急事态所带来的严重威胁、重大冲击和损害，而有计划、有组织地学习、制定和实施一系列管理措施和应对策略，也属于危机管理的范畴，它包括危机的准备、危机的运作、危机的解决与危机解决后的复兴等不断学习和适应的动态过程，是一种以危机事件预防、处置为研究对象的管理机制，立足于应对突发的危机事件，抗拒突发的灾难事件，研究危机事件的发生、发展、变化规律并针对危机不同阶段的特点，采取最可行、最确实的对策和行为，在最短的时间内以最少的资源来避免或减轻危机所带来的威胁恶化的管理。

任何防止危机发生的措施、任何消除危机产生的风险与疑惑的努力，都是危机管理。由此可见，危机管理的目的主要有两个：其一是限制危机源，通过对可能导致突发性事件等危机的原因进行限制，以达到避免危机的目的；其二是建立和完善危机管理的组织及制度，以应对未来可能发生的危机，在有限的时间条件下，使事态恢复平常。[7]其根本目的是保障社会组织与公众良好的公关状态不受或少受危机影响，从而保障社会组织的生存和发展环境，并更好地服务于公众。

危机管理是一种紧急状态下的管理，具有紧迫性。从另一方面来看，危机的出现往往并非是偶然的和孤立的事件，其发生有着深刻的和内在的诱因，而且某一危机的发生会导致结构性和连锁性的反应，对这一事件的解决并不意味着潜在危机的完全解除。从这一意义来讲，危机管理是一种长期的和系统化的管理，它并不是着眼于消极地解决眼前的某一危机，而是积极主动地采取一系列长期性的和系统化的反危机战略。

危机发生的原因是多样化的，危机行为的变化也是多样化的，危机情势也因各种环境因素的变化而变化，因此很难找到危机管理的普遍适用法则，即使人们已经发现了危机解决的一些原则，但信守原则并不一定能保证危机的解决，危机管理是权变的管理。这意味着危机管理的方式和方法要随着危机形势而改变。在管理因变量和危机形势自变量之间存在着一种函数关系（但并非一定为因果关系）；这就是说，作为因变量的解决和危机管理的思想、方法及手段随着危机自变量的变化而变化，以便有效地解决危机。

这种关系可以理解为"如果……就要……"的关系。

广义危机管理包括企业危机管理和公共危机管理,我们这里研究的公共危机管理,即公共部门(核心是政府)对具有公共性质(或社会性)的各种类型的危机的决策和管理过程。由于危机具有社会性,对其进行有效的管理超出了私人组织的能力,因此政府在这里起着核心和关键的作用,政府的危机决策、危机行动也会对危机利益相关者产生社会性的影响。

危机是一种逆境,在逆境状态下,利益相关者和危机决策管理者都处于一种高度紧张的心理状态,往往表现为激动、焦虑、恐惧,甚至于内心冲突和心理挫折。这些心理上的因素会影响决策者的认知能力、分析和判断能力,进而影响对危机的反应和控制能力。危机管理对于危机参与者和决策者的心理要求的重要性是显而易见的。

危机管理不仅仅是政府组织单方面处理紧急事件的行为,而是要设计两个或多个参与人的相互作用,是一个博弈的过程;目的在于从诸多的方案集中选择符合个体理性策略。因此应对危机不是取决于某一方的选择,而取决于双方或多方的策略选择,是双方或多方策略行为相互作用的结果。

1.1.4 危机管理的阶段划分

危机管理有其特殊的发生过程,它包括组织为应付各种危机情境所进行的信息收集、信息分析、问题决策、计划制订、措施制定、划界处理、动态调整、经验总结和自我诊断的全过程,在职能上表现为预防、处理和评估等三项基本职能。预防职能是指在危机潜伏阶段所进行的一切有效预警工作,目的是防患于未然,包括危机监测、危机预控等具体职能;处理职能是指在危机爆发、持续阶段所进行的一切积极救治工作,目的是减少危机损失,包括制订危机处理计划、危机决策和危机处理等具体职能;评估职能指的是在危机结束后对危机管理进行认真系统的总结,目的是进一步提升组织的危机应对能力,包括危机调查、危机评价等具体职能。危机管理的三大基本职能是相互依存、相互衔接的，危机预防职能是危机处理的基础，危机评估职能是危机预防、处理的反馈和有益总结，它们共同构成了一个完整的危机管理过程。

在众多的危机管理的阶段分析法中，有三种最为学界认同的模型，分别是：史蒂文·芬克（Steven Fink）的四阶段生命周期模型、米卓夫（Mitroff）的五阶段模型和最基本的三阶段模式。史蒂文·芬克（Steven Fink）从危机的生命周期角度提出了危机管理四阶段生命周期模型。他认为危机的形成发展大致可分为四个阶段：即潜伏期（Prodromal）、爆发期（Breakout or Acute）、扩散期（Chronic）及解决期（Resolution）。潜伏期，社会系统或组织较长时间地积累矛盾，危机处于量变阶段。这是解决危机的最容易的时期，但是却因没有明显的标志事件发生而不易被人察觉。突发期，关键性的危机事件突然爆发，而且演变迅速。它在四个阶段中持续时间最短，但是社会冲击、危害最大，马上引起社会普遍关注。持续期，危机突发事件得到初步控制，但没有得到彻底解决，危机的影响持续。解决期，危机事件完全解决，影响消除。危机管理专家米卓夫（Mitroff）将危机管理分成五个阶段，分别是：信号侦测——识别新的危机发生的警示信号并采取预防措施；探测和预防——组织成员搜寻已知的危机风险因素并尽力减少潜在损害；控制损害——危机发生阶段，组织成员努力使其不影响组织运作的其他部分或外部环境；恢复阶段——尽可能快地让组织运转正常；学习阶段——组织成员回顾和审视所采取的危机管理措施，并整理使之成为今后的运作基础。

我们更认同多数专家所推崇的三阶段划分方法，它将危机管理分成危机前（Pre－crises）、危机（Crises）、危机后（Post－crises）三大阶段。每一阶段又可包括不同子阶段，危机前期包括危机征兆、信号侦测、危机预警和应对准备；危机阶段主要指采取紧急措施应对突发事件的爆发产生巨大冲击和危害、带来一系列影响；危机后阶段则包括危机影响的消除、全面恢复、反省和学习。我们认为，危机管理包括对危机的事前、事中、事后所有方面的管理。有效的危机管理需要做到如下几个方面：转移或缩减危机的来源、范围和影响；提高危机初始管理的地位，加强危机预警；改进危机冲击的反应管理；完善修复管理，以便能够迅速有效地减轻危机造成的损害；重视危机事后的总结与学习。

危机管理从实施主体上讲，可以分为以下几个层次：

1、有个人和家庭人身安全意义上的危机管理。这是关系到个人最直接的危机，通常有人身安全、疾病预防、个人或家庭财务管理与分配等各方面与个人的切身利益紧密联系的事件。目前，购买保险与社会保障是预防危机和解决危机的主要手段。

2、有企业、政党、社团组织层次上的危机管理。政党和社团组织主要面临腐败、公众信任度低等问题。如 2004 年发生的苏丹红事件：中国百胜餐饮集团当年 3 月 16 日下午发表公开声明，宣布肯德基新奥尔良烤翅和新奥尔良烤鸡腿堡调料中被发现含有"苏丹红一号"，国内所有肯德基餐厅已停止出售这两种产品。到目前，沸沸扬扬的苏丹红事件已经告一段落，肯德基早已从苏丹红的阴霾中走出来，究其原因，就是因为百胜餐饮集团采取了目前看来最有效的"危机公关"方式：第一，承认了自家产品存在质量问题，以及对供应商的监管不力，并向消费者道歉；第二，承诺重新生产不含"苏丹红"成分的调料，严格追查此次违规供应商的责任，并确保此类事件不再发生。百胜餐饮集团在发现问题后及时地采取一系列补救措施，通过媒体向消费者广而告之，保障了消费者的知情权，也避免了企业品牌形象因此次危机遭受难以挽回的破坏；立即停止售卖相关产品，也防止了更大范围的危害扩散。

3、有国家、政府级的危机管理；如国内政党纷争、武装冲突甚至战争、地区性的自然灾害等。如 2003 年 2 月，由达尔富尔地区黑人居民组成的"苏丹解放军"和"正义与公平运动"两支武装以政府未能保护他们免遭阿拉伯民兵袭击为由，展开反政府的武装活动，要求实行地区自治。武装冲突造成大量人员伤亡，100多万人流离失所。苏丹达尔富尔地区位于苏丹西部，与乍得接壤，面积约占全国总面积的五分之一。这里地势较高，降雨量多，自然条件仅次于苏丹南部和尼罗河沿岸，蕴藏的石油等自然资源也有待开发。约有80个部族生活在达尔富尔地区，错综复杂的种族和宗教矛盾导致这一地区的暴力冲突持续不断，信奉伊斯兰教的阿拉伯居民与信奉基督教和原始宗教的黑人居民经常发生武装冲突。而在俄罗斯，人口急剧减少成为新的国家危机，俄罗斯人口每年减少近76万。

4、有国际组织或多国联合组织实施的危机管理；近年来，在全世界范围内，恐怖事件层出不穷。恐怖分子制造恐怖事件的规模、手法、危害正在不断升级，而他们的最终目标就是破坏社会稳定，干扰经济建设，动摇国家基础，危害人类发展。如伦敦地铁爆炸事件。在伦敦当地时间2005年7月7日早上8时59分（北京时间16时15分），市中心发生连续爆炸事件，警方证实共有38人死亡，700人受伤，多辆公交车被炸毁，所有地铁全部停驶，200多人被困在地铁站内，交通全面瘫痪。首相布莱尔发表电视讲话谴责恐怖袭击。为了保证人类的安全，在2001年9月28日，安全理事会根据《联合国宪章》第七章采取行动，通过了第1373（2001）号决议，设立了反恐怖主义委员会（简称为：反恐委员会），由安全理事会全部15位成员组成。反恐委员会负责监测各国执行第1373号决议的情况，并努力提高各国打击恐怖主义的能力。反恐委员会表示决心防止一切恐怖袭击行为。

5、针对整个人类生存环境而实施的全球性危机管理。如战争和环境问题。20世纪两次世界大战导致军人和无辜人民几千万人的死亡和几千万人的受伤和致残，并留下许多后遗症，贻害无穷。随着世界文明的进步和发展，地球的环境资源受到前所未有的威胁和破坏，如愈来愈受到关注的温室效应问题：据科学家分析，"温室效应"将威胁全球的生态系统，对农业、水资源、海洋及海岸带、能源、人类健康等均产生重大影响。其中，海平面明显升高，直接威胁到沿海国家和 30 多个岛国的生存。气候变暖对人类的身体健康也造成巨大危害，死亡率大大增加。面对温室效应这个不可忽视的危机，旨在敦促发达国家于 2000 年后减少温室气体排放的《京都议定书》在日本东京被通过。尽管发展中国家与发达国家仍存在分歧。我们有理由相信，经过全球共同努力，一定能有效地防治"温室效应"。

　　总的来说，危机管理是这门新兴学科还需要更多的人们加以关注和更多的学者加以研究，它的重要性决定了它对全人类文明的存在和发展都有着重大的意义，目前，危机管理已经成为任何国家和社会都必须认真对待的重大课题。危机管理有其自身的特殊规律，我们应当很好地学习和把握。

第二节　危机管理的研究历史和现状

1.2.1　美日危机管理研究的历史和现状

　　西方近代资本主义产生以来，周期性出现的经济危机引起了众多经济学者的关注和研究，至于对各种危机现象所作的个案分析从古至今更是不胜枚举。

　　危机理论是最初西方政治学研究的传统课题，主要分析的是政治危机，包括政治制度变迁、政权与政府的变更、政治冲突和战争等，危机研究的目的是探索政治危机的根源、寻找处理和应对政治危机、维护政治稳定或促进政治变革的方法，研究方式主要是学院式研究和经验性研究，研究方法则是定性或思辨性的。另外，自然灾害从古至今困扰着人类社会，人类的历史是一部和自然灾害作斗争的历史。可是，从抗灾实践到灾害学理论却是上个世纪的事，而从灾害管理到公共危机管理的发展更是在此之后。因此，从本质上说这一阶段科学的危机管理理论体系尚未形成。

　　举世瞩目的"古巴导弹危机"使全人类首次意识到了美苏两大国之间很有发生核对抗的危险，而这种核对抗又是有史以来第

16

一次使整个人类社会乃至人类所赖以生存的环境都直接受到威胁。在这种有重大危机感的情况下，危机管理理论应运而生。当美国学者于60年代初提出该理论后，立即受到美国外交和决策当局的高度重视。但是当时的研究仅限于外交和国际政治领域。20世纪60~80年代，西方危机管理的研究出现了一次高潮，研究领域从政治领域向经济、社会领域扩展，从自然灾害领域向公共危机管理领域扩展，危机管理成为一门科学，形成了企业危机管理和公共危机管理两个既独立发展又相互融合的学科分支，前者的代表人物如巴顿（Barton）、福斯特（Foster）、格林（Green）、米卓夫（Mitroff）等，后者的代表人物是罗森豪尔（Rosenthal）、罗伯特·吉尔（Robert Girr）、科塞（Cose）等，大量的研究著作出版，危机管理成为大学的学科和专业，也成为一种社会职业。

70年代，"尼克松冲击"和石油危机给高速增长的日本经济以沉重的打击，从而唤起了日本政界和学者们对于危机管理理论的高度重视，将这一理论的研究和应用范围扩展到了经济领域。20世纪60年代至80年代初是日本以应对自然灾害为中心的危机管理阶段。由于地理位置以及气候等因素的影响，日本经常受到地震、火山、台风、暴雨、海啸等自然灾害的袭击，是世界上自然灾害类型多、发生频繁、灾害损失严重的少数国家之一。因此，日本最初的危机管理主要致力于治山治水、应对自然灾害的防灾管理。[8]其特点表现在防灾法律的制定和防灾机构的重建。20世纪70年代后，日本危机管理的思路出现了第一次转折，即从以治理自然灾害（地震、火山、雪灾等）为主的"单一防灾体系"转向多灾种（环境污染、化学灾害等）的"综合防灾管理体系"。

80年代伴随着国际关系的缓和跨国公司的迅速发展，地区性的冲突以及针对跨国公司的恐怖主义暴力事件层出不穷，因此，人们又将危机管理理论的服务对象拓展到了企业，尤其是跨国公司的决策者们。

20世纪80年代至90年代是日本对危机管理的重新认知阶段。

危机管理的概念已逐步扩展到公害、石油、粮食奇缺、大规模自然灾害以及恐怖暴乱等非军事领域。[9]日本对危机管理的重新认知"始于1973年'第一次石油危机'之后",其契机是1973～1980年初爆发了震撼世界的第一次石油危机（石油价格从每桶2美元上涨到12美元）。这次危机不仅造成日本对外贸易由顺差变成逆差，而且导致日本股价大幅下挫。严峻的现实使日本政府感到石油危机已经严重威胁到国家自身的安全，正是在这种背景下，日本开始重新认知和定位危机管理的内涵。1980年7月，日本《国际问题》杂志以"危机管理的各种现象"为题发表了特刊号，其中，近藤三千男的《危机管理的意义与课题》一文被视为日本危机管理研究的先行之作。近藤在文中提出了"危机管理不仅只涉及军事领域，还应包括非军事领域"的危机管理研究框架。而深海博明撰写的《经济危机管理政策的体系与现状》一文，则对非军事领域中危机管理的事例进行了分析研究。[10]与此同时，一些研究危机管理的专著也相继问世，主要有佐淳行的《危机管理的诀窍》（1980年）、二宫厚美的《日本经济和危机管理论》（1982年）、日本和平安全保障所的《我国危机管理研究》（1982年）等。上述论著在探讨危机以及危机管理定义的同时，理性地分析了日本危机管理的现状，呼吁政府重视危机管理的研究，对唤醒国民的危机意识起到了重要作用。

危机管理理论虽然是冷战时期的产物，然而，进入90年代以来，尽管随着海湾危机、东欧巨变、苏联解体，冷战体制已告终结，但是国际形势和世界格局正在发生着急剧变动，危机的产生根源非但没有消除，反而变得更加易发化和多样化。20世纪90年代日本进入了建立和完善综合性危机管理体系阶段。进入90年代后，日本先后发生了阪神大地震（1995年1月17日5时46分，以日本关西的神户市为中心发生了里氏7.2级的"阪神·淡路大地震"，死亡及去向不明者达6436人，房屋倒塌约105000座）、奥姆真理教在东京地铁投放沙林毒气（1995年3月20日8时左右，日本邪教组织奥姆真理教在东京交通最繁忙的 3 条地铁的 15 个车站同时投放沙林毒气，当场造成 12 人死亡，5500 人中毒，1036 人住院治疗）、驻秘鲁使馆被占领（1996 年 12 月 17 日至 1997 年 4 月 22 日，日本驻秘鲁大使馆被武装游击队员占领，将参加招待会的各界知名人士及家属 600 多人扣为人质）、"O-157" 大肠杆菌集体食物中毒（1996 年 6～8 月，日本有 9000 多人感染上 "O-157" 大肠杆菌，其中 7 人死亡，数百人住院治疗，并造成多所小学发生集体食物中毒）、重油泄漏（1997 年 1 月 2 日，俄罗斯油船 "纳霍特卡" 号在日本鸟根县隐岐岛东北 106 公里的海上遇难，造成约 5000 多公升的重油泄漏，使日本海沿岸地区遭到严重污染）以及核物质严重泄露（1999 年 9 月 30 日，位于东京以北 140 公里的茨城县东海村一家核燃料制造厂发生日本有史以来最严重的核裂变临界状态下的事故，19 名职工和厂区周围受到严重辐射）等一系列重大危机事件。由此引发了全国关于 "政府中枢如何迅速、有效地应对危机" 的大讨论，而 "危机管理" 也再度成为日本人经常挂在嘴边的词。

据日本《朝日新闻》调查统计，1985 年 1 月至 1989 年 12 月的 5 年间，该报发表有关危机管理的文章仅为 69 篇；1990 年 1 月至 1994 年 12 月的 5 年间，刊发的相关文章高达 290 篇；而从 1995 年 1 月发生阪神大地震到 1998 年 4 月的 3 年中，危机管理的文章竟猛增至 1008 篇。针对类型多样的危机事件和政府在阪神地震救助中不尽如人意的表现，日本着手强化内阁危机管理体系，换言之，开始实施危机管理体系的第二次转折，即由 "综合防灾管理体系" 转向 "综合性危机管理体系"。

其主要措施有：1995 年，日本政府在总结阪神大地震经验教训的基础上，分别修订了《灾害对策基本法》和《防灾基本计划》，以强化灾害应对体制。1996 年 5 月，以加强情报汇集、应对大规模灾害和重大事故等紧急事态为目的，在首相官邸的分馆三层设置了 "内阁情报集约中心"。该中心由来自警察、防卫及消防等专业官厅的 20 人组成，实行 24 小时 5 班轮流值班制。其任务是收集国内外紧急事态的情报，及时向以首相为首的内阁官房报告。1997 年 5 月 1 日，日本行政改革会议发表了《中间整理报告》，提出了"强化内阁危机管理机能"的基本概念。同时建议在内阁官房增设专门负责危机管理的职位（级别相当于副官房长官），任务是：在危机发生时，辅助首相和官房长官采取相应对策，协调各省厅制定最初的应急措施。1998 年 4 月，日本政府接受行政改革会议的建议，在内阁官房增设"内阁危机管理总监"一职，并设置了"内阁安全保障·危机管理室"。关于内阁危机管理总监的职责，在日本《内阁法》第 14 条第 2 项（1999 年修改为第 15 条第 2 项）中做了如下表述："内阁危机管理总监协助官房长官和副官房长官，受命统抓内阁官房事务（国防的事务除外）中的危机管理（防止国民的生命、身体、财产等受到重大损害，应对有可能发生的紧急事态）。"此款不仅依法确立了内阁危机管理总监的特殊使命，而且使"危机管理"一词首次出现在日本的法律中。[11] 1999 年 4 月，内阁安全保障·危机管理室制定了包括自然灾害、事故灾害和事件 3 个范畴 14 个项目的综合危机管理计划。该计划规定了不同事态的级别，阐述了政府如何从战略的高度判断和应对危机的程序。

总之，20 世纪 90 年代的日本危机管理体系不断得到加强和完善，正如日本国际问题专家木村所说："20 世纪最后 10 年是日本危机管理的 10 年"。[12]

2001 年 1 月，日本完成了二战后最大一次中央政府行政改革，而改革的首要目标是强化内阁职能，突出首相的领导作用。特别是在危机管理方面，通过修改内阁法及其他组织法，加强首相的危机管理指挥权（例如根据新的《内阁法》，增加两名辅佐首相的辅佐官。为处理突发事件，首相秘书官、内阁参事官、内阁调查官的人数以政令的形式决定增加。可由首相直接选拔和聘用优秀人才，担任内阁官房的职员。内阁官房具有综合协调权（内阁官房不仅统管内阁事务，而且是"最高的也是最后的协调机构"，为明确内阁对各行政部门的协调力度，明确内阁除拥有对大臣的任免权外，各省厅次官、局级干部的任免也需要经过内阁的认可。这样内阁官房综合协调中心的地位已名副其实）2001 年 1 月 1 日，由内阁府政策统括官（负责防灾）监修，总务省消防厅编辑的《防灾广报》杂志正式创刊，该刊作为传递政府防灾救灾工作的方针、沟通全国的防灾信息、介绍救灾经验以及促进灾害管理的国际交流的专业刊物，到 2003 年 11 月底已出版 18 期。2002 年 4 月 16 日，建在首相官邸地下一层的"新官邸危机管理中心"开始运转。为了充分发挥政府的危机管理机能，该中心的建筑具有很强的抗震性能，并且装备了最先进的联网式多功能通讯系统，能同时应对多起危机事态。特别是当发生大规模地震、恐怖活动以及核事故等威胁国家安全的紧急事态时，这里将成为分析处理危机信息、召开紧急灾害对策本部会议以及政府做出最后决策的场所。[13]

"9·11"事件发生后，日本于 2002 年 11 月 2 日制定了《恐怖活动对策特别措施法》（2003 年 10 月 16 日重新修改）此外，针对美国出现的炭疽病感染等新的恐怖事态，11 月 8 日，日本召开相关阁僚会议，制定了对付生物化学恐怖的五条基本方针，包括加强对生物和化学制剂的管理，强化警察、自卫队、消防等有关部门的应对能力等。

日本危机管理机制的特点具体表现在以下四个方面：

1、法律法规系统完备。2、情报系统严密高效。3、政府与媒体良性互动信息透明。4、危机意识深入民心。在 2001 年的"可疑船"事件中，小泉内阁在很短的时间内就接到有关方面的报告，国家安全危机管理机制迅速启动，有关官员迅速赶往首相府邸，一直坐镇"危机管理中心"直接指挥，直至将那艘可疑船只击沉。以 1995 年 1 月发生的阪神大地震为例，当时震区同外界的通信联络全部中断，政府也根本无法了解灾情，在这种紧急情况下，日本媒体发挥了重要作用。有关媒体采访用的 18 架直升机全部出动，在震区上空了解情况，并通过电视画面将这些情况迅速而准确的传递给了政府及国民。可以说，震后的当日，政府的信息来源主要是电视等新闻媒体。正是通过媒体与政府的良性互动，在灾区居民的协助和支持下，抗震救灾工作得以顺利进行，震后也没有出现通常会发生的疫病。危机事件的发生通常具有突然性和不可预测性，并且有较强的破坏性。一旦危机爆发，常常会出现国民惊慌失措的局面，并可能由此而造成危机的进一步恶化。为此，在平时加强对国民的危机教育，使他们增强防范危机的意识就显得十分必要和迫切。日本是地震多发国，为此日本政府十分重视全民危机意识的培养和避险自救互救技能的训练。

美国前国防部长麦克纳马拉说："今后的战略可能不复存在，取而代之的将是危机管理。"

美国危机管理系统的发展主要经历了三个阶段：分散管理阶段、统一管理阶段和整合发展阶段。分散管理阶段。美国危机管理的历史最早可以追溯到 1803 年的关于 New Hampshire 城市的火灾法案，这个法案被认为是第一个灾害法规。后来，随着通过的各种灾害法规数量的增多政府处理危机的工作也变得更为普遍。

1930 年，财政当局被授权为灾害发放贷款，以修复、重建遭地震或其他灾害破坏的公共设施；1934 年授权公路局提供资金去恢复由自然灾害破坏的公路和桥梁，同时，通过了洪水控制法案，授权美军机械部队执行洪水控制项目。

1962 年和 1970 年初，美国出现了大量的自然灾害：1962 年、1965 年、1969 年、1972 年的飓风，1964 年阿拉斯加和 1971 年旧金山的地震等，使人们更关注自然灾害问题并加强了立法。1968 年，颁布了国家洪水保险法案，对房主的财产提供新的保护。1974 年，减灾法案，明确建立总统的灾害发布程序。这时的危机管理是应对自然灾害引起的危机。

直到 20 世纪 70 年代，美国联邦政府处理紧急事件和灾害的工作仍然是分散的。它的问题是，每次危机处理都需要及时的立法，以便对处理危机的联邦机构和总统授权的组织之间的合作活动进行协调。而当危险来自核电站、危险物品运输时，它所涉及的将是众多的联邦政府灾害防治和紧急事务处理部门，特别是越来越多地对州和地方政府部门的协调，大大增加了联邦政府减灾工作的复杂性。为了寻求更为有效的危机管理体系，国家管理协会（National Governor's Association）向卡特总统提出建立一个机构来集中联邦政府紧急事务处理的功能。

统一管理阶段。1979 年，卡特总统发布行政命令，要求把零散的、有救灾责任的机构归入联邦紧急事务管理局（FEMA）。如：联邦保险管理局、国家火灾防控管理局、国家气象服务与社区准备应对计划、联邦服务总局的危机准备应对机构，以及联邦住房和城市发展部的灾害救援局，国防部的保护公民准备应对机构等。FEMA 建立不久，就有不凡的表现，处理了诸如：古巴难民危机、三厘岛核电站事件、1989 年 LOMAPRIETA 地震、1992 年 ANDREW 飓风等。冷战结束后，FEMA 把更多的资源从国防方面转到预防、恢复和减轻灾害的项目。这个阶段危机管理的主要领域仍然是自然灾害造成的危机。

整合发展阶段。"9·11"事件以突然的方式检验了 FEMA 在应对国土安全危机方面的能力。尽管 20 多年来的发展，FEMA 已经具有担负国土安全方面出现的所有危险问题的能力。但是，由于恐怖主义活动的触角涉及安全的各个领域，所以，在应对恐怖主义引发的危机中，FEMA 还是显得势单力薄。2003 年 3 月，FEMA 同其他 22 个联邦机构、项目、办公室一起成为国土安全部的成员，属于国土安全部紧急事件应对与反应局的一个机构。国土安全部的成立标志着美国对危机管理已经进入到整个国家安全体系下的全方位的管理阶段。

1.2.2 我国危机管理研究历史和现状

应该说，危机管理的古典理论诞生于中国。"存而不忘亡，安而不忘危，治而不忘乱，思所以危则安矣，思所以乱则治矣，思所以亡则存矣"是中国古代危机预防思想的经典概括；"祸兮福之所倚，福兮祸之所伏"是中国古代对危机两面性的辩证思考；"亡羊补牢，犹未为晚"是中国古代对危机的反省与改进的思想。

从时间上来说，中国的危机研究可以分为三个阶段。第一阶段是20世纪80年代。在这一阶段，人们对于危机的认识还处于比较表层的感性阶段，学术界有关危机的研究寥寥无几。1989年，潘光主编的《当代国际危机研究》可能是中国最早有关危机的学术专著（潘光1989）。第二阶段是90年代，中国学术界对危机研究的关注日益增多。1991年马学印等人翻译了澳大利亚学者约翰·W·伯顿所著的《全球冲突：国际危机的国内根源》一书（伯顿1991），介绍了一些西方的危机研究成果。1993年，胡平的《国际冲突分析与危机管理研究》比较系统地阐述了危机的有关理论，它也是迄今中国在危机研究方面较有影响的一本书（胡平1993）。这一时期，值得注意的相关著述还有：《千钧一发：古巴导弹危机纪实》（李德福1997）、《国际战略论》（余起芬1998：393－419）、《美国国家安全政策》（朱明权1996：207－236）以及"国际危机的预防与处置"（顾德欣1995：43－47）。第三阶段是2000年以后，这一阶段从事危机研究的除了有所建树的中老年学者外，还有较多的青年学者，对危机的理论思考也在加强。研究成果主要有《国际危机管理概论》（中国现代国际关系研究所危机管理与对策研究中心2003）、《应对危机：美国国家安全决策机制》（太平洋国际战略研究所2001）、《危机政治：理论和实证研究——对中印边界危机（1959－1962）的解释》（邱美荣2002）、"论后冷战时期的国际危机与危机管理"（赵绪生2003：23－28）、"国际危机机理分析"（刘卿2002：10－15）、"美国的危机管理机制"（魏宗雷2002：1－3）和"世界主要国家的危机管理"（君安2002：50－53）等等。

从研究范畴来看，上述的危机研究可以分为外交史研究和理论研究两大部分。潘光、李德福等人的研究属于前者，其余的研究属于后者。就总体的研究进展状况而言，中国的危机及危机管理研究目前尚处于起步阶段，危机及危机管理研究所涉及的多是比较宽泛的理论，它们几乎毫无例外地没有研究中国所经历的危机及危机管理。

我国现在正处在发展的转型期阶段，这一阶段至关重要。危机管理的研究对我国这一阶段的发展具有重要的指导意义。

我国转型期危机的现状：从 20 世纪 70 年代末起发生在中国的历史性变革已经进行了 20 多年。20 多年来，中国经历了多重转变：从一个乡村——农业化社会向一个城市——工业化社会的转变；从计划经济体制到市场经济体制的转变；从一个内向封闭型经济体系向一个外向开放型经济体系的转变；从一个集权人治的政治体制到一个民主法治的社会的转变。今天，我国正处于经济转轨社会转型的关键时期，人口、资源、环境、效率、公平、民主、自由等自然和社会矛盾的瓶颈约束最为严重，极易出现经济失调、社会失序、心理失衡，从而导致矛盾聚集、危机爆发的情况。同时，在日益加速的全球化进程中，危机的诱因和影响是世界性的，没有一个国家是世外桃源，比如"9·11"事件深刻地改变了世界秩序，也改变了我们对安全的看法。可以说，我们处在一个危机四伏的时代，危机管理顺理成章成为时代和社会赋予的重要课题。

就现实而言，我国转型期危机呈现以下特点：（1）危机事件涉及的领域多元化。政治领域的腐败渎职案件、经济领域的安全生产事故、社会领域的公共卫生事件、交通领域的空难海难路难、国际关系领域的中国驻前南斯拉夫使馆被炸和中美撞机事件、自然领域的水旱灾害。（2）危机事件高频率、大规模。近年来，交通事故与安全生产事故不断发生，治安案件不断增加，参与和波及的人日益增多。（3）危机事件的组织性、暴力性、危害性加强。一些群体性事件呈现持续反复的态势，闹事方式不断升级，对抗性不断加剧，对政治稳定和社会生活的影响越来越大。（4）危机事件国际化程度加大。"法轮功"等邪教组织以及西藏分裂分子等和国外敌对势力勾结，伺机制造混乱，影响我国稳定；"非典"（SARS）则影响到了我国和一些国家短期内的经济关系。

总体说来，我国转型期危机的诱因从社会层面上看，一是经济发展的不均衡，地区、城乡收入差距拉大，基尼系数进入危险的区域，社会保障制度尚未有效建立；二是政治体制改革的滞后，政绩指针考核体系过于单一，村民自治的民主进程层次较低，法治尚无有效的制度保障，政府对经济管制的解除尚未到位，加上市场化浪潮的兴起和信息技术的挑战，这些都在制度上为危机的形成提供了可能；三是道德规范体系失稳，在经济、社会变革和新技术、外来文化的冲击下，原来的社会道德基础发生动摇，社会规范缺失和偏离使得道德虚无蔓延，越轨行为增多。四是人与自然的矛盾日益突出，人的无限索取、有限保护导致自然环境破坏、资源枯竭、生态失衡，人为诱发自然灾害。从个体层面上看，在大转型时期，由于政治、经济、社会、自然的不均衡发展，使得人们的差距拉大，而有效的表达宣泄渠道缺乏又使得人们内心的失衡得不到缓解，加上科学技术的迅猛发展使得人们的个体行为能力大大提升，只要在一定的突发事件的"导火索"作用下，就可能酿成危机。

我国亟待建立现代危机管理体系。在面对层出不穷、类型各异的危机事件时，政府的危机管理体系和能力将是降低危机损害的关键所在。作为政府，必须构建开放的、有机合理的、协同运作的危机管理系统，以便尽可能地吸纳各种社会资源参与危机管理，扩大危机管理体系的组织和资源吸纳能力，实现系统有序化、规范化和可操作化。我国现有的危机管理体系存在着种种问题：没有建立常设性的危机管理部门，也没有制定权责明确的危机反应机制；政府的不同职能部门之间缺乏有效的沟通机制；政府官员和民众缺乏危机意识，社会危机应对能力和自我恢复能力差。

因此，改革我国现有危机管理体系，建立现代危机管理体系是主动应对危机的关键。

我国的危机管理机制是根据我国自身的特点建立起来的，与其他一些国家的危机管理机制相比，既有自身的优势，也存在一些缺点。客观地说，我国在危机对策方面尚未形成一个全面系统的制度性框架，原有的危机对策实践主要还局限于针对战争及国内政治安全领域，在自然灾害尤其是突发性灾难的应对方面尚存在一些问题，政府的危机处理能力也有待进一步提高。综观美、日危机管理体系的发展，其中有些经验值得我们研究和借鉴。

1、建立以政府为主导的危机管理体系以及建立一个强有力的危机管理中枢指挥系统，加强各部门面对突发性灾难时的综合协调能力。危机涉及的领域大多都是市场无法有效提供产品的领域，如国家安全、社会保障、公共设施、公共卫生等，因此，政府应在危机管理中发挥主导作用。危机管理是一个系统工程，它主要包括：危机管理的监测预警系统；危机管理的信息咨询和评估系统；危机管理的计划、协调、储备系统。社会组织是危机管理中的一个重要力量，政府组织应充分发挥其力量和整合其资源，并为其提供装备和培训。目前我国的危机管理机制属于分行业、分部门的分散性危机管理机制。这种危机管理机制专业性比较强，有利于调动专业救灾的优势，但是也存在着各自为政的弊端，政府各部门间在应急应变方面缺乏协调机制。所有事件的处置工作都有行政一把手指挥，非常容易出现延误时机的情况。特别是这种以部门和专业危机处理模式为基础的危机管理机制不可能应付灾害并发的问题。这一弊端在 2002 年 9 月 14 日的南京汤山投毒事件及 2003 年春天的"非典"（SARS）事件中表现得十分突出。中央政府由于未建立一个常设的、强有力的危机管理指挥系统，公共信息的收集和处理都出现了不应有的混乱状态，导致危机处理过程中除了观念上的失误外，技术性的失误也不少，未能及时有效地控制疫情。

2、依法构建危机管理体系，完善紧急立法制度。法律的框架应该是构筑危机管理体系的前提，因此需要法律规定：由法定权力的指挥、协调机构，有明确的责任和有效的权力的执法机构，有在不同规定范围内的信息分享和沟通等，同时，也要对不同的组织职能、运作方式、管理权威进行定期的法律适用型的评价，以保证管理活动的有效性，使整个危机管理工作都处于法律的框架中，依法指挥、协调、运作、管理。紧急立法制度的完善不仅可以极大地增加危机管理的有序性和有效性，更重要的是可以确立危机管理体制与机制启动实施的合法性，可以同时建立起对国家最高决策者启动危机管理机制的严密的法律约束与监督体系。在现代法治原则的支配下，只有通过制定法律来调整紧急状态下的各种社会关系，才能防止紧急状态的发生导致整个国家和社会秩序的全面失控。

3、转变应对危机的理念。尽管在新的世纪，越来越多的非自然的危机给监测、预防提出了更严峻的挑战，但是，对危机的管理，已经从反射式的反应模式，到以注重预防、充分准备、反应迅速、应对协调的综合系统模式。从被动应对，到主动预防或缓解，将是现代危机管理的一个趋势。

4、加大防灾教育的力度，增强民众的危机意识，提高社会预防、处理危机的意识和能力。20世纪以来，自然，人为危机频繁发生。自然灾害、疾病、战争、恐怖主义、网络犯罪等不断给人类社会的发展、稳定造成巨大的影响。危机涉及、影响到全社会的方方面面，危机管理要靠全社会的力量，在发生灾难性危机事件后，政府所采取的一系列的应急措施必须由全民的配合与动员，才能形成真正有效的社会应急机制，使突发事件或突发灾难得到有效控制。而要得到全民的配合与动员，除了法制上的完善外，还要求国民有较强的危机意识，能够做到在灾难面前听从政府的统一指挥。因此，全社会要有危机意识，掌握自我保护的方法；各级政府组织、各种社会组织在危机发生时，要克服慌乱，沉着有序地应对危机。这就必须加强对危机管理的宣传、指导和培训。包括：政府要通过媒体提供信息，增强公众的危机意识，提供社会应对危机的基本装备和使用的培训，以及指导地方组织、公众在不同的危机情景中的行动等。日本历来重视对国民的危机意识和防灾意识的教育，因此，民众对于灾难来临时可能会出现的情况、逃生的要领、急救的知识等都非常清楚，遇到灾难时就不会手忙脚乱，具备了自救和互救的本领。

5、充分发挥新闻媒体在解决突发性灾难中的积极作用。新闻媒体是危机管理组织的主要合作对象之一。在社会突发性危机事件的处理和应对中，媒体的重要作用体现在；第一，发现危机征兆。在危机的潜伏期，媒体利用发达的信息网络及时发现危机征兆并向政府传递信息从而引起有关部门的重视，及时采取行动。在危机爆发前一时期，危机具有某些外部表征，比如示威游行和小规模的暴力行动等。这个过程中媒体的反映和报道就是很重要的信息来源渠道。第二，满足信息需求。在危机时期，公众对信息的需求更加迫切，媒体进行及时准确全面的信息披露和解读，使公众信息的需求得到满足。为控制危机事态，稳定社会秩序、避免社会恐慌，危机管理主体首先必须快速应急，对危机事件有目的地选择信息源和信息传播渠道，有效地控制新闻传播的导向性，防止媒体为抢独家头条新闻或提高刊物的知名度，发表刺激危机局势的新闻消息，激化危机事态。同时还要防止媒体传播不正确不全面的消息，误导社会民众，使其错误地理解危机管理者的行为意图或加剧公众的社会恐惧心理，为危机的顺利解决设置障碍。第三，引导公众情绪。危机因具有高度的破坏性而成为公众情绪的兴奋点，公众的兴奋情绪受媒体的影响很大。媒体的正确引导，可以稳定公众情绪凝聚社会力量共同战胜危机。对危机事件的不恰当负面报道往往带来强烈的社会负面影响。第四，影响政府决策。媒体要把危机状况及民众心态及时反馈给政府，帮助政府进行科学决策。第五，塑造政府形象。媒体及时报道政府处理危机的各项措施及其效果，对塑造政府形象起着至关重要的作用。危机事件解决后，危机管理主体在尽快恢复社会结构和功能，重建社会秩序的同时要有效地利用媒体发动全社会对危机事件进行冷静的理性思考，作多侧面多层次的分析，找出危机事件的原因，寻求今后避免此类危机事件和改进社会政策的方法。

今后我国危机管理理论应该在充分借鉴西方现有理论基础上，根据我国国情，侧重危机管理立法、危机管理机构、危机预警机制、危机信息沟通、政府与社会的合作协调等方面，结合政治、政府改革和经济、社会发展进行综合研究。

总之，我国现代的危机管理还很落后，在体制上还很不完善，甚至空白，民众的危机意识也极为淡薄，政府在这方面还有许多工作需要做。除此之外，我国学者有关危机管理的理论研究也是刚刚起步，研究还不深入。在全世界都在加强对危机管理的研究和体制建设的时候，我国要更加重视和强调对危机管理的研究。一言以蔽之，危机管理的发展有待理论的深入研究，更有待实践的检验和创新。

由以上论述可以看出，危机管理这门学科的发展前景可观。伴随着新的危机事件的不断发生，危机管理的实践意义也愈发彰显，危机管理在实践和研究方面都出现了新的趋势。主要表现在：1. 人们密切关注危机，对政府监督力度加大，依赖性增加 2. 风险管理政治化 3. 危机回应已跨国界 4. 媒体可以独立和公开报道。[14]

面临危机、危机管理实践发生的变化，危机管理研究出现新的发展方向和研究领域：1. 由于危机管理和政治之间出现相互渗透的趋势，危机研究人员必须与大众传播媒介和政治保持一致。2. 危机研究者们开始拓宽研究时，整合实时信息流、决策程序、互动模型等研究方法，强调危机的动态本质。3. 站在政治、管理和决策的角度研究危机的起源和影响。4. 由于危机出现跨国的趋势，危机研究也必须与之同步，这就需要比较研究。比较不同国

30

家和地区的危机管理实践、比较各政策部门在不同跨国危机管理中的行为。[15]

自"非典"（SARS）事件之后，国内各界都十分重视危机管理的研究。2005 年 7 月 18 日，我国著名学府清华大学成功召开危机管理论坛。"清华大学危机管理论坛"的创办是全社会对危机管理领域新的探索和思考的表现，强调学术性和公益性。对于经济飞速发展的中国，有效、及时、平稳地处理各种类型的危机事件已经成为今后一定时期内我国各级政府必须高度重视的重大挑战，直接关系到政府在人民群众中的威信和形象，直接影响着我国社会稳定和经济发展。

参考文献：

[1] Hermann, Charles F., ed. International Crisis: Insights From Behavioral Research. New York: Free Press, 1972.

[2]［澳］罗伯特·希斯. 危机管理［M］. 王成等译. 北京；中信出版社，2001。

[3] Rosenthal Uriel, Charles Michael T. ed. Coping with Crises: The Management of Disaster, Riots and Terrorism. Terrorism. Springfield: Charles C. Thomas, 1989.

[4]杨建顺《论危机管理中的权力配置与责任机制》；《法学家》2003 年第 4 期。

[5]参见（日）岩岛久夫《危机管理的理论与实际——学习美国 FEMA》，载《都市问题研究》第 47 卷第 7 号，1995 年 7 月。

[6]诺曼·奥古斯丁. 危机管理［C］. 中国人民大学出版社，2001.

[7]杨冠琼. 政府治理体系创新［M］. 北京：经济管理出版社，2000.

[8]［日］中章编著：『行政の危机管理』，东京：中央法规出版，2000 年 8 月，第 8 页。

[9]［日］大森义夫著：『危机管理途上国日本』，东京：PHP 研究所，2000 年 6 月，第 28 页。

[10]［日］安全保障调查会：『危机管理の提言』，1997 年 3 月。

［11］［日］大森义夫著：『危机管理途上国日本』，东京：PHP 研究所，2000 年 6 月，第 50 页。

［12］［日］木村编：『国际危机学：危机管理と予防外交』，东京：世界思想社，2002 年 6 月，第 131 页。

［13］［日］总务省消防厅编：『防报』，2000 年，第 9 期。

［14］［15］曾驭然《危机管理研究发展动向评述》；商业研究 2004 年 No. 10 第 123－124 页。

第二章 危机管理研究范围

危机管理作为一门新兴的科学,所涉及的范围非常广泛,主要是因为对危机一词并未有统一的界定,因研究者对其切入角度的不同而异,如人格的危机管理、国际关系的危机管理、经济的或财务的危机管理等,不胜枚举。从危机的影响范围来说,大至全社会范围甚至国际间的突发性重大事件,诸如经济危机,政治危机,治安骚乱、社会动乱,乃至武装冲突、局部战争,以及危及到整个人类生存的环境危机和核危机等都是危机管理研究的内容。

"9·11"事件、"非典"(SARS)疫情以及接连发生的欧美大停电事故在我国学界引发了一股危机管理的研究热潮,其研究范围主要分为横向上和纵向上的研究。从横向上来说,危机管理主要研究所有危机的共同特征以及危机过程中的处理方法,侧重于理论上的研究,具体包括危机预防阶段的危机预警、危机发生阶段的应对管理和危机发生后的经验总结;纵向上,危机管理的研究主要是针对不同行业、不同部门具体危机的产生、发展和处理办法的研究,侧重于对具体实例的研究。

第一节 危机管理横向研究

2.1.1 预警理论

目前我国的危机预警预防管理突出表现在预防自然灾害和大规模疾病的预防控制两个方面。逐步建立并不断完善了我国的灾害监测预警系统,初步构成了利用电话、无线电通信、电视和基层广播网发布预警信息的网络。这些为提高自然灾害监测、预警水平,为有效防范灾害和各地政府迅速组织防灾抗灾工作提供了条件;建立了针对主要灾害的各种防灾抗灾领导机构和灾害监测预警、紧急决策、指挥、调度、组织实施体系，初步形成了中央和省、自治区、直辖市的分灾种灾害信息网络系统，开展了灾害分级管理、灾害快速评估、区划与灾情统计标准的研究工作，推动了灾害管理的科学化和规范化。在疾病危机预防与管理方面建立了一系列相关的法律法规，为医学科学和卫生事业的发展提供了有效的法律保障。

我国危机预警虽然取得了一系列的成就，但是与美国等发达国家相比，仍然存在很大的差距，从 2003 年"非典"（SARS）的发生可以看出我国在危机预警方面存在诸多不足：我国现有的政府危机管理体系，主体依赖于各级政府的现有行政设置，缺乏专门机构和完善体系，至多是针对一些专门事件的非常设性机构，缺乏专业人员和应急运作规则，跨部门协调能力不足。我国政府今后应该在加强危机预防管理中增强组织结构的灵活性，建立统一的国家级紧急事务管理机构，对社会危机事件进行宏观性的总体考虑。对危机事件的严重性后果认识不足成为 2003 年"非典"（SARS）疫情迅速发展蔓延的一个主要因素，因此在政府的日常工作中树立危机意识，增强信息传递的准确性与及时性，对可能成为危机事件的问题进行较为详细的预警分析，建立快速反应机制，协调各控制部门进行有效的危机预警。

预警一词源于军事，它是指通过预警飞机、预警雷达、预警卫星等工具来提前发现、分析和判断敌人的进攻信号，并把这种进攻信号的威胁程度报告给指挥部门，以提前采取应对措施。后来预警这一概念已延伸到社会和自然科学领域，经济预警系统的研制就是仿照了军事预警系统。经济预警最早产生于二次世界大战后 50 年代的美国，在激烈的市场经济条件下，经济预警系统的研究和应用比较广泛。在宏观经济预警方面已经开展了十多年的研究，初步形成了先进实用的宏观经济预警控制系统理论与方法。企业微观经济预警研究是在宏观经济预警与企业危机管理研究的基础上发展起来的，经过企业领导者和管理学者近年来的研究，在企业微观经济预警的研究方面也取得了一定的成果。我国关于经济预警理论的研究也是从宏观经济循环波动问题入手的，20世纪80年代中期引入了西方的经济发展理论和经济波动的周期理论，并对我国的经济波动及其动因进行了分析。

从1988以后学术界关于经济预警研究的主要工作是寻找我国经济波动的先行指标，研究上的一个重要变化就是从研究经济形态的长期波动转向研究经济形态的短期变化。特别是引入了西方景气循环指数方法后，使这一研究取得了突飞猛进的发展。我国预警系统主要应用在宏观经济预警和宏观金融预警方面，特别在90年代，经济预警的应用领域进一步拓展，不仅在宏观经济领域，而且在微观经济领域也得到了广泛应用。

我国企业预警主要可以分为企业总体经营趋势预警、行业企业预警、职能预警三大类。佘廉首次提出了企业逆境管理理论和创立了企业预警体系，强调了企业危机预警的重要性；王林、唐晓东研究了经济波动对企业的影响，从政策预警、外部经济预警和内部经济预警三个方面构造了企业预警体系；卢锡慧提出了建立企业经营管理预警系统的结构和原则。阮平南、王塑源在"企业经营风险及预警研究"中分析了企业经营风险因素，并提出应从企业整体经营风险指标和企业子系统经营风险指标两方面构造企业经营预警指标体系，这是企业预警研究的一个突破。胡华夏、罗险峰从企业生存风险的角度研究了企业预警系统。如今，在行业预警方面主要集中在农业、银行企业、林业企业、煤炭企业、风险投资企业等。企业职能预警研究主要集中在企业财务风险预警、营销风险预警、组织管理风险预警、战略预警、安全生产预警、研发预警以及投资预警等方面。

从企业预警的理论和实践中我们可以得到以下几点启示：

第一，要加强全社会的危机管理教育，树立危机防范意识，增强危机管理技能。我国从政府到社会，从组织到个人，还普遍存在着重抗灾救灾、轻监测预防，危机管理意识有待加强。主要从危机意识教育、危机应对情景训练、危机专业知识教育、危机案例教育等方面培养政府工作人员的危机应急能力，使普通民众掌握一定的自我保护方法。从 2003 年"非典"（SARS）实践可以看出我们对于危机严重性、危害性认识不足，信息传递的准确性、通畅性有待于进一步提高。

第二，建立社会危机分类管理监测预警机制。借鉴企业危机预警的经验，建立社会危机分类管理监测预警机制，成立危机管理的专门机构，建立层级制的危机预防管理系统。每一层级的危机预防管理机构实行综合管理。诸如公安、消防、卫生、自然灾害预防应急等职能部门，利用电子政务环境下建立起来的计算机网络通信平台，通过完整的政令传播及信息交流体系，建立起同电子政务危机管理体制相适应的危机管理系统，从而切实有效地对危机的预防和治理全过程进行高效的管理和控制。借鉴企业危机预警决策支持系统的建构原理，构建全国社会安全危机预警决策支持系统。主要由社会安全状态监测预测子系统、危机预警子系统、危机控制子系统三部分构成。监测预测子系统主要是通过电子政务网络平台对社会安全状态进行分类管理，搜集有关危机发生的信息，对于可能发生危机的各种因素和危机表象进行监测，从而预测社会安全所面临的各种风险和机遇。预警子系统通过科学的方法界定出行业性的社会安全状态范围，根据危机状态的严重性和紧急程度将公共危机事件分为一般（Ⅳ级）、较重（Ⅲ级）、严重（Ⅱ级）和特别严重（Ⅰ级）四级预警，仿照国际惯例依次用蓝色、黄色、橙色和红色表示，选择合适的指标体系进行判断是否需要发出警报以及发出何种警级的警报等。最后危机控制子系统根据预警子系统的报警结果提供相应的可供参考的危机应急解决方案。

第三，借鉴企业危机预警管理制度实施的成功经验，加强我国危机管理的立法工作，建立相应的法律法规，对危机事件进行依法管理。危机事件发生时常常会造成社会秩序混乱，这时就需要政府利用法律的手段来调整和控制紧急的情势，维护社会秩序的稳定，为人民的生命财产和国家的安全提供保障。危机管理的法制化将成为政府危机管理发展的方向，有助于促进危机管理的专业化发展。

第四，建立快速高效的应急处置机制。灾害、危机一旦爆发，必须及时采取果断措施，快速、有效地遏制其继续发展和进一步恶化。我国目前对处理复杂综合危机事件方面表现出协调能力差、效率低下等弱点，这主要是由于传统的部门分割、单一的灾情灾害救济体制和危机管理模式造成的。我们应该建立统一的政府危机预防控制中心，来协调政府各部门及时地对危机进行处置，增强政府的危机应对和解决的能力。

2.1.2 应对管理

在危机发生阶段必须要快速应对，指为应对突发的紧急情况而进行的一系列活动。

即使采取了预防减灾的措施和对策，有时危机将依然发生；即使做好了事前准备，由于事态多样且富于变化，往往也难以穷尽具体细致的问题。一旦危机发生，与人命有关的重要价值受到威胁，要求快速做出如下相应措施或者活动：启动危机预防计划，设立危机管理指挥部，确立组织体制，采取并实施有关救命、救灾医疗、避难的活动，取代平常的组织、业务，快速转移到紧急的组织编制、业务内容等。这意味着拥有能够充分动员的人力、物力资源。为了提高动员效果，可以考虑在行政机关内部新设危机管理的专门职位，尤其是在一般行政部门设立以危机管理为专职的岗位。

随着社会、经济的不断发展，今后的危机将进一步复杂而多样化。因此，培养危机管理的专家，从提高快速应对性的意义上看也是紧急的课题。由于危机发生的不确实性，决定了针对危机的事前准备的投资往往难以合理地进行。但是，如果着眼于超越危机种类的共同性，也许能够使有关准备得以充实。若针对个别的危机来探讨危机管理的话，也许危机刚刚过后能够确保充分的投资，但随着时间的推移，人们的关心可能逐渐减弱，容易陷入恶性循环之中。

如果事前的准备很周全，那么，按照事前的准备来进行危机处理活动就可以了。然而，事前的计划也存在局限性。有时"所制定的计划，在灾害发生时期根本不起作用"，有时一旦灾害发生人们根本"无暇顾及"事前所制定的有关计划等。简而言之，有关计划不一定很有用。其理由有二：一是计划本身不够合理；二是危机管理（快速应对）的原理与事前计划的原理不同。

总之，在危机处理活动中必须对付特定的情况，而事前计划只能准备一般的情况和特定的应对"原理"，并且，快速应对阶段的危机处理是否良好，取决于特定的方法和对策的存在方式。[1]事前计划和危机管理的成功之间仅有部分的关联性。因此，为了切实有效地实行快速应对活动，就必须做到如下几点：（1）从组织活动的优越性来看，组织通过分工和各种分工的统合，能够创造出大于单独个人活动累加之和的成果。（2）在确定了有关危机处理的任务和组织之后，还需要从组织上解决如下诸问题：第一，组织内的集权和分权的问题。第二，从平常的组织系统来看，横向的组织活动是非常必要的。第三，从民主参与的角度看，处理好政府机关与民间组织的关系极其重要。第四，从力量整合的角度看，确保通讯渠道的畅通无阻是至关重要的。第五，从危机处理的紧迫性来看，确立相应的责任机制和免责标准是必不可少的。

2.1.3 危机之后

危机发生后是恢复平常的阶段，它包括为恢复平常时期的状态而进行的一系列活动。

由于危机的程度和范围不同，所造成的损害等也各不相同，因此，恢复正常的任务有轻重之分，对恢复阶段的任务和责任设定应该注重合理性。若危机严重的话，要恢复危机前的状况就需要较长的时间，甚至无法完全复原，切不可笼统而抽象地谈责任机制。为尽早消除其对居民生活的影响，就必须立即采取恢复措施，特别重要的是快速恢复人们生活必须的基础设施和装置（电气、煤气、自来水、通讯、交通等），使人们的生活尽快恢复到平常状态。

从法律的角度来看，危机过后的权力认可、权利救济、纠纷平息等大量的工作需要次第展开。尤其是权力恢复与调整问题，需要及时而扎实认真地展开。危机管理过程中设立的临时机构，应该随着危机管理目标的实现而终止。危机管理过程中调整、拆分或者合并的机构，则应该进行全面的、综合的分析，切实地根据需要做出是否复原的决定。而危机处理过程中所集合起来的权力，原则上应该重新调整，特别是在民主监控、责任追究方面应该及时加以完善。这些工作如果不能适当进行，则具有使事态恶化，危机持续或者深刻化的危险。

恢复平常的终结，等于危机的脱离。从恢复平常到复兴的时间应该尽可能地缩短。如果不能缩短时间，则行政机关的能力将受到质疑，甚至连其本身的正当性也会受到追问。行政组织作为危机管理的重要部分，必须致力于缩短恢复平常的时间。同时，随着恢复平常的措施和对策的推进，行政组织活动亦必须逐渐接近平常业务的性质，逐渐转向平常组织、平常业务。

第二节　危机管理纵向研究

纵向的危机管理研究是指不同部门、不同行业的专门的危机管理研究，具有很强的针对性和应用性。在此我们从政府危机管理和行业危机管理两方面分别加以阐明。

2.2.1　政府危机管理

政府是危机管理的核心。政府危机管理是指政府为预测和识别可能遭受的危机，采取防备措施，阻止危机发生，并尽量使危机的不利影响最小化的操作过程。

具体说来，政府危机管理包括以下几个阶段和主要任务：

一、建立政府危机管理控制指挥中心

危机管理控制指挥中心是危机预防管理的核心部分，其职能是对各种潜在危机进行预测，为危机的处理制定有关策略和步骤，危机发生后，指挥中心立即做出反应，负责指挥处理。在美国，危机管理的决策中枢由总统、副总统、国家安全委员会成员、国务卿、国防部长等组成。俄罗斯的决策指挥中心由总统、国家安全秘书、紧急情况部长、内务部长、国防部长等组成。从世界范围看，总统制的国家一般建立以总统为核心的机制，议会制的国家一般建立以总理为核心的机制。与国际社会相比，我国现在也开始组织常设的危机管理协调机构，但还很不完备一般都是在灾害发生后临时去应付，或者派工作组现在调查处理，不能保证及时应对危机，缺少连续而稳定的管理机制，也很难对危机处理的经验教训进行有效总结、分析、保留和借鉴。在今天这样一个高危机的社会里，只有成立常设而又高效的危机管理中心，才能将政府的危机管理纳入到科学、规范、有序的轨道。

二、建立危机风险评估机制

危机预防管理的一项重要工作就是要对各种潜在危机风险随时进行评估。首先评估政府可能遇到的各种危机，把握政府危机的数量、种类、性质、特点及其规律，对危机的形态进行分类，并根据不同性质划分等级；其次，为每一类别或级别的危机制定具体的处理战略和战术，一旦发生危机，可根据危机应急机制马上进入危机处理。如美国在"9·11"事件后成立了国土安全部，该部直属总统领导，专门处理美国国内危机，将美国的安全分为5个等级，并相应做出不同的防御措施；再次，监控危机的发生，注意搜集与危机有关的各种信息，通过对信息的整合、处理、判断和数据的分析，掌握危机的各种变化和最新信息，监测危机发生的概率和趋势，分析危机所可能产生的负面影响，对危机做出科学的预测和判断。

三、加强危机训练与危机知识的普及，提高公众的危机意识

中国传统的历史文化养成了中国人以不变应万变的性格，向往"永世不易"的理想社会，老百姓的危机意识比较淡漠。我们虽然热切关注"9·11"事件、伊拉克战争等国际危机，但总是认为那是外国的事情。由于缺乏危机意识，当危机来临时，人们便毫无准备，手足无措，立即陷入恐慌之中，给政府处理危机带来极大困难。2003年春天"非典"（SARS）事件中老百姓的恐慌、无所适从并导致社会局面的失控即是一个显著的例子。因此，在危机预防管理中政府必须做到：一是要警钟长鸣，经常进行危机训练和演习，提高公民的危机意识，树立危机观念；二是要大力普及有关危机知识，让公民掌握正确的应对危机的措施与方法，明确个人在危机中的职责。加强危机的预防训练，整体提高国民的危机意识和危机应对能力，一旦发生危机，国民才能从容应对。

四、建立健全社会救助机制

随着社会的发展，现代政府的社会职能日益弱化，不可能面面俱到地管理所有的社会事务。因此，危机事件处理中调动社会力量，利用社会资源就成为政府危机处理的一个不可避免的趋势。南京大学社会学系有关学者调查表明，当国家和社会遇到困难与危机时，85.3％的民众比较愿意或愿意站出来为政府分忧解难，做一些力所能及的事。社会是一个不可分割的整体，一场危机可能涉及到社会中的每个人，只有全社会万众一心、和衷共济、共渡难关，才能战胜危机。只有有效地组织社会力量，让社会大众积极参与到政府的救灾行为中，而不是被动地过分依赖政府，才能更快更好地战胜危机。目前，我国没有健全的社会救助机制，政府只能以行政命令的方式，通过各个单位、各个系统一层层地去组织和动员，时效性不够，成本较高。因此，由政府出面构建中国的社会民间救助组织，组建社会义务工作者队伍是政府危机预防管理的重要内容之一。

五、培育健康的人文社会环境

危机不仅是对一个政府管理制度和应变能力的考验，更是对一个民族的民族精神和国民心理承受力的考验。面对突如其来的灾难，一个民族能否精诚团结，以健康、积极、乐观的态度应对危机，是一个民族特性的具体体现。危机的预防管理不仅包括制度的预防，还包括人们精神健康和心理的预防。首先，要建立诚信、友爱、信任、关怀的人文社会环境，建立社会的信任机制。当危机来临时，人与人之间应关怀、友爱、理解、宽容与帮助，而不是冷漠、猜忌与排斥，这是战胜危机的首要要素；其次，培养健康的社会心理，提高公民抵抗危机的心理承受力。危机带来的不仅是经济上和身体上的危害，更有心理的考验，越是对社会公共生活危害比较大的危机，越会造成令人恐惧的效果。危机本身并不可怕，可怕的是对危机的恐惧。危机预防不仅仅是危机本身的预防，还包括心理危机的预防。加强对公民危机意识的教育，培育公民健康的心态，提高公民的心理承受力，建立健全社会心理咨询和精神援助系统，是政府危机预防管理的一项艰巨任务。

危机的预防很大程度在于减缓发生，完全阻止危机的发生，实现这样的控制能力还很难做到。一旦危机发生，原有的社会公共生活秩序被破坏，在这种情况下，政府必须根据预防危机管理程序，立即进入处理状态，采取各种措施解决危机，尽快恢复正常的社会秩序。如果措施不当，不仅会造成经济损失，更重要的是会造成民众对政府信心的减弱甚至丧失，由此导致整个社会的动荡与不安。

1、建立公开、顺畅、权威的沟通渠道，满足公众的知情权

当社会面临重大危机，人们的生存与安全受到威胁时，便会陷入极度恐慌之中，为了减轻或消除心理上的紧张与压力，人们必然要通过各种渠道去获知与危机有关的信息。当人们从正式渠道获得的信息不足，无法解释目前正在发生的危机或不能解除其心理上的紧张和压力时，各种流言就会迅速出现，从而引发更大

的社会恐慌。因此，危机发生时，公众出于对危机的恐俱和对危机事件的不明真相，各种流言蜚语的出现是必然的，封锁消息反而会为流言的传播创造条件，况且信息全球化使任何政府想隐瞒事实真相成为不可能。

杜绝谣言的产生、避免发生群体性的社会恐慌，惟一的办法就是建立公开、顺畅、权威的沟通渠道，及时、全面、准确地告诉公众事实的真相，提高政府工作的透明度，满足公众的知情权。

2、快速反应、及时处理，将危机控制在最小范围

政府必须具备敏锐的危机意识，这种意识是指对处于萌芽状态危机事件的一种敏感性，缺乏这种敏感性就会贻误危机处理的最好时机。危机发生时，政府应立即投入到危机的处理中，通过采取各种有效措施来解决危机，将危机造成的损失和冲击降至最低点。我国2003年春天"非典"(SARS)疫情在短时间内爆发并在较大区域内流行，与政府有关人员的危机意识淡漠有直接关系。由于种种原因，长期以来政府工作人员存在着报喜不报忧的心态，危机发生时常常采取低调处理和封锁消息的做法。这种做法不仅不能解决危机反而会丧失平息事态扩大的最佳时机，导致危机进一步扩大。目前，我国正处于社会转型期，政府面临的矛盾错综复杂，随时随地都存在爆发各种危机的可能性。因此，具备敏锐的危机意识，将危机消灭在萌芽状态，对政府处理公共危机尤为重要。

3、政府要发挥其行为的规范导向功能

社会学有一个"紧急规范"理论，这个理论认为，在紧急状态下人们的行为规则容易受最先行为者的带头作用的影响，从而形成"紧急规范"，"紧急规范"一旦产生，就会对其他人的行为起到导向作用。如发生火灾时，如果有人提一桶水来救火，这个行为就成为"紧急规范"，大家就会冷静下来，跟着去提水救火；相反，如果有人第一个逃走，这个行为也将成为"紧急规范"，大家同样会效仿，争先恐后地逃跑。因此，面对突发事件，政府必

须成为"紧急规范"的首倡者和实施者，通过政府的"紧急规范"，全国同心协力，步调一致，共同战胜危机。

4、及时发挥政府宏观协调、整合资源的作用

危机发生时，政府出面协调、组织、调配社会的人力、物力、财力，在最短时间内达到社会资源的最大整合，这在政府危机处理中是最为关键和重要的。世界许多国家都非常重视危机状态下政府协调职能的发挥，例如英国为了协调各部门的紧急应变工作，政府于2001年设立非军事意外事件秘书处，秘书处的宗旨是"就预见、预防准备和解决办法提高英国应付突发挑战的能力"，在政府内外协调各部门做出综合整体反应，与各有关组织建立伙伴关系，开发和共享英国关键网络和基础设施资源，统一、合理、有效使用政府各部门资源，确保预防和控制灾难的规划和机制实施到位以及发挥效应，确保政府在处理危机期间能够继续发挥正常社会职能。美国国务院下设美国联邦应急管理署，集中中央到地方的救灾资源，建立了一个统合军、警、消防、医疗、民间救难组织等单位的一体化指挥、调度体系，发生重大灾情即可迅速动员一切资源，在第一时间内进行支援工作，将灾情降到最低。总之，在社会面临危机的时候，由政府出面的有效组织、协调和调控是迅速控制危机，将危机损失降到最低程度的最重要保证。

5、做好善后沟通工作，提升政府形象

危机给人民群众的生产和生活造成损失，也使人们对政府的管理能力产生怀疑，即使政府采取了积极而有效的处置方法，政府的形象也不可能完全恢复到危机发生之前的水平。因此，危机的结束并不代表危机处理的结束。当人们度过危机之后，政府还应做好危机后沟通工作，向国民承诺政府今后的措施，表达政府的诚意，恢复国民对政府的信心，重新提升政府的形象。总之，随着现代社会的发展，危机虽然不可避免，但危机却是可以管理的，有效的危机预防可以减少危机的发生，积极的危机应对则可将危机造成的损失降到最低。

2.2.2 行业危机管理

行业危机管理与政府危机管理相比，更注重细节性，但与政府危机管理又有着紧密的联系。他们危机管理的范围相对较小，目标也相对较为明确，最本质的目的就是使自己的损失达到最小化，实现自己利益的最大化。下面我们试举旅游行业的危机管理来说明其研究范围。

1974 年，在当时世界旅游业遭受世界范围内的能源危机严重冲击的背景下，旅游研究协会开始关注危机，该协会的年度会议的主题为"旅行研究在危机年代中的贡献"。旅游研究者们在这一次旅游研究会议上探讨旅行和旅游在灾难和危机时刻的脆弱性，这是旅游业危机管理方面的首次共同努力。接下来的三十年中，旅游研究者们在旅游业危机管理的各个不同方面展开了越来越深入的调查研究。国内外旅游业危机和危机管理的主要研究可以概括为两个部分：对特定危机事件的反应与管理的案例分析，对旅游业危机管理的基础理论研究。前者包括：旅游与恐怖主义；旅游与政治动乱战争；旅游与犯罪、社会不稳定；旅游与经济、金融危机；旅游与自然灾害、交通事故、传染病、卫生事件。后者包括旅游业特性研究、游客安全感应研究、管理特征研究、框架研究。研究已经逐渐定向成熟。在研究方法上，结合相关的社会、心理、管理等学科，从对个案的简单描述发展到后来广泛采取定量方法，不断开发新的模式并积极求证；研究对象更加细分，针对某个行业或某个地区采取了不同方法。研究的内容，也从犯罪、旅游事故等扩大到战争、恐怖主义、瘟疫等重大事件对旅游业的影响上。[2]

我国的学者在总结国外经验的基础上，也做出了自己的贡献，但是相对来说，文献的数量就少的多，而且大多数研究只停留在表面，缺乏深入、系统的研究。这与我国旅游业快速发展的形势不相适应，也难以满足旅游业的长期健康发展需要。在危机管理的实践中，国外的发达国家由于口蹄疫、"9·11"等重大危机的发生，已经建立了一套比较完善的危机管理体系；而国内，不仅理论研究不够完善，同时也没有形成对犯罪、自然灾害以及其他一系列危机的预测管理体系。因此国内今后的研究，除了进一步研究各类危机对中国旅游业的影响外，还要研究如何建立一套行之有效的预警系统、危机管理系统、以及加强游客的感知分析等，为把中国建设成为世界第一旅游目的地做出贡献。

自 1989 年以来，一系列国内外的突发性危机事件不断冲击着中国旅游业，"98 洪灾"、"亚洲金融危机"、"撞机事件"、"9. 11 事件"、"美伊战争"、"国际恐怖袭击"等对中国旅游业均造成了不同程度的负面影响。但是在旅游业的总体持续繁荣的背景下，这些突发性危机事件造成的部分地区或时段内旅游业的"局部衰退"被淡化了。2003 年的"非典"（SARS），给中国旅游业造成旅游总收入减少 2768 亿元的巨大损失和面临 1989 年以来第一次负增长的严峻形势，使旅游业如何应对突发性危机事件的问题成为讨论的焦点。

一、中国旅游业面临危机事件的挑战

在全球化的背景下，信息、知识、人员与货物的交流等使危机可能在地理空间上扩散，并超越国界，使局部性、区域性的危机有可能迅速扩散和蔓延成为全球性危机。因此，其他国家所发生的危机事件很可能造成对中国经济、政治等方面的连带性冲击，影响中国旅游业。在世界经济形势不明朗、频繁的涉及美欧大国的局部战争和恐怖主义袭击等不确定因素明显增多的环境下，来自境外的危机事件对中国旅游业将产生显著影响。

同时，有学者指出，中国正处于经济转轨与社会转型的关键时期，政治经济改革已进入社会结构的全面分化时期，在社会发展序列上恰好对应着"非稳定状态"的频发阶段，中国已进入危机频发时期。在中国的转型期，危机事件具有以下几个特点：①危机事件涉及的领域多元化；②危机事件呈现高频次、大规模；③危机事件危害性加大，波动方式多元化；④危机事件国际化程度加大。因此，在目前国内政治经济持续稳定的大环境下，也绝不能低估国内危机事件对旅游业造成冲击的可能性。

鉴于国际与国内的形势，中国旅游业面临危机事件的挑战是不容忽视的。"非典"（SARS）只是近年来冲击中国旅游业最严重的危机事件之一，在全球化时代与中国进入社会经济的转型期，未来可能的多元化的危机事件将从多方面考验中国旅游业持续发展的能力。

20多年来，在中国持续稳定的政治经济环境下，虽然每一次危机事件的性质不同、冲击程度不一，但在国家管理部门及时采取的措施保障下，促进了旅游业的持续发展，也积累了丰富的抵御市场波动和风险的经验。综观中国针对历次危机事件采取的措施，可以归纳为几个方面：①开拓新的旅游市场，促进旅游客源空间多元化；②加强促销力度，实施重点促销的方针，稳定和开拓旅游客源市场；③积极拉动内需，调整旅游市场结构；④调整旅游产品结构，提高旅游市场的竞争力；⑤加强对外宣传力度，确立"最安全的旅游胜地"的国际市场形象。但从总体上看，以上措施基本上都是在危机爆发后做出的应对措施。

然而，我们也应该看到，虽然旅游业在危机后具有较强的可恢复性和恰当的应对措施可促进旅游业的复苏和发展，但是由此而淡化危机意识是十分有害的，模糊危机的形成和作用过程将制约我们采取合理有效的措施，仅在危机爆发后采取措施是不够的，这并不能最大可能的将危机事件所造成的影响降低到最低程度。"非典"（SARS）之后，已有众多学者探讨旅游业如何应对危机事件，笔者认为，中国旅游业应强化"居安思危"的风险和危机意识，有必要借鉴国内外学者对危机与危机管理的研究成果，在旅游业引入危机管理概念，建立旅游业的危机管理体系。

二、旅游业如何进行危机管理

根据危机管理的本质特征，笔者认为，旅游业的危机管理是指为避免和减轻危机事件给旅游业所带来的严重威胁，通过研究危机、危机预警和危机救治达到恢复旅游经营环境、恢复旅游消费信心的目的，进行的非程序化的决策过程；旅游业危机管理体系包括政府（主要指政府旅游主管部门）、旅游企业、旅游从业人员、公众（旅游者）等多个行为主体；其主要途径包括沟通、宣传、安全保障和市场研究等多个方面。

1、政府对旅游危机的管理

在应对旅游危机的过程中，政府在以下几个阶段的主要任务是：①在危机前兆阶段，致力于从根本上防止危机的形成和爆发或将其及早制止于萌芽状态。在这一阶段，要求政府旅游主管部门和相关政府部门注重收集各种危机资讯，对危机进行中、长期的预测分析；通过模拟危机情势，不断完善危机发生的预警与监控系统；建立危机管理的计划系统，制定危机战略和对策。②在危机紧急期和持久期，致力于危机的及时救治。在这一阶段，要求政府充分发挥危机监测系统的作用，探寻危机根源并对危机的变化做出分析判断；成立危机管理的行动系统，解决危机；及时进行基于诚实和透明的信息沟通，正确处理解决危机与旅游业发展以及各种行为主体的利益关系。③在危机解决阶段，及时地进行危机总结。要求政府旅游管理部门根据旅游者的消费心理和消费行为的改变，进行旅游促销，培育旅游消费信心和恢复旅游市场；加强危机学习，提升反危机能力。

2、旅游企业危机管理

实践表明，企业成功的一个重要因素就是危机管理。旅游企业的危机管理包括以下几个方面：①成立企业危机管理的领导机构，建立企业危机管理制度，在危机中积极进行自救；②建立企业危机管理的预警系统和危机应对处理系统；③培养和强化企业管理人员与员工的危机意识、④及时评价企业应对危机的计划、决策，建立完善的危机学习机制；⑤建立与媒体、公众的良好、高效的信息沟通系统。

3、旅游从业人员危机管理

48

旅游从业人员的危机管理包括：①树立危机意识，正确认识危机；②主动承担社会责任，积极参与政府与企业的危机救治；③加强职业培训与学习。

4、公众（旅游者）危机管理

危机事件不仅是对政府能力的挑战，更是对社会整体能力的综合考验。在通常情况下，社会公众是危机事件直接威胁的对象。因此，公众也应该成为危机管理系统当中的积极参与者，这样才能最大可能地吸纳各种社会力量，调动各种社会资源共同应对危机，形成社会整体的危机应对网络。在旅游业危机管理中，公众（旅游者）危机管理包括：①提高个人应对危机的能力；②培养良好的危机心理素质；③调整个人行为模式。

危机管理是一个新型的管理模型，随着社会的发展，人类的进步，还会有更多的危机现象值得我们去注意，危机管理的研究范围也就会进一步扩大，我们也会继续关注危机管理，关注社会发展。

参考文献：

[1] 李习彬. 系统工程——理论、思想、程序与方法 [M]. 石家庄：河北教育出版社，1991.

[2] 邓冰，吴必虎，蔡利平；《国内外旅游业管理危机管理研究综述》，旅游科学，2004年3月第18卷第1期

第三章 危机发生的特点及类型划分

第一节 危机类型

危机事件的数量繁多，覆盖的范围及其广泛，我们不可能将所有种类的危机事件一一列举出来。但是对危机事件的基本类型可以进行划分。这样做的目的有三：首先可以使我们对潜在的危机事件有一个清醒的认识；其次，能够使我们了解不同性质的危机事件所具有的不同特征；再次，有助于我们应对不同类型的危机事件。

由于分类的出发点不同，所划分的危机事件类型也不同。有时，危机事件的分类方法未必有理论上的根据，但在实际研究中却很容易被人们接受。另外，很多危机管理专家对危机事件的分类是从大量的实证中归纳出来的，其分类基础很难用一个单一的划分标准来衡量。而且，对某一种具体的危机事件，究竟属于何种类型，有时很容易划分，有时却颇难划分。例如，Ian I. Mitroff 教授在其所著《爆发前管理危机》（Managing Crises Before They Happen）一书中，将一个组织经常会遇到的危机（因而也是一个组织需要事前加以防范的危机）划分为七种类型：经济类（Economic）、信息类（Informational）、实物资产类（Physical）、人力资源类（Human Resource）、声誉类（Reputational）、精神行为类（Psychopathic Acts）和自然灾害类（Natural Disasters）。Norman R. Augustine 在其《对力求规避的危机的管理》（Managing the Crisis You Tried to Prevent）一文中，将商业活动中存在的危机简略地划分为：与产品相关的危机、意外事故、工程技术失败导致的危机、劳工纠纷引起的危机、财务困难引起的危机和恶意收购。罗伯特·希思（Robert Heath）教授在《危机管理》一书中，援引了由联合响应公司（The Corporate Response Group）于

1997 年对《财富》杂志评选出的全球最佳 1000 家公司所作的调查结果。本次调查确认的潜在危机事件依次是：工作中的暴力事件、绑架、恐怖活动、诈骗、产品损失与索赔、道德规范问题、CEO 的接任更替、于种族歧视和性别歧视有关的诉讼和被收购。本次调查同时还公布了受访者认为在企业中需要加以改善的地方：内部认知、交流沟通、实习培训、薄弱环节和风险分析、信息技术、企业规划和经营的连续性。

我们还可以依据矛盾的对象将危机事件大致划分为如下三种类型：

目标和条件之间的不相容度超过一定熵值引致的危机。这类危机起源于目标和条件之间的矛盾性（即不相容性）。当目标和条件之间的不相容度处于一定熵值之内时，危机事件处于潜伏状态；当不相容度大于这个熵值时，危机事件爆发，处于显化状态。如洪涝灾害，当河流的泄洪能力小于洪水的流量，或者大坝的蓄洪能力小于洪水的容量时，灾害不可避免地要爆发；又如，高级管理人员或员工"叛离"所造成的人力资源危机，也多归因于个人目标和组织条件之间的不协调。

条件与条件之间的不相容度超过一定熵值后引致的危机。这类危机产生的根源就是在一个相同的目标下有两个或多个条件之间是相互冲突的。如一些经营危机的产生，就在于企业内部条件和外部条件是相互冲突的，或者是企业内部的诸条件之间是相互冲突的。

目标与目标之间的不相容度超过一定熵值后引致的危机。这类危机是由于在同样的条件下，两个或多个不能同时实现的目标之间矛盾尖锐化的结果。如恐怖活动的产生就在于恐怖分子所追求的目标和人类追求的目标是背道而驰；又如法律诉讼危机就在于双方当事者追求的目标发生冲突，或者组织追求的目标与相关法律所设定的目标之间是相互冲突的。

另外危机还可以从以下几个角度来划分：

一、从危机成因分析，可以将危机分为自然危机（如地震、干旱、水灾等）和人为危机（如社会动乱、战争、恐怖活动等）；具体来说，又可以分为以下五类：

1、由于不可抗力引起的自然灾害。如我国 1998 年发生的特大洪水，直接给我国人民带来了生命和财产的威胁，造成了重大损失；诸如此类还有很多，如：2004 年第 14 号台风云娜于 8 月 12 日在浙江登陆后，造成 164 人不幸遇难，失踪 24 人，受灾人口达 1299 万人，直接经济损失 181．28 亿元；2004 年 9 月 2 日至 9 月 4 日，四川省北部、东部部分地区连续遭受暴雨袭击，引发山洪、泥石流、山体滑坡等。造成 19 人死亡、21 人失踪、40 人重伤；2004 年 9 月，从 4 日 8 时到 5 日 10 时，重庆开县连降暴雨，遭受一场 200 年一遇的特大洪灾。到 6 日 12 时，至少 16 人死亡，26 人失踪，168 人受伤，数千人无家可归。截至 9 月 7 日 12 时，四川、重庆特大暴雨造成受灾人口约 809 万人，死亡 118 人，失踪 86 人；2004 年 9 月 4 日，美国佛罗里达州大西洋沿岸地区遭受飓风"法兰西斯"侵袭，5 日飓风继续横扫佛州。这是 10 年来佛州遭遇的最猛烈飓风，经济和财物损失将超过 20 亿美元；台风桑达 2004 年 9 月 7 日上午在日本九州西部的长崎市登陆。截至 7 日晚 9 时，已有 8 人死亡，21 人下落不明，528 人受伤，避难者逾两万人；飓风"伊万"肆虐加勒比海，2004 年 9 月 7 日侵袭格林纳达等岛国，并"扫荡"了许多国家。它至少已造成 50 多人死亡，并摧毁了大量房屋，带来了巨大的经济损失；2004 年第 21 号热带风暴"海马"，9 月 13 日中午在浙江省温州市永强镇登陆，热带风暴经过时，中心附近最大风力 8 级，由于风大雨急，能见度降到 5～20 米。目前受灾情况尚未统计。

2、由于人的因素（疏忽大意、非预见性）造成的重大事故。如飞机失事、火车出轨、煤矿爆炸、集体中毒、疾病流行等。如广西南丹县的煤矿瓦斯爆炸、"非典"（SARS）疫情、禽流感疫情；03 年美国哥伦比亚号航天飞机失事：美国当地时间 2 月 1 日上午（北京时间 1 日晚），载有七名宇航员的美国哥伦比亚号航天飞机在结束了为期 16 天的太空任务之后，返回地球，但在着陆前发生意外，航天飞机解体坠毁，7 名宇航员全部遇难。近期日本列车出轨：2005 年 4 月 25 日在日本兵库县尼崎市发生高速电车出轨事故，据调查此次事故是由超速行驶引起，它造成 91 人死亡，456 人受伤。煤矿爆炸在我国向来是多发事故。2000 年 11 月 25 日下午 2 时 20 分，内蒙古自治区呼伦贝尔煤业集团大雁煤业公司第二煤矿发生井下爆炸事故，造成 51 人死亡，12 人受伤；2003 年 5 月 13 日 16 时 7 分安徽淮北芦岭煤矿发生瓦斯爆炸，50 人死亡，还有 36 人下落不明；2004 年 11 月 28 日上午 7 时左右陕西省铜川矿务局陈家山煤矿发生一起瓦斯事故，井下 166 名失踪矿工全部遇难；集体中毒：2005 年 8 月 28 日明光市苏巷镇牛岗村陈庄村民组发生 8 人集体饮食中毒事件；8 月 29 日 19 时 30 分许，因豆角没有煮熟引发了集体中毒，30 多名民工饭后呕吐。

3、由于人为故意因素造成的社会动乱。如党派纷争、民族冲突、宗教对抗等；2003 年也门第三次议会选举投票 27 日上午 8 时开始时，在一些投票点发生了不同党派支持者之间的武装冲突事件；2004 年 3 名男孩的溺水身亡导致科索沃北部塞族和阿族民众 17 日发生激烈的暴力冲突，造成至少 22 人死亡、500 多人受伤；宗教对抗一般都与民族问题纠缠在一起，如斯里兰卡的僧伽罗人（佛教）与泰米尔人（印度教）的矛盾，塞浦路斯的希族（东正教）与土族（伊斯兰教）之间的矛盾。也有用宗教来联合力量反抗压迫的，如阿拉伯民族有人提倡泛伊斯兰主义，用以团结穆斯林世界，对抗西方的殖民主义和霸权主义。在波黑战争中，穆斯林族则以伊斯兰教为纽带，加强内部的团结，其根本目的在于争取和扩展本族的生存空间。

4、恐怖活动造成的，例如马德里火车站爆炸案；伦敦爆炸案等。当地时间 7 日 8 时 49 分（北京时间 15 时 49 分），伦敦发生多起地铁和公共汽车爆炸，已确认爆炸为自杀式爆炸，警方已确认死亡人数为 56 名。

5、由于国家或国家集团之间的武装冲突或战争造成的危机。如 2004 年 7 月 8 日，格鲁吉亚政府军与格自治州南奥塞梯的士兵在利阿赫夫斯基峡谷地区发生了冲突，两名格士兵受伤，1 人被俘；巴以武装冲突屡次为巴以和平制造困难和障碍；2002 年 4 月马达加斯加支持卸任总统拉齐拉卡的军人与支持反对派总统候选人拉瓦罗马纳纳的军人 13 日在南方省会城市菲亚纳兰楚阿发生武装冲突，造成 30 多人死亡，40 多人受伤。

二、从危机影响范围考虑，可以分为国际危机、国内危机、地区危机和组织内部危机。国际危机指影响到全球的危机事件，如核危机、环境危机、世界大战等；国内危机是指在一国范围内造成威胁的危机事件，如我国的 98 洪水；地区危机是指在某地区发生的危机事件，如唐山大地震；组织内部危机是就危机事件对某组织的影响而言的，如企业危机等。

三、从危机涉及领域来看，可以分为政治危机、经济危机、社会危机、价值危机。所谓政治危机主要是指政治性的大规模抗议，或高层发生公开的分裂；经济危机指因汇率问题处理不当导致经济大幅度滑坡；社会危机指因收入差距过大导致局部社会动荡；价值危机指价值观所面临的危机。

四、按照危机性质，可以分为针对社会制度基本结构的危机（如美国"9·11 事件"、阿根廷经济政治危机）和针对具体行为规范或价值观的危机（如广西南丹矿难）。

五、按照危机发生前后的持续时间以及影响，可分为以下四个类型：

1、"龙卷风型"危机。即危机突然发生后会很快平息，来去匆匆，不会给社会带来长久的影响。如劫机、劫持人质、空难导致的危机。一般认为，采用突击队攻击是解决劫机事件的最佳选择。在学者们看来，面对此种危机，政府必须采取果断行动，即使行动失败也比不采取行动好。

2、"腹泻型"危机。这种危机发展酝酿有一个过程,但爆发后很快结束。此类的典型案例是美国德克萨斯州发生的大卫教邪教危机和日本的奥姆真理教事件。在政府采取断然措施后,危机迅速结束。

3、"长投影型"危机。这种危机爆发具有突然性,但其后续影响深远;长时间内难以平息。形成此类危机有两种:一是未能充分治理危机的根源。如1965年美国洛杉矶发生黑人骚乱,危机虽然很快平息了,但事后人们意识到,种族问题才是这一危机爆发的真正原因,其根源很难消除。1995年,洛杉矶黑人再次发生暴乱。二是危机处理失当,使一个小危机产生深远影响。例如2003年初的"非典"灾难,实际上2002年底就在我广东省有病例发现,由于处理不当,应对有误,结果在较长的时间里产生影响,给我国社会和经济带来了不可低估的损失。

4、"文火型"危机。这种危机开始缓慢,逐渐升级,甚至没有明显的爆发过程,结束得也很缓慢。比较典型的案例是越南战争,美国卷入后,随着代价逐渐增大,美国决策者骑虎难下。当领导人认识到决策失误而决定从越南抽身时,却感到十分困难,越南战争整整拖了10年。

六、就危机的基本形态而言,可以分为以下几种类型:

1、有关资源和资源交换的危机。例如,风灾水害、流行病变、地震、海啸等自然灾害,能源枯竭等能源危机(或曰自然界不可抗力引起的灾难),公害等自然破坏,核能发电事故等技术危机(由于主观故意或者行为过失而人为制造的危机),大规模倒闭、大量失业、恐慌等经济危机等。

2、有关社会目标及政治目标的危机,例如,社会集团间的斗争,从地域社会到国际社会的各种纷争所派生出来的恐怖、暴动、内乱、大量杀戮、战争以及与之相关的破坏性事态的发生等。

3、统合的危机,即随着社会的法规范围及制度的有效性和正当性的衰退,社会的不稳定性增大。

4、同一性的危机，其形成与社会的、文化的、历史的一体性等衰退有关。

5、复合型危机，即现实中所发生的危机具有复杂性，有时兼有上述各种形态，或者"有关社会目标及政治目标的危机"转化为"统合的危机"及"同一性的危机"。例如，"非典"（SARS）疫情等突发性公共卫生事件是"有关资源与资源交换的危机"，但是，如果其应对不适当，既存的政治及行政制度的正当性就会丧失，就会派生出"统合的危机"。[1] 由此可见，广泛地认知复合的、派生的多种多样的危机，是现代危机管理的最重要的课题。

目前国内对危机事件的分类：

在借鉴国外学者研究的基础上，我国一些学者也尝试着进行了分类，除了分类的角度有所不同外，并没有大的分歧。以下学者的分类较有代表性。

表1　危机事件的分类

类型	引致因素	一般表现方式
自然灾难型	环境破坏　疾病传播　自然突发事件	环境污染　自然灾害　公共危机
利益失衡型	经济发展不均衡　社会保障制度缺陷	罢工　集体上访　示威游行
权力异化型	政府权能体系的失效，如腐败	示威游行　暴力抗法　刑事案件
意识冲突型	意识形态领域的冲突，如宗教、民族	大规模群体冲突　妨碍公务
国际关系型	中国在国际格局中的发展	国家间紧张局势　经济制裁
技术灾型型	技术或工业事故	爆炸　辐射　泄漏等

我国学者胡屹在《策划学全书》中将危机事件划分为两类：一类是组织内部危机。它又可分为以下两个方面：产品或服务危机、管理经营危机；另一类是组织因环境变化而导致的危机。这类危机包括：组织因社会环境的变化而导致的危机、组织因自然环境的变化而导致的危机。

樊纲将危机分为需求刺激型和需求抑制型。前者会消耗大量资源，破坏事后的GDP，增加当前的GDP，如战争，洪水等；后者会增加一些专业需求外，几乎彻底减少需求，如传染性疾病危机。学者胡宁生等人把危机分为"结构良好"的危机和"结构不

56

良"的危机；而沈致远等人则认为危机有"能量积累型"和"放大型"两种。

在胡宁生主编的《中国政府形象战略》一书中，作者在综合前人所做划分的基础上，对危机分类做了以下归纳：

表2　危机类型一般划分概览

划分标准	相应的危机类型
动因性质	自然危机（自然现象、灾难事故）/人为危机（恐怖活动、犯罪行为、破坏性事件等）
影响时空范围	国际危机、国内危机、组织危机
主要成因及涉及范围	政治危机、经济危机、社会危机、价值危机
采取手段	和平方式的冲突方式（如静坐、示威、游行等）/暴力性的流血冲突方式（恐核活动、骚乱、暴乱国内战争等）
特殊状态	核危机/非核危机

胡宁生等还进一步提出了综合划分标准，选取危机状态下的复杂程度、性质及控制的可能性等指标，将危机划分为两种基本类型：一是结构良好的危机；二是结构不良的危机。而沈致远等人则基于金融危机的历史经验，同时结合数学金融学的研究，认为突发性事件有两种类型：一是"能量积累型"，例如地震、火山爆发，当能量积累超过所能承受的临界值后突然释放出来，如泡沫经济的虚假价值不断积累，直至突然崩溃；二是"放大型"，如企业倒闭引起一系列债主相继破产、美国长期资本管理基金事件及一国危机引起的"级联放大"效应造成亚洲金融危机等。

我们主张采用 Stallings R. A. 的观点，从危机情景中的主体（危机决策参与人和利益相关人）的态度（策略与行为选择）的角度将危机划分为一致性危机和冲突性危机。[2]一致性危机是指危机中的利益主体具有相同的偏好和诉求，能够对危机战略实施达成一致，如全民救灾；冲突性是指危机中存在两个或两个以上具有不同偏好和诉求的利益主体，比如战争。人们通常以为自然灾害是典型的一致性危机，其实也存在着冲突的可能，因为在有限的资源约束下，受灾群体和非受灾群体具有竞争的关系。从另一个角度看，即使是冲突明显的危机比如恐怖活动、暴乱也存在着一定的利益相关和行为沟通。因此，危机决策制定者首先要准确识别不同的偏好和诉求的利益相关人，在这样的前提下才谈得上进行有效的危机管理，同样，不能简单地看待冲突性危机中斗争方，由于利益偏好和诉求的变化带来的策略行为博弈矩阵的基础条件的变化从而带来危机的走向的不确定性；从这个意义上讲，危机管理者需要动态、准确地把握危机事态发展的不同利益相关者可能的行为逻辑。

在《危机管理》一书中，薛澜等从危机产生的原因上对危机类型做了以下归纳，并且分析了这些危机的诱因：

表 3　我国目前国内危机事件的分类

类型	一般冲突表现形式	引致因素
自然灾害型	环境污染、自然灾害、突发性重大公共卫生和公共交通事件	环境破坏、疾病传播、各种自然突发事件
利益失衡型	罢工、集体上访、静坐、示威游行、集会	经济发展的不均衡，社会保障制度上的缺陷
权力异化型	集体上访、示威游行、暴力抗法、刑事案件	政府权能体系中的失效，如腐败、司法权的不完善
意识冲突型	大规模群体冲突、妨碍公务、刑事案件	意识形态领域出现异化形成的冲突，如宗教、民族
国际关系型	国家间的紧张局势、经济制裁甚至局部战争	与中国在国际格局中的发展相关

黄训美认为，从产生的原因看，危机的类型主要有三种：一是自然力产生的天灾，如洪水、地震等；二是人为造成的人祸，包括全局性的或局部性的社会冲突；三是以自然灾害表现出来的人为危机，如火车相撞、飞机失事、核泄露等事故，以及大规模的突发性疫病流行所引起的公共卫生危机、三废排放造成的大规模生态灾害等。以上这些分类方式，反映了我国学者从不同角度、以不同的标准对各种危机进行了归类，在相当程度上代表了目前我国学界对危机的分类，尽管在名称等形式上有所差别，但主要

58

只是分类角度的不同，其实质内容并无太大分歧。

危机性事件是一个十分宽泛的概念，如果不能对其加以分类，就无法研究危机性事件发生的具体过程及对其进行具体分析，也就无法就其管理提出具有指导意义的结构性说明。同时，分类研究也是对危机性事件进行法治管理的基础，因而具有重要的公共政策方面的涵义。

目前，关于危机性事件的分类十分庞杂。不同学者依据不同的标准，总结出了完全不同的分类。从直接原因的角度，将危机性事件划分为两种：一种是天灾，即自然灾害（如地震、洪水、干旱等）；一种是人祸，即社会危机事件（如社会动乱、战争等）。现代社会控制理论则将危机分为系统内部危机和系统外部危机。按照危机是否可以预测，又可以将危机分为可预测性危机和不可预测性危机。按照危机波及的区域，可将其分为区域危机、国家危机乃至全球危机等。按照危机发生的领域，可将危机分为政治危机、经济危机、民族危机、宗教危机等。

上述的划分对结构化认识危机性事件，都具有重要的意义。不过，不论按照什么标准，对危机性事件进行划分时，一般应坚持这样几个原则：一是实质相关；二是完备性或穷尽；三是互斥或不相交；四是一致性，即避免跨类错误；最后是层级差别。当然，由于社会各种因素间的相互交叉与相互缠绕，要完全地、严格地按照上述科学的方式对危机性事件进行划分，会存在一定的困难。不过，如果能够自觉地、有意识地避免对上述原则的违反，就会使分类体系更为科学和完善。

此外，对危机类型的划分可以具体到某行业或某部门。

一、就民航业而言，根据民航业的行业特征及危机事件的诱因，危及航空运输企业的危机事件可以划分为系统性危机事件和非系统性危机事件两大类。

1、系统性危机事件

系统性危机事件是指发生在民航业外部的，航空运输企业所不能控制的危机事件。这类危机事件随着影响范围的扩大，会波及到包括航空运输企业在内的许多领域，带来严重的后果。从基本动因的角度，系统性危机事件主要包括由不可抗力引起的自然灾害、人为失误造成的重大灾难性事故以及国家之间的武装冲突或战争造成的危机等，比如：地震、洪水、"禽流感"、巴以冲突等。

2、非系统性危机事件

非系统性危机事件是指发生在民航业内部，与航空运输企业直接相关，并对其造成直接影响的危机事件。这类危机事件主要包括空防安全事故、航空飞行事故、航空地面事故和维修事故等等。

二、如果从公共管理的角度出发，可以将危机性事件划分为如下各类：政治性的危机事件、宏观经济性的危机事件、社会性的危机事件、生产性的危机事件以及自然性危机事件。

政治性危机事件一般涉及到政体、国体以及政府合法性面临严重挑战、威胁和瓦解，国家主权受到威胁和伤害。政治性危机性事件主要包括战争、革命、政变、武装冲突、大规模的政治变革（如前苏联与东欧巨变等）、政府重要政策的变迁（如国有经济改革、社会保障制度改革等）、大规模恐怖主义活动、民族分裂主义活动以及其它政治骚乱等。在政治性危机事件中，民主化改革是一个日益被人们重视的引起政治危机的重要事件。同样，政治领导人变迁在特定时期也会引发政治危机。公共政策变迁是20世纪80年代以来引发政治危机的一个重要因素。特别是随着经济全球化程度的提高，国际经济相互影响性增强，如果不能很好地平衡国际规则与国内经济的实际情况，那么公共政策的变迁就可能引发国人对政府合法性的质疑，从而引发政治危机。宏观经济性危机事件是一个包括内容十分广泛的领域，它主要涉及到宏观经济变量的波动。例如，价格波动可能以一般价格水平的变动形式出现，也可能以投入品和消费品相对价格的形式出现。通常，与价格总水平和总产出水平不确定变动相关联的，是国际汇率和利率的不确定性变动。股票市场的不确定性波动亦是实际经济波动的风标，但它却能够反过来影响实际经济的运行。公共政策亦会引发宏观经济性危机事件的形成。

社会性危机事件主要源于人们所持的不同信仰、价值和态度之间的冲突，以及人们对于现行社会行为规则和体制的认同性危机，以及各种反社会心理等。一般来说，社会性危机事件的不断或频繁暴发，可能预示着政治性或政策性危机事件的出现。社会性危机事件主要包括社会不安、社会骚乱、罢工、游行示威、小规模的恐怖主义行动、对相关价值的认同危机。社会性危机事件如果转而发展成为威胁政府的事件，它就转化成了政治性危机事件。从这个意义上说，社会性危机事件与政治性危机事件具有某种关联性。尽管如此，这两者之间从某种意义上说仍然是互斥的：即政治性危机事件针对的对象是政府，而社会性危机性事件针对的是社会。由于政府与社会并不相同，因此，政治性危机事件与社会性危机事件并不是一回事。生产性危机事件是最常见也是发生频率最高的危机性事件。生产性危机事件主要源于技术因素、防护性因素、质量因素、管理因素以及各种各样的偶然性因素。生产性危机事件主要包括工作场所安全、导致人身严重伤害的职业病、产品安全、生产设施与生产过程安全等。随着经济全球化程度的提高以及各国经济交往日益频繁，生产性危机事件暴发的可能性和机会也在迅速增大。例如，通过产品贸易及其过程（主要是货物移动），某种病毒、微生物或细菌可能从一国传到另一国，从而引发类似于生态平衡危机、传染病危机等各种危机。自然性危机事件就是人们常说的天灾。自然性危机事件也是近年来频繁发生的事件，它是那些给人们的生命和财产造成严重损失的自然状况的突变，包括雨量的变化（干旱、大水泛滥、山洪暴发等）、地震、台风或龙卷风、流行性传染病以及其它自然灾害等。自然性灾害不仅会造成严重的生命损失，更会严重影响农业产出，损害工商业的生产能力和其它各种组织功能的正常发挥，从而造成巨大的经济损失和生产能力的急剧倒退。上述关于危机性事件分类的一个明显特征是没有考虑地域或国界这一维度。事实上，在经济全球化程度如此高的今天，全球已经形成一个十分敏感的共振系统，上述任何一种危机都可能形成不局限于一国范围之内的危机。也就是说，任何危机都可能是国际性的危机，任何国际性的危机在某种意义上也都是本地的危机。因此，在这样的时代背景下，划分国内危机与国际性危机，意义已经不大。

三、由于分类标准不一，学校危机的类型也是多种多样的。北京教育科学研究院的学者耿申把中小学校可能发生的危机事件分为自然灾害事件、社会性灾害事件、卫生性灾害事件、校园暴力伤害事件。日本学者上地安昭从危机事件的影响面和处理方式这一角度将其分为个人层面的危机、学校层面的危机、社会层面的危机三类。这里，我们根据当前中小学校表现较为普遍突出的危机事件将学校危机分为以下几类：

1、由自然灾害和社会灾害所造成的学校危机，包括地震、洪水、台风、雷电、战争、火灾、房屋倒塌、食物中毒、传染病流行等事件。这种灾变性危机主要危害到学校人员的身体健康和生命安全，扰乱正常的教育秩序，给学校财产造成一定的损失。其中由食物中毒、房屋倒塌等事件带来的危机会对学校声誉产生较大的负面影响。

2、由于学校管理者决策失误或管理不当造成的危机，如因学校管理者在招生问题上发生重大决策失误而导致生源剧减并由此带来的连锁影响，从而产生危机。此类危机多是由于长期隐藏着管理决策上的失误，经过一段潜伏期后爆发的。如不及时做出应对策略，会带来严重后果。

3、学校信誉和形象受到严重损害的危机。这种危机常常是由于学校不能履行合同或教育教学质量不断下降，达不到校方向有关单位或个人所作承诺而造成的。这种危机不仅使学校失去众多家长的信任，而且因社会舆论产生的不利影响而使学校失去社会各方的信任和支持，使学校的发展面临举步维艰的局面。

4、学校因内部发生丑闻而使学校形象受到严重损害的危机。例如：学校领导因在学校基建过程中贪污受贿而被他人指控；教师因严重体罚学生而导致被罚学生的身体或精神遭受伤害等事件而使学校形象遭受严重破坏，从而产生形象危机。学校形象危机是本质危机，若不采取针对性强的措施，学校很难渡过此类危机。

5、由于学校关键人物的辞职或死亡等原因而危及学校的正常教育秩序。如学校的一些优秀教师、省市名师、学科带头人、教学能手纷纷跳槽到教学科研环境和工资福利待遇均较优越的学校任教，由此引发学校其他教师思想上的波动和行为上的松懈，从而影响到正常教学秩序的维持，进而影响学校教育质量的提高。

四、企业危机类型

这部分我们将在第五章进行详细论述。

综上所述，危机的类型从不同角度有不同的划分方法，其内容是十分复杂的，但是为了更好地应对各种各样的危机，更深入地进行危机管理研究，对危机做出分类是十分必要的。

第二节　危机管理范围界定

危机是多种多样的，危机管理的内容也是多方面的。从危机的形成原因和它所影响的时空范围来看，我们将危机管理分成公共危机管理（主要指国内公共危机管理，包括政治危机管理等）、国际危机管理、组织危机管理（包括企业危机管理等）和家庭和个人危机管理几个大的方面，并由此对危机管理的范围进行界定。

3.2.1　公共危机管理

任何社会都不可避免地会遭受各种各样的灾难，从而产生公共危机。公共危机不仅造成人民生命、财产的巨大损失，对经济和社会的基础设施造成巨大的破坏，也会引起环境的恶化，阻碍社会的可持续发展，甚至可能导致社会和政治的不稳定。对于一个社会和政府而言，面对各种危机，最重要的战略选择应是建立一套比较完善的公共危机管理机制，并在此基础上不断增强政府以及整个社会的危机管理能力。公共危机包括风险社会所面对的一切危机，具体可以分为以下几类：社会政治危机、公共经济危机、自然灾害和环境生态危机、恶性意外事故危机、公共卫生危机以及人们的心理危机等等。

一、现代公共危机管理概念

从公共管理的意义上而言，危机的出现具有发现公共问题、推动公共问题进入政府议程、促使政府制定有效的公共政策，解决公共问题的功能；危机的出现会促使政府重新评估其制度、政策和行为，改进政府管理之缺失的作用。问题的关键在于，一个社会、一个政府是否具有学习的意愿、学习的文化、学习的能力以及改正错误的勇气。面对各种各样的危机，对于政府而言，如何建立起一个全面的整合的危机管理的体系，不断提升政府和社会的危机管理能力，可以说是公共危机管理的最大挑战。

现代公共危机管理理论研究具有如下特征：首先，研究内容从单一的政治危机扩展到公共管理的各个领域，这是因为现代社会是一个大系统，牵一发而动全身，任何领域的突发事件都有可能带来这个公共管理领域的危机；其二，研究目的由原来的政治目标转变为建立整合的公共危机管理体系，实现有效的危机管理，维护稳定，确保经济、社会的正常发展；其三，研究重点由原来重危机现场应对到危机的全生命周期，尤其重视危机前的预警研究；其四，研究导向由本国情况研究走向跨国比较研究，美国、日本、欧洲诸国危机管理实践各具特色，现代危机理论是在总结各国危机实践基础上发展起来的，这一点对研究刚刚起步的中国尤为重要；其五，研究方法上立体分层研究体现了当代危机管理研究多元化和全面融合的趋向，从单纯定性研究到定性定量相结合，在个体层面上运用心理学、博弈论，在组织层面上运用组织理论、管理理论，在社会层面上运用社会学、政治学和经济学等。

可以说，西方现代危机管理的理论研究已渐趋成熟。

近年来，国际范围内危机事件的发生频率呈明显上升趋势。20 世纪 90 年代以来，各种公共危机事件在我国也不断出现，其频发度和危害性亦呈明显上升趋势。"9·11"事件及"非典"(SARS) 危机的发生，使公共危机引起了世界范围内的极大关注。正是在这一背景下，近年来，危机管理逐步引起了我国政府的重视，不少学者也纷纷着手公共危机管理研究，公共危机管理迅速成为新的研究热点，产生了大量有关该领域研究的论著，堪称硕果累累。然而，分析这些研究，其中存在的问题与不足也是比较明显的。因此，对这些研究进行梳理，无疑有利于我们更好地了解与把握最新研究动态和发展趋势。

近年来我国学者有关危机管理的研究，除了少数以"企业公共管理"或"企业危机公关"等为关键词外，其它冠以各种名称的有关危机管理的研究，一般都是指以政府为主体的公共危机管理。李泽洲认为，"突发性公共事件"就是在某种状况下，由于缺乏正确预测或者有效预防而发生的意外事件。[3] 对于公共危机，虽然有不少文章以此为关键词或作为文章标题，却只有少数研究者做了界定。如李燕凌等认为，公共危机是指对社会公众具有巨大现实或潜在危险（危害或风险）的事件[4]；张小明在对"公共危机"、"一般危机"、"政府危机"进行比较分析的基础上，认为三个术语是有区别的："公共危机"是与"一般危机"相对应的专业术语，强调的是其影响范围广大，或者对一个社会系统的基本价值观和行为准则架构产生严重威胁，需要以政府部门为主体的公共部门在时间压力和不确定性极高的情况下做出关键性决策，同时认为，"政府危机"这一专业术语，从简化的意义上来说，可以看作是与"企业危机"相对应的，是以危机发生领域为依据所做出的简要划分，正因为如此，他指出应该对这些术语进行规范。[5]

吴兴军认为，"公共危机管理"是公共管理的一个重要领域，它是政府及其它公共组织，在科学的公共管理理念指导下，通过监测、预警、预防、应急处理、评估、恢复等措施，防止和减轻公共危机灾害的管理活动，并认为政府是公共危机管理的责任人；杜宝贵等指出，区别于常态下的公共管理，人们把处理突发性公共事件的管理，称之为公共危机管理或政府危机管理；张小明认为，"公共危机管理"是指对公共危机的管理，其管理主体既包括政府部门、非政府公共部门（NGO），也包括企业和私人部门，甚至也可以将公民个人涵盖在内[6]；马建珍指出，政府危机管理就是在危机意识或危机观念的指导下，对可能发生或已经发生的危机事件进行信息收集、信息分析、问题决策、计划制定、措施制定、控制协调、经验总结的系统过程[7]；黄训美指出，政府的危机管理是危机发生前的有效预防和危机发生后的积极救治。[8]

这些概念，从不同的角度反映了公共部门危机管理的特性，但学者们对此很少做区别对待。唯有张小明对三者做了比较分析，认为"公共部门危机管理"与"政府危机管理"这两个概念，本质与内涵是一致的，都有两个层面的含义，只是外延上有所差异，公共部门包括政府部门与非政府公共组织（NGO），从这个意义上可以说，"公共部门危机管理"涵盖了"政府危机管理"的外延范围。并进一步指出，相比较于"政府危机管理"的提法，"公共部门危机管理"的提法更符合当今社会公共危机管理实践的发展趋向，更贴合于实践的需要，也与公共管理学学科发展的研究路径与理论趋向相一致。"公共部门危机管理"与"公共危机管理"这两个概念的主要区别在于："公共部门危机管理"是指公共部门对危机的管理，包括两个层面的含义——公共部门对与自身矛盾有关的内部危机的管理活动以及对国际国内的外部公共危机的管理活动，这两个层面的含义与"政府危机管理"概念的含义是一致的；而"公共危机管理"则是指对公共危机的管理，其管理主体既包括政府部门、非政府公共部门（NGO），也包括企业和私人部门，甚至也可以将公民个人涵盖在内。这些讨论一方面反映了我国学界对它们缺乏共识，同时也反映了学者们研究的逐步深入。

简言之，公共危机管理就是对公共危机进行防范、应对、控制和处理的过程。公共危机管理是一个复杂的系统工程，主要包括以下内容：1、首先要加强公共危机意识的教育与普及。主要包括危机防范意识教育、危机中的道德责任感的培养、危机中科学知识的普及、应对危机的心理教育等。通过教育，使公众对危机有一个科学的认识，树立起良好的道德责任和较强的承受能力。2、树立公共危机意识管理的新理念。在全球化进程中要正确地进行危机管理，就要求政府树立新的理念，主要包括快速应对的时效观念、一切为民的服务理念、有章可循的法治理念、信息公开的透明理念、决策公开的民主理念、尊重规律的科学理念、积极协作的合作理念等。3、要建立和完善应对公共危机的法律制度。如有关公共危机的社会应急管理立法、危机状态下的特别立法制度建设、突发公共卫生危机的管理条例等。4、要加强公共危机的信息预警和反馈机制的建设。5、要构筑起强大的公共危机的防范体系。6、要建立高效的公共危机的控制处理机制。这一机制的建设应从四个方面进行完善，即决策咨询系统的建设，指挥组织系统的建设，专业化应急处理队伍的建设，支持保障系统的建设。7、要构建强有力的应对危机的社会支持系统。这一系统包括以公共财政为主的经济应急支持系统，以新闻媒体为主的舆论宣传支持系统，以科研院所、大专院校为主的科研支持系统，以执法部门、武装力量为主的社会稳定支持系统，以社会团体、组织为主的社会力量支持系统。8、要构筑起应对危机的互援合作体系。如国际间的互援体系、国家内部不同地区间的互援体系、不同专业的互援体系，这些体系要达成共识，形成网络，互联互动。同时，遇到危机时，要及时向互援体系寻求帮助，减少损失。9、要建立强有力的危机保障系统。应对危机的保障系统主要由物资供应保障、社会福利保障、社会稳定保障、社会后勤保障等系统构成。10、要构建公共危机的善后处理机制。此机制主要由善后的处理机制、善后的安置机制、善后的救助机制、善后的慰问与安抚机制等构成。11、要建立危机管理的调查监督机制。此机制可建立专门的调查委员会，特派调查监督员制度等。

二、全面整合的公共危机管理体系

所谓全面整合的公共危机管理体系，它是指在高层政治领导者的直接领导和参与下，透过法律、制度、政策的作用，在各种资源支持系统的支持下，通过整合的组织和社会协作，通过全程的危机管理，提升政府危机管理的能力，以有效的预防、回应、化解和消弭各种危机，从而保障公共利益以及人民的生命、财产安全，实现社会的正常运转和可持续发展。

具体而言，全面整合的公共危机管理体系的基本特征和主要构成因素在于以下几个方面：①政治承诺、政治领导与政治支持。全面整合的危机管理认为，一个负责任的政府，应当有效地预防、准备、回应和化解危机，保障人民的生命、财产和安全，使人民免于危机的侵害和恐惧，保障社会正常运转。②全危机的管理。各种危机之间具有相互的关联性，危机之间的相互关联使得某一种单一的灾害和危机会转化为复杂性危机。因此，危机管理要从单一危机处理的方式转化为全危机管理的方式，这包括了制定统一的战略、统一的政策、统一的危机管理计划、统一的组织安排、统一的资源支持系统等等。③发展途径的危机管理。整合的危机管理模式认为，从本质上而言，一切危机都是人为的。社会出现的许多危机是人类社会不理智的发展方式、不理智和不适当的行为方式和生活方式的结果。发展途径的危机管理强调要从人类和持续发展的角度理解和进行危机的管理。人类社会必须重新思考自己发展的方式、行为的方式和生活的方式，谋求人与自然的和谐；人类社会需要重新思考个体、群体、社会、国家之间的相互关系，通过政治、经济、文化的改革建立一个健康的社会；我们需要重新思考国家的治理，通过改革不断致力于实现善政和善治；我们不仅仅要考虑现世代的发展和公平，更要考虑后世代的发展和公平等等。

为了实现有效的危机管理，政府必须设立危机管理的绩效指标。正如联合国所强调的那样，政府危机管理的指标必须具有可持续性（能够持续较长的时间）、可衡量性（明确界定成功的标准）、能够实现（在政府确定的时间范围内能够达成）、具有相关性（能够满足各种危机和灾害管理的要求）和及时性（满足近期和长远的需要）。此外危机管理的绩效指标还必须明确、具有弹性、有机的与政府管理工作相整合、能够被政府部门和社会接受、能够反映国际社会的经验等。当然，仅有危机管理的绩效指标是不够的，还要进行绩效的管理，这包括绩效的衡量、绩效的监控以及持续不断的绩效改进等。

整合危机管理于经济社会的可持续发展之中。严格地说，一切危机和灾难都是人为的，是人类不理智、不合理的生产方式、生活方式和行为方式的结果。因此，危机管理的一个重要政策选择在于把危机管理与经济社会的可持续发展紧密结合起来，在经济社会的发展过程中尽量减少那些可能引发灾难和危机的因素。

制定预防各种危机的战略、政策和规划。国际经验表明，为了有效地预防和回应各种危机，制定切实可行的危机管理战略、政策和规划是必要的。它有助于明确危机管理的目标，指导危机管理的行动，统一调配危机管理的资源，强化危机管理的能力。

完善危机管理的组织体系，发展危机管理的网络和伙伴关系。危机管理是政府的基本职能和职责之一。为了强化政府管理危机的能力，政府有必要建立统一领导、分工协作的组织体制。除了政府之外，市场组织、非营利组织都可以在危机管理的过程中发挥重要作用，因此政府应该发展危机管理的伙伴关系，把危机管理的网络扩展到整个社会。此外，在经济全球化时代，加强与国际组织的合作也十分重要。

把危机的风险管理整合到政府和社会的日常管理中。当代危机管理的一个重要趋势在于从对危机的回应转为对危机的风险管理。所谓风险管理，包括风险的确认、风险的分析、风险的评估、风险的监控等一系列活动。实行危机风险管理的目的在于预防危机。因此，政府应该在日常的政策管理、项目管理、资源管理中，全面实行危机风险管理。

通过良好的沟通和有效的信息交流，整合和协调危机管理的行动。在危机管理的整个过程中，信息发挥着十分重要的作用。及时收集、传递和共享信息，能够舒缓危机，降低危机的损害。更重要的是，一旦出现灾难和危机，信息沟通和交换可以保证政府做出及时和准确的决策，协调反危机的行动。因此，建立有效的危机管理信息系统是十分重要的。这一信息系统也可在危机的早期预警方面发挥作用。

建立和发展危机管理的资源保障体系。有效的危机管理是建立在充分的资源保障基础之上的。政府有必要把危机管理的资金纳入政府的预算之中，建立应对各种灾难和危机的专项基金，并通过社会保险等方式扩大资金的供给。政府应完善战略性资源的储备，编制资源目录，以有利于有效地调动资源。国家和社会应该加强人力资源的培养和训练，为危机管理提供充足的人力资源。

提高公共管理者和社会公众的危机管理意识与能力。政府应通过教育和培训等方式，强化公共管理者的危机管理意识、知识和技能。公众的参与是整个社会危机管理的基础，因此应通过公共信息的传播、教育以及多学科的职业训练等途径，增强公众的危机管理意识与能力。2004 年 2 月 5 日 19 时，北京密云县第二届迎春灯展一游人在公园桥上跌倒，引起身后游人拥挤，造成踩死、挤伤游人的特大恶性事故，造成 37 人死亡、15 人受伤。密云游人踩踏事故发生之后，中央领导马上做出重要批示，北京市领导亲赴现场指挥部署，各单位部门火速救援；政府部门在事故发生之时回应如此迅捷，这说明政府对于突发危机事件的处理能力已经今非昔比。但是，这场恶性事故仍然暴露出当前我国政府公共危机管理中存在的一个极大"软肋"，即缺乏对危机预防与危机准备的足够重视。

根据国际经验，当代的公共危机管理应该是一个由危机预防、危机准备、危机回应与危机恢复四部分组成了循环；危机预防与危机准备意味着采取前瞻性措施预先减少危机发生的概率与降低危机的可能危害，危机回应与危机恢复则指在危机爆发之后采取措施缓解危机的破坏力并减少损失。当代危机管理的实践证明，随着危机可能危害性的日益膨胀，危机预防与危机准备已经成为公共危机管理的重中之重，越来越多的国家选择投入大量人力、物力、财力用于危机预防与危机准备，力求未雨绸缪地防患于未然。

事实上，在美国、加拿大等国家，每当举行由众多公众参与的大规模文化娱乐活动，政府中的突发事件管理机构都会事先采取措施（如安排疏导人员、增设临时通道、准备消防急救设备等等），防范因为人员拥挤可能发生的种种突发性危机事件。而在我国，春节、元宵节这样的传统节日往往是大规模文化娱乐活动密集的时期，也是踩踏等类似突发事件的高发时段；相比之下，我们的危机预防与准备工作则显得远远不够。就此次事故来说，如果密云有关方面在举办灯展活动的同时做足防范工作，事先多了解一下展览现场的状况、多增加一些疏导人员、多安排一些临时通路、多准备一些急救设备，或许这场恶性踩踏事故就不会发生。

3.2.2 国际危机管理

冷战结束以来，国际关系呈现出日益复杂化的趋势。与此同时，在冷战期间东西方两极格局掩盖下的政治、经济、文化、宗教和民族矛盾立刻将积蓄了很久的能量释放出来，各种各样的国际冲突越发频繁和加剧，以至最后形成国际危机（international crisis）。与冷战期间的国际危机相比，这些危机具有规模大、影响深、烈度强和不确定等特点，这给国际社会增添了许多不稳定的因素，使原本就复杂的国际关系更加复杂化。尤其是"9·11事件"以来，恐怖主义、"非典"（SARS）、禽流感等非传统安全（non－traditional security）事件和伊拉克战争、朝核危机等传统安全交织在一起且频频发生，国际危机又再次引起国际社会和学术界的高度重视。

一、国际危机概念

要理解什么是国际危机，这还得从国际冲突说起。所谓国际冲突是指在国际关系中，行为体之间为实现各自的利益和目标而进行的对抗性或敌对性遭遇或相互作用形式。国际冲突的真正目的不单是行为体为了提高自己的权力地位和获取更大的利益，而是要压倒对方、削弱对方或损害对方，实现自己对对方的绝对优势，从而形成零和博弈（zero－sum game）。

作为国际冲突的一个阶段或一种形式，西方学术界对国际危机有着各种各样的理解。一般来说，下面两种理论观点在学术界比较有影响。一种是由美国学者格莱恩·斯耐德（Glenn H. Snyder）和保罗·狄兴（Paul Diesing）从系统论的角度做出的分析，他们认为："国际危机是两个或两个以上的国家和政府之间在严重的冲突中所发生的相互的结果，这种冲突不是实际的战争，但却使人感到高度的战争危险。"这个定义之所以被广泛接受就是因为它从理论的角度第一次将一般国际冲突和战争这两种冲突状态做出了明确的区分和界定，而且将国际冲突的行为主体严格限定为主权国家，并将其视为一个过程或趋势。这种分析方法可用来解决以往在研究国际危机时的那种模糊的理论认识。

另一种观点是奥兰·杨（Oran Young）提出的通过从国际体系的角度来进行的宏观分析，他认为："国际危机包括一系列迅速爆发的事件，这些事件使不稳定性对整个国际体系或任何一个子系统的影响都超过了正常水平，并增加了在系统内部发生暴力的可能性。"换句话说，国际危机是指国际关系行为体对既有的系统控制和调节机制在基本价值和利益方面提出新的要求而引起系统内连锁反应，造成系统内出现了一种紧张的对抗局面。这种分析方法显然是将国际危机放在国际体系这个大框架来讨论，将这种紧张的国际关系局面及其影响看成一个有机的系统。毫无疑问，这有助于从更高的视野和更宏观的层面来考察和研究。

从方法论的角度来说，无论是过程分析还是系统分析都只是从一个角度来考察国际危机这种紧张的国际关系，过分强调某一方法的优点和作用都不够准确，不够科学。换句话讲，前者强调的更多的是国际危机的"过程"和"影响"之间的关系，力图将下面即将提到的危机管理当成一系列有着因果关系的事件来进行看待和处理，并要求在此过程中应充分考虑各个变量（variable）之间发展变化对整个事件的影响。但是，这种方法也有一定的机械性，即将所有的危机形式都主观地归纳为理想中的类型。这使得在具体的研究和决策过程中常常陷入十分被动的境地。而后者则把国际危机视为一个有机的体系，试图从宏观的层面来把握整个危机的发展变化，它实际上是基于这样的假定：把握了事物的宏观层面就能把握事物发展变化的主要趋势。即是说，研究和处理国际危机更多的是需要善于抓住其发展变化的宏观因素，而不是仅仅拘泥于单个事件的内部因素之间繁琐的关系。显而易见，这种方法也具有一定的局限性，即忽略了局部与整体之间的关系。因此在具体实践过程中，有时由于忽视某一个或几个会造成严重的损失。

我国学者在对国际危机进行理论把握时，将格莱恩·斯耐德和保罗·狄兴的微观分析方法与奥兰·杨的宏观分析方法的合理成分加以吸收。并且认为应该从这样几个方面来界定国际危机：①国际危机是一种紧张和僵硬的对立状态；②在国际危机中，行为体之间的根本利益和首要战略目标发生了直接对抗和冲突；③国际危机必须限定在可控制的范围内；④国际危机具有严重性、时限性和突然性；⑤国际危机内部诸要素之间具有一定的系统性；⑥国际危机的处理即是国际关系行为体在国家利益方面关于成本与收益的反复较量和理性选择。

二、后冷战时期的国际危机

现代的危机管理着重研究后冷战时期的国际危机。20世纪80

年代末 90 年代初，维持了近 50 年的雅尔塔体系由于苏联的解体而瓦解了。于是，过去在两极格局掩盖下的各种国际矛盾立刻暴露出来。各种各样的国际冲突日益加剧，其中一些升级为国际危机。这些危机和传统的危机交织在一起，形成了当今世界上日益复杂和频繁的国际危机。从产生根源上来看，这些新危机大致有以下几种：一是冷战的遗产，即冷战期间各种没有解决好的问题如领土争端、民族矛盾、宗教冲突和经济纠纷在后冷战时期继续存在或重新爆发；二是国际格局更替或转换时期由于部分地区出现了力量真空而导致的国际危机；三是后冷战时期由于民族主义、恐怖主义引发的各种国际危机；四是全球化时期出现的新危机，以及后冷战时期个别大国继续奉行冷战思维和推行霸权战略而导致的危机。所以后冷战时期的国际危机与传统的国际危机相比，无论是在性质上还是在表现形式上或具体内容方面都发生了很大的变化。

简单地说，这种变化主要体现在以下几个方面：

首先是在内涵上，国际危机比过去宽泛了许多。传统的国际危机主要是指严重对峙的国际关系的状态，而今日的国际危机已经发生了很大的变化，除了包括传统的安全因素外，还包括了许多由于非传统安全因素引起的危机，如 1997 年东南亚金融危机，2001 年的 "9·11" 恐怖袭击引发的国际危机以及 2003 年的 "非典"（SARS）和今年的禽流感等。因此，有学者将国际危机重新界定为："国际间因若干方面矛盾激化而导致的各种破坏正常国际关系的恶性事态的发展状态。"

其次，导致国际危机的根源比过去更加复杂。这一方面是由于传统的国际危机的成因在冷战后有着相当大的变化，另一方面是这些由于非传统安全因素引起的国际危机无论是对于理论界还是对于决策层都是一个崭新的课题，还有相当多的问题有待于进一步的探索和研究。

第三，由于冷战后的国际危机具有一些新的特征，因此在进

74

行危机管理时应加强科学地认识和理性地分析。显而易见，对于那些由于非传统安全因素引起的国际危机应采用非传统的应对措施和管理方法，对于那些由于传统安全因素引起但与冷战期间相比已经发生了很大变化的国际危机在研究和应对时应以一种发展的眼光来对待。

后冷战时期国际危机具有一些新的特征。

第一，与冷战期间相比，今天的国际危机具有强烈的扩展性。具体来讲，包含三层意思：一是扩展的范围越来越广；二是扩展的速度越来越快；三是扩展的领域越来越多。

第二，具有相当浓厚的经济、科学和文化因素。后冷战时期的国际危机是在经济全球化和经济区域化的大背景下进行的，而且相当一部分的国际危机的成因是起源于经济、贸易和金融等领域，这就决定了此时期的危机不可避免地具有浓厚的经济因素成分。另外，在科学技术高度发达和进步的今天发生的国际危机的破坏力远远超过过去国际危机。一些恐怖组织正是利用这种现代科技的进步和方便来从事犯罪活动，从而引发或加剧了国际危机，使当今国际局势更加趋于动荡。此外，后冷战时期一些国际危机起源于宗教文化的冲突。

第三，国际危机和国内危机交织在一起。这主要是指冷战结束以后，在一些民族国家因宗教、民族和自治等问题产生的国内危机而引发或升级为国际危机。冷战结束后，国际政治中出现了在一些民族国家内部的种族或民族的"原素化运动"，使部分国内的政治危机演变成国际危机，例如科索沃危机引发的在前南（斯拉夫）地区的先是民族冲突后是北约（NATO）对南联盟的科索沃战争所导致地区紧张局势至今仍然没有得到根本的缓解和有效的解决。

第四，国际危机的行为主体多元化。传统的国际危机把行为主体严格限制在国家层面上，而冷战后时期的国际危机除了主权国家之外，还有其他一些国际关系行为体如跨国公司、国际游资、恐怖主义组织和民族分裂运动等。这就使得此时期的国际危机更加难以控制和管理。

第五，国际危机的成因更加难以界定。传统的国际危机的起因都是基于国家根本利益的冲突，而后冷战时期的国际危机起源很难定性，比如对于9·11事件的起因用传统的国家利益的分析方法很不具有说服力。

第六，国际危机形式的复杂性。后冷战时期的危机的又一个特点就是传统理论视野中的国际危机和其他一些由于非传统安全引起的国际危机相互交织在一起，很难分清和判断这种类型的国际危机的类别和起因。但是，有一点是肯定的，那就是这种国际危机具有可变性、突发性和爆炸性。例如印度和巴基斯坦常常处于这种危机的阴影下。

三、国际危机管理的理论基础及其评估

研究国际危机是为了更好地实现对国际危机进行管理，而要实现对国际危机的管理，这首先得区分各种危机的性质和特征。换言之，得从学理上将各种危机区别开来，即对各种危机进行分类。

学术界从不同的角度来对国际危机加以分类，其目的只有一个，那就是更准确地认识和理解国际危机，从而更好实现对国际危机的有效管理。理查德·莱勃（Richard Nedlebow）根据危机产生的因果关系，将国际危机分为三类。即①为战争寻找理由的危机（Justification of hostility crisis），这类危机通常情况是由某一国际关系行为体蓄意挑起的，具有很大的破坏性，其结果也常常导致真正的战争，典型的例子就是一战前1914年的7月危机；②继起性危机（Spin－off crisis），这类危机是一般国际危机逐步升级的直接产物，它是国际关系行为体在至关重要的国家利益方面直接对抗的结果，有时也是由于其中的一方继续增大冲突的能量而造成的，此类危机很难控制和管理；③战争边缘政策引起的危机（Brinkmanship crisis），这类危机实际上已经处于战争的临界点，

其管理难度也是众多危机中的最大的，有时常常引发战争或准战争。但与此同时它也具有相当大的伸缩性，如果处理得好，战争也是可以避免的，典型的例子如 1962 的古巴导弹危机。

而克拉克·拜尔则采用结构分析的模式对第二次世界大战的各种危机的考察，将国际危机分为六大类。即①对手型中心国家的平衡危机（adversary crisis of central balance），如冷战期间东西方两大阵营引发的两次柏林危机，还有 60 年代中苏两国的危机；②对手型地区性国家的平衡危机（adversary crisis of a local balance），如 50 至 70 年代的几次中东战争和印巴战争；③体系内或势力范围内的危机，如 19 世纪 50 年代的苏南危机；④民族国家分裂或统一的危机，如 1971 年东巴基斯坦（即现在的孟加拉国）分裂运动引发的战争；⑤殖民主义或新殖民主义引发的危机，如阿尔及利亚危机；⑥国内政治引发的危机。这样，我们就有了一个关于危机管理的分析平台。

在综合上面两种关于国际危机的分类的基础上，许多学者纷纷探讨危机管理的模式，试图从理论的高度来研究当代国际危机这种国际关系现象。所谓国际危机管理（international crisis management），是指在国际关系中，国际关系行为体在处理国际冲突时在有限的时间内制定正确对策、防止危机扩大化而采取相应的应对措施和政策选择的行为。这是一个过程化的决策行为，"其根本目标是通过政策选择，在最大程度上用和平的手段保护自己的国家利益。"从理论上讲，危机处理无非就是两种情形，一种是卷入危机的双方对危机的处理和控制，如 1962 年在古巴导弹危机中美苏双方所采取的措施和决策；另外一种情形是某个第三者对其他国家之间危机的介入和调停，如美国在 1973 年中东战争采取的穿梭外交（Shuttle Diplomacy）就是典型的例子。但是，在具体的实践过程中，对于危机管理的理论与实践有着许多的争论。首先，国际危机的内在矛盾问题。这主要有这样几对矛盾，即①国际危机主体多元性与危机管理主体独立性的矛盾；②国际危机的突发性和危险性与危机管理决策机制的可行性的矛盾；③国际危机的扩展性与决策过程的集中性的矛盾。其次，如何认识国际危机中国家利益尤其是至关重要的国家利益（vital nation interests）这个问题？最后是如何把握国际危机的可控制性？严格的说，这三个大问题，第一个属于认识性问题（issue of conception），而最后两个就属于操作性问题（issue of operation）。

总的来看，对于国际危机管理，可以从理论的角度来加以认识。一是将危机管理视为当事双方争取利益最大化而相互博弈的过程，其真正目的是迫使对方做出让步以接受自己的意图和做出有利于自己国家利益的相应安排的行为选择，实现自己对对手的影响。该学派代表奥兰·杨就这样直言不讳的宣称："危机是增进利益的大好机遇。行为体在实施具体行动之前必须的冒着巨大的风险。而危机管理的根本目标是如何迫使对手做出妥协或让步，从而满足自己的利益。与此同时，自己为实现而做出相应的和最小的让步。"显然，这与现实主义大师汉斯·摩根索（Hans Moegenthau）的"国际政治6原则"同出一辙。再就是运用和平的手段来解决危机。这是因为在进行危机管理的过程中，任何一方在采取行动之前得认真权衡它所采取的政策将会导致的后果。换句话说，就是行为主体在制定具体的方案和做出相应的选择时总是在认真地评估其行为与后果之间成本与收益之间的关系。倘若该政策会优化自己的利益时，可采取避免直接冲突的手段，试图通过外交谈判的途径来解决彼此争端。正如考拉·贝尔（Coral Bell）就这样认为："冲突双方在消除战争危险和使事态恢复正常的任务有共同的利益。"换句话说，在处理国际危机时进行的是一场国家利益的博弈，即实现自己利益的最优化而避免为此而付出沉重代价。此外还可以这样认为，国际管理是达成一个能为双方所接受的解决方案，而避免使用武力。这是因为在国际危机中，冲突双方都想达到自己的目的，又力图规避灾难性的后果。所以，危机的管理就是以最小的代价换取最大的收益。

如果说要给这几种观点加以评估的话，那么可以说第一种属于传统的现实主义（Realism）的范畴，它是将危机管理视为一种权力政治的角逐的过程，即行为体为了实现自己的战略意图而采取政治行为，国家根本利益是一切国家行为的出发点和归宿点；第二种属于新现实主义（Neo-realism）范畴，它将危机管理看成一种类似于经济行为的博弈过程，要求行为体在追逐利益的时候以最小的机会成本换取最大的最后收益；而第三种是新自由主义（Neo-liberalism）与新现实主义的混合物，它在强调追逐最大化的国家利益的时候，不要忘了国际关系不仅是一个互动的过程，而且更是一个行为体之间在利益方面相互妥协的过程或者说是合作的过程，只有这样，国际危机才有可能实现真正的解决乃至最后的国际合作。换言之，在处理国际危机时，冲突双方寻找的是一条能实现共赢（win-win）的解决途径。这种理论观点在冷战后时期被广泛接受和采用。

　　通过运用以上分析模式来对后冷战时期的国际危机管理进行理论考察，可以发现，与冷战期间相比，后冷战时期的国际危机管理也有了很大的变化。一方面，传统的国际危机处理方式仍然在发挥作用，这是由于在国际关系中最根本的出发点是国家利益，所以从国际利益的视角来对国际危机进行管理是不会的随着时代的变化而消失，只不过是实现的方式和手段发生了变化；另一方面对非传统安全引起的国际危机在管理目标和实现方式也是传统的危机管理方式所不具有的。结合冷战后的国际危机，可以将此时期的国际危机管理的理论与方法的特征概括如下。

　　首先，国际危机管理的行为体与冷战时期有着很大不同。冷战期间的危机管理的行为体主要是主权国家尤其是超级大国，这是因为在两极严重对峙的时期，只有它们才真正具有管理国际危机的资源和能力。而且，它们还通过对国际组织的相互争夺和对盟国的控制，以国际危机管理方式来追求和实现自己的国家利益，包括对绝对利益和相对利益两个方面。而在后冷战时期，由于危机管理的角色已经多元化，这就使得国际危机管理的行为体的目标和地位也相应的多元化了。在实践中，一些地区大国、区域组织和主权国家组成的组织如联合国的地位已经发生了很大的变化。比如在科索沃危机中，先后就有欧盟、美国、俄罗斯、北约、联合国以及南联盟等行为体纷纷介入危机的处理当中。

其次，国际危机管理的目标更加模糊化和多样化。从严格的学术意义上来说，冷战期间的国际危机似乎或多或少地有超级大国的背景，因而这就使得危机管理具有大国因素或大国影子，同时也从国家战略的层面上服从或考虑大国利益。而后冷战时期的国际危机的管理，由于危机的成因发生了很大变化且管理目标已经模糊化，所以此时期的危机管理目标和方式已相应地发生了改变。一些由于边界争端、民族分裂、金融危机、人道主义灾难和跨界恐怖主义等活动引起的国际危机要求管理者采取新的措施。为此，有学者提出了"次级管理"（Secondary Crisis Management）的概念。这是很及时也是很有必要的，因为它有助于从理论高度和视野来认识和研究这个问题。

最后，国际危机管理的方式和实现途径已经多元化。冷战期间，在国际危机时，美苏两个超级大国都有一个底线，那就是在追求和实现自己的最大化利益时，尽量地不去激怒对方，必要时甚至还给对方找台阶下。比如上世纪 50 年代以奉行战争边缘政策而著称的美国国务卿杜勒斯就这样直言不讳地说："到边缘而不进入战争的能力是一门艺术。如果不能掌握它，你将无法避免战争；如果试图规避它，你将以失败而告终。"所以美国在冷战期间奉行原则仍然是"大棒加萝卜"的政策。而且，就整个冷战史来看，美苏两个超级大国在处理国际危机时，也尽量把危机控制在能应付的范围内。如在两次柏林危机中，双方都不突破红线；而在古巴导弹危机中美国在迫使苏联撤走导弹的时候，也不忘给苏联一个台阶下。可是，在冷战后时期，由于对某些推行霸权战略的西方国家制衡的国际社会力量的缺失或影响力的相对下降，行为体在进行危机管理时就相应地对冷战期间的策略进行某些调整。并且，行为体在实现手段上趋于多样性、可操作性和可调整性。比如，"9·11事件"以后，美国为了反恐，在对阿富汗塔利班政权进行报复时就采取了与冷战期间很不完全相同的政策。但是，与此同时，在处理诸如朝核危机这种传统国际危机时，美国还是尽量采取务实和灵活的外交政策，一方面尽量不同朝鲜闹翻，另一方面又保持对朝鲜的强大的军事压力，并尽可能地照顾朝鲜半岛周边国家的利益。这就是美国处理国际危机的两面性。某种意义上，这也是后冷战时期国际危机管理的特点和缩影。

3.2.3 组织危机管理

组织危机管理的内容相当广泛，从不同的角度来说，它不仅包括营利组织的危机管理，也包括非营利组织的危机管理；不仅包括资源型行业的危机管理，也包括非资源型行业的危机管理。

一、非营利组织危机管理

近年来，国内外学者对非营利组织的理论与实践进行了不懈地探讨。政府行为和非营利部门研究的国际专家莱斯特·M.塞拉蒙（Lester M. Salamon）教授提出了非营利领域的五个鉴定特征：组织性——这些机构都有一定的制度和结构；私有性——这些机构都在制度上与国家相分离；非营利属性——这些机构都不向他们的经营者或"所有者"提供利润；自治性——这些机构都基本上是独立处理各自的事务；自愿性——这些机构的成员不是法律要求而组成的，这些机构接受一定的时间和资金的自愿捐献。

美国学者沃夫（Wolf）也指出非营利性组织定义中五个方面的特质：有服务大众的宗旨；不以营利为目的的组织结构；有一个不致令任何人利己营私的管理制度；本身具有合法免税地位；具有可提供捐助人减（免）税的合法地位。清华大学NGO研究所邓国胜认为非营利组织是指那些有服务大众的宗旨，不以营利为目的，组织所得不为任何人牟取私利，组织自身具有合法免税资格和提供捐助人减免税的合法地位的组织。

联合国国际标准产业体系（ISIC）将非营利组织分为教育类、医疗和社会工作类三大类。教育类包括各级各类学校；医疗和社会工作类包括医疗保健、兽医、社会工作等；其他社区社会和个人服务类包括环境卫生、商会和行业协会、工会、娱乐组织、图书馆、博物馆及文化机构、运动与休闲等。

非营利组织面临的危机主要包括以下五个方面：

一是资产危机。非营利组织的资产包括四类：不动产如建筑、经济资产、电子资源、智力资产等。非营利组织的资产容易遭受自然的、人为的危机，如地震引起的房屋倒塌、保管不善引起的账目遗失、投资不当引起的资金亏损等。

二是收入危机。非营利组织的收入主要指社会捐赠、政府资助和收费。非营利组织的收入危机主要表现在收入来源的减少以及服务成本的上升两方面。资产损失、人员低效、信誉受损、责任缺失等都会导致非营利组织收入的减少。

三是人员危机。非营利组织的危机管理所涉及的对象包括：服务对象、志愿者、雇佣员工、董事会、一般公众等。其中志愿者和雇佣员工在提供服务的过程中面临安全、基本福利保障以及伤残死亡等问题。服务对象则面临着由非营利组织提供的低效不当服务造成的伤亡等问题。

四是责任危机。非营利组织是为了实现特定的社会目标而成立的。根据 Ware 的观点，非营利组织负有以下几方面的责任：保障服务的提供；保护捐赠者的利益；保护服务对象的利益；保护在公益机构工作的雇员的利益；政府提供资金时保证"资金的价值"；维持公平竞争环境，保护与非营利组织竞争的营利机构的利益；保护政府部门不受非营利组织的过分的政治影响。这几方面责任的缺失都构成非营利组织的责任危机。

五是信誉危机。非营利组织的信誉包括组织声誉、社会地位、组织外在形象以及公众信任等方面的内容。海耶斯说虽然营利机构的诈骗行为也不鲜见，但是非营利组织的信誉受损更容易招致

82

公众的不满，服务的效率低、质量差以及组织内部的贪污腐化都会导致组织的信誉受损。非营利组织的危机成因是多方面的，有外部的，也有内部的。

造成非营利组织危机的外部原因有：首先是政治、法律因素，如国家对非营利组织的发展是持抑制还是支持的态度，以及有关非营利组织注册登记的法律对组织的成立是起阻碍还是促进作用等。其次是经济因素，近年来虽然全球范围内的非营利组织都有了很大的发展，但资金仍然是各国非营利组织面临的共同问题。资金短缺是非营利组织"志愿失灵"的一个重要方面。而且，非营利组织之间为争夺有限资源而产生的激烈的竞争，也是危机形成的重要原因。再次是社会文化因素，以我国为例，我国的慈善传统古已有之，但今天非营利组织所能募集到的捐款却很有限，这主要是由于人们对非营利组织缺乏正确的、全面的认识，缺乏对非营利组织的信任，宁愿直接资助需要帮助的对象。这就极大地影响了非营利组织的信誉，阻碍了其公益目的的实现。最后是自然因素如自然灾害等。

外部原因只有结合内部因素才能起作用，内部因素是导致非营利组织危机的主要因素：首先是规章制度因素，如注册登记制度、财务制度、人员任用制度、评价考核制度等。以考核制度为例，非营利组织由于其公益性目的，使得无法单纯用考核营利组织的指标如成本、效益等来衡量非营利组织的目标实现与否。正是因为对非营利组织的考核存在理论和技术上的障碍，使得各国对非营利组织的考核都存在制度上的缺陷，因而引发了大量腐败现象。可见，制度不健全或失范是导致非营利组织危机的重要因素。其次是组织管理因素，如决策方式、管理方式、公共关系等。以我国为例，我国有近一半的非营利组织尚缺乏正式的决策机构，缺乏民主决策的机制和制度上的保障。决策不民主、管理方式失当、缺乏与公众的沟通，也是产生危机的重要原因。再次是人员因素，诸如人员的数量、素质等。非营利组织使用了大量志愿人员，由于经费的短缺使得对志愿人员的培训并不全面、质量也不是很高，这就加大了志愿人员由于提供不当服务而造成对服务对象伤害的可能性。最后是技术因素，如设备状况等。由于资金短缺，非营利组织的技术、设备状况往往达不到完成组织使命所要求的水平，这也是造成非营利组织危机的一个重要原因。

非营利组织良好的危机管理的目标在于：

一是实现资产价值的最大化。有效的危机管理可以避免设备、车辆等不动产的损坏、遗失；通过定期的检查、备份避免数据库的损坏；通过妥善的保管避免书籍、文件等智力资产的遗失、损坏；通过科学、稳妥的投资确保资金的增殖。做到以上几方面进而也就实现了资产价值的最大化。

二是实现人员安全的最大化。有效的危机管理通过改善工作条件，预见服务过程中可能出现的事故，制定政策确定行为界限，可以确保志愿者与雇佣员工的安全。通过改进设备、提高服务人员素质可以确保服务对象与一般公众的安全。

三是实现组织信誉的最大化。有效的危机管理，通过提高服务的质量可以提升组织声誉和社会地位。同时，在危机发生的情况下，积极的应对态度与良好的公关能力也可以化危机为机遇，改善组织外在形象，进而增加公众的信任度，实现组织信誉的最大化。

四是实现收入来源的广泛化。有效的危机管理通过提升组织的社会地位，确保组织目标的实现，可以获得更多的国家津贴和捐赠收入。有效的危机管理通过提升运营管理的效率、提升服务的质量，也可以增加服务所得。同时，良好的信誉还可以吸引营利机构的投资。

五是实现社会福利的最大化。非营利组织是为了实现特定的社会目标而成立的，有效的危机管理预警系统可以利用非营利组织在社会服务和管理中所具有的创新优势以及贴近基层的优势，首先发现社会中存在的问题。有效的危机处理系统可以发挥非营利组织的灵活效率优势，及时解决问题，实现社会福利的最大化。

综上所述，非营利组织的危机管理有两个首要的、基本的目标，一是阻止危机的发生，二是减少损失。危机管理是一个过程，需要融入到整个系统中，周而复始地应用，它贯穿于项目计划、成本与效益分析、项目评估、绩效评估、组织管理等过程中。实现非营利组织的危机管理目标具体又分为四个步骤：

第一步，危机探测。所有的危机管理在应用之前都应先仔细检查组织的每个部分，探测组织是否存在危机。在危机探测过程中，非营利组织需要讨论在项目运作与组织管理过程中可能出现的一系列问题，主要是探测四类危机即人员危机、资产危机、收入危机、信誉危机。在这一过程中可以邀请熟悉非营利组织运作的专家以及对其并不了解的人员共同鉴定危机。在探测过程中应该检查组织过去和现在的运作、现存的政策规定以及相关的法律、法规等。还应该检查提供服务过程中的各个方面，并把它们分解成更加细微的环节，找出可能出错的环节。要格外注意过去的安全记录、员工的赔偿要求以及恶性事故报告等。探测危机需要进行实地考察，考察顾客接受服务的地方以及组织员工工作的地方，考察这些地方的安全状况、工作条件、设备性能，考察员工与顾客之间及员工之间的关系。非营利组织应该培养一种全员危机管理意识，奖励首先发现并报告危机而且设法控制、解决危机的员工。通过以上一系列举措可以列出一张潜在危机表，在这一阶段所有危机不论程度如何都应加以列举。

第二步，危机评估。进行这一步的目的是要评估危机的程度是高还是低，这就需要组织确定一个"危机接受限度"。如果危机在这一限度内，就不用采取任何措施控制、减少危机。在危机评估的过程中，危机列表中的每一项都要加以评估。可以从以下两方面入手即评估危机发生的可能性以及危机的损害程度。在鉴定危机能否被接受之前，先要判断危机发生的可能性，邀请多方面的专家及相关人员分别做出判断，然后加权取平均值，就可以大致估计出危机发生的可能性。在判断了危机发生的可能性后，需要评估危机的损害程度，评估人员需要考虑以下两个问题：评估危害、损失的严重程度；判断是必须马上采取措施控制危机还是危机尚处于可以接受的限度内。

第三步，危机控制。在危机控制过程中，对于超出接受限度的危机必须加以控制，这一过程可以通过以下四项措施来完成。首先是停止活动。特定的危机事件可以通过停止产生危机的活动加以控制，这并不意味着要取消项目或关闭组织。其次是阻止危机。如果决定不停止活动，而危机仍然存在，组织就需要考虑改变运作方式以缓解危机。在现实生活中想去除所有的危机是不可能的，这一过程的实质就是要采取多种途径减少危机发生的可能性。再次是减少损失。这一过程的实质是要采取措施，减轻已经发生的危机所造成的损失。最后是转移责任。转移责任并不是说组织不愿意承担责任，只是把一部分责任通过协议委托以及投保的形式转移给其它组织，以使这部分工作更有效地完成。

第四步，危机回顾。危机管理是一个永不停歇的过程，需要随着环境的变化不间断地应用，以使组织得以灵活高效地应对危机。非营利组织所处的环境是不断变化的，这就需要定期再进行探测、评估，避免出现危机管理的真空地带，错过把危机控制在萌芽状态的时机。

需要指出的是，政策对于危机管理具有重要意义，贯穿于危机管理的始终。政策提供规则，通过政策可以规定员工的活动界限，如规定哪些行为是组织希望的，哪些是组织所不希望的；政策可以为组织控制、减少危机所做的努力提供证据；通过政策可以把危机管理过程中的经验固定下来推广使用；新政策的提出、应用也可以作为危机管理的一条重要途径。总之，政策发展是危机管理过程中必不可少的一部分。

二、盈利组织危机管理

主要是指企业危机管理，后面的章节我们将进行详细阐述。

3.2.4 家庭和个人危机管理

家庭是人类社会最古老、最重要的组成部分，家庭对人与人以及人与社会的关系产生着不可忽视的影响和作用。家庭的基础越牢固、家庭成员之间的关系越融洽，社会就越显得健康兴旺。家庭危机泛指家庭所面临的各类压力事件以及由此为应付这些威胁家庭所遭受到的某种对抗和损害。

L.希尔关于家庭压力及危机的研究是该领域的先驱性研究之一。希尔在他的一篇广为引用的论文中，提出了各种社会压力和恼人的危机事件，并总结了危机形成的 ABCX 公式以及应付危机的过程：A（即事件，潜在压力源）→同 B（家庭对付危机的资源）的相互作用→和 C（家庭对事件的定义）的相互作用→产生出 X（危机）。应付危机的恢复或顺应过程主要包括最初的紊乱期，继此之后是恢复期，最终走向整合新水平。

1、引发危机的压力事件。此类事件广泛产生于家庭内外。T.麦克墨雷在其《人类危机的干预》一书中，将这些压力事件分为三类：成熟事件、衰竭事件、休克事件。成熟事件是指家庭在其整个生命周期中所自然经历的各个转折点，如怀孕、退休等。J.哈里在其《家庭疗法》一文中指出，家庭危机在生命周期的各转折点达到顶峰。也就是说，在这些转折点上，家庭可能瘫痪，只能期望治疗、干预来缓解危机，帮助家庭从一个阶段过渡到另一个阶段。卡特和麦克弋德里克在其《家庭生命周期：家庭治疗框架》一书中，进一步将生命周期的压力源细分为横向的和纵向的两个部分。纵向压力源是上一代传给家庭的，包括家庭模式、生活等；横向压力源是指家庭从一个发展阶段过渡到下一个发展阶段时所经历的事件。B.罗林斯和 H.弗尔德曼的一项有关研究亦支持这一观点。该研究指出，怀孕前后的婚姻满意度与对父母身份的满意度成反比。丈夫们所受生命周期阶段的影响看起来要比妻子们所受的影响要小。

有关生命周期的更加丰富的研究完成于 60 年代和 70 年代。

H. 麦克宾及其明尼苏达大学的同事总结这一时期的研究说，70年代最重要的研究主要是关于家庭周期中的较后阶段的，尤其强调以下转折点：生育孩子、后父母期、退休、寡居期以及迁址和寄居。M. 韦伯斯特走得更远，她尤其强调价值观念的变化，例如人们对离婚的态度急剧改变，因而离婚已成为成人生命周期中经常遇到的事件。

麦克墨雷所说的第二类危机压力事件，即衰竭事件源于一段持续的对压力的应付期。在此期间，由于持续不断的压力而最终不可避免地产生了危机。这些包括长期的疾病、婚姻不和谐而夫妻双方又决意共同养育孩子，以及长时间的经济拮据、贫困。衰竭危机的后果是逐渐发生的，比较温的，较少戏剧性。而当事人往往被救助组织误认为不愿合作或敷衍应付。而事实上，这种反应可能就是由衰竭而导致的混乱无助所带来的。

与衰竭事件不同，休克事件往往是不管家庭本身承受力如何而突然的、出人意料的发生的，从而导致了家庭的惊慌失措而又一时难以应付的突然休克状态。这类事件包括家庭成员的死亡以及由水灾或其他自然灾害，如地震、山洪暴发等引起的流离失所。

2、家庭可用于对付危机的有用资源。这不仅包括家庭成员的个人力量，家庭解决问题策略的有效性，还包括适合于家庭的广泛的支持系统。

家庭是其成员的组合体。因此，每一个家庭成员的个人力量很重要。L. 皮尔林和 C. 斯库勒发现，家庭各个体成员的适应性越好，能力越强，家庭解决危机的能力也就越强。

家庭解决问题的方法及策略也很重要。D. 雷斯等人发现，家庭解决问题的方法可以预示家庭能否成为其家庭成员恢复健康的园地。一般情况下，具有较好解决问题能力的家庭往往能成功地处理问题，而这实际上也就能阻止危机的发生。

社会支持系统包括邻里、家庭、亲戚及互助小组。R. 斯贝克和 C. 安特尼文在其《家庭网络》一书中论述了邻里对个体及整个家庭的作用,意识到了具有凝聚力的邻里往往会对陷入危机中的家庭做出救助反应,亲戚同样敢为危机家庭提供重要的支持。但是,最近几十年来,家庭趋向于核心化,导致了亲戚关系的简单化,也同时降低了家庭陷入危机的可能性。鉴于人们对外部支持的需要,于是,自助小组日益流行。这类组织为各类特定的危机应对者提供信息和情绪上的支持。

3、家庭对危机事件的直觉和定义。功能、财力相似的一些家庭可能对同一类事件的反应很不一样,其症结就在于对这些事件的不同理解上。因此,某种压力事件能否构成危机,取决于家庭对事件的含义或定义的认识。而且,对事件的知觉和定义还包括以下情况,即某事件对许多家庭和许多个体来说皆构成压力,但不同的家庭和个体赋予事件以不同的价值和理解,因而危机的影响力也各不相同。例如,同是死亡事件,但人们对为救他人生命而牺牲与因一桩意外事故而死亡给予不同的评价。因此,将事件赋值到一个可令人理解的框架中去的能力将减少危机的影响。同时,事件对他人的意义也影响了个体所面临压力的大小。

美国社会学家蒲其斯(E. W. Burgess)和洛克(H. J. Locke)指出,主要家庭危机有六类,各类的英文字均以 D 开头,可称之曰「家庭危机六 D」。

一、违背家庭期望(Deviation from Expectations):结婚之初,夫妻互相期望从对方获得心理、生理、社会文化的一些满足,对所出生的子女亦愿其成龙成凤,但由于现代社会所特有的工业化、都市化、流动性、大众传播等特质,不同的行为模式纷然杂陈,夫妻、父母、子女各依本身的意愿自由发展其角色,结果和家人所期望者相反,南辕北辙,造成无法弥补的裂痕。

二、玷辱家声(Disgrace):家人间不能互相满足期望,只造成内部的紧张不安,外人尚不知道;一旦家丑外扬,便发展为玷辱家声的危机。正常的家庭行为标准,应符合社会所树立的楷模,如家人中有越轨或反常者,必为社会所不耻,予以讪笑或辱骂。

例如酗酒、赌博、吸毒、通奸、入狱、逃债、贪污、离婚、从事不正当职业等，使家庭蒙羞的行为。

三、经济萧条 (Depression)：造成家庭穷困的原因有很多种，主要是养家者失业或死亡。而现代工商业循环波动所引起的社会不景气，常使大多数家庭陷入经济困境。有一点在此要特别指出的是：家庭经济突然繁荣，会像突然萧条一样，引起家庭危机。

四、家人离散 (Departure of Family Members)：夫妻一方出走，子女离家入学或就业，子女婚后另建新家等，都使家庭分崩离析，至于所生影响的大小，因家庭和个人情况不同，而有很大的区别，不能一概而论。

五、离婚 (Divorce)：依法中止婚姻关系者曰离婚，乃家庭解体的明显指标。研究结果指出，破镜重圆的夫妻，幸福者占少数，不幸福或再离者占多数。

六、死亡 (Death)：家人逝世（特别是负责养家者），常导致家庭解体。可是死亡所引起遗属的私人反应，有很大的差别。死亡本身是一种严重危机，但有些家庭，因死亡反而加强生存者的团结精神和奋斗勇气，而且死者的遗属能获得亲友的慰唁和小区的支助，不像离婚那样只招来讪笑，责骂，甚至于放逐。

上述六种危机，除最后的死亡外，其它五种，主要是现代社会重大变迁所造成的。前三种危机，不一定造成家庭的分裂，后三种危机则是家人的生离或死别。

个人危机大致涉及健康危机、家庭危机、社会活动危机和心理危机。

最近几年，不断有商界精英、演艺界明星和教授学者猝然辞世，他们的年龄都在 35－60 岁之间，英年早逝是这个社会的"痛中之痛"，已成为当今的流行病，格外引起人们的普遍关注。2003年，热心于慈善事业的台湾英业达副董事长温世仁因中风突然去世，年仅 50 多岁；2004 年 3 月，大中电器公司总经理胡凯突发心脏病去世，终年 52 岁；2004 年 4 月，著名跨国公司爱立信公司中国区总裁杨迈在北京猝死在跑步机上，时年 54 岁；2004 年 11 月，杭州均瑶集团董事长王均瑶患肠癌医治无效，在上海逝世，年仅 38 岁；2005 年 1 月，36 岁的清华大学电机系讲师焦连伟突然发病，经医院抢救无效去世；2005 年 1 月，46 岁的清华大学工程物理系教授高文焕，因肺癌不治去世；2005 年 4 月，著名画家和实业家陈逸飞积劳成疾，在上海猝然病逝，享年 60 岁；2005 年 8 月，浙江大学数学系教授、博导何勇，因"弥散性肝癌晚期"与世长辞，年仅 36 岁；2005 年 8 月，著名小品表演艺术家、喜剧演员高秀敏因心脏病突发而猝死，享年 46 岁；2005 年 8 月，著名影视演员傅彪，因肝癌晚期，即使经过两次肝脏移植，终因医治无效，而离世，未满 42 岁……

这些曾经在业界春风得意、叱咤风云、赫赫有名、纵横捭阖的总裁、高级管理者、教授、学者和明星，没有输给竞争对手，却输在了自己手里；本是生命力、创造力最旺盛的年华，就这样匆匆地离去。

很多媒体在报道相关事件时，都使用了"过劳死"这个词。关于健康，有人做过这么一个比喻：他把健康比作是数字 1，把情感、财富、成功等等都比作跟从在 1 后面的 0。那么如果健康不存在了，所有其他的东西也都会变得毫无意义的。听上去这个道理谁都明白，但是在今天我们的时代，"过劳死"，这个陌生而又熟悉的话题一次次以极端的方式，试图引起我们的重视。应该说这些商界精英、演艺界明星和教授、学者的英年早逝并不是个案，而是一个现象，反映出这部分人群在精神和体力上普遍的过劳状态。

近年来，我们常常听到看到"心理危机"一词，随着生活节奏的加快，人们面临的危机越来越多，"心理危机"就是其中一个。那么，什么是"心理危机"呢？心理危机，可以指心理状态的严重失调，心理矛盾激烈冲突难以解决，也可以指精神面临崩溃或精神失常，还可以指发生心理障碍。据世界卫生组织

（WHO）统计，全球目前至少有 5 亿人存在着各种精神心理问题，约占世界总人口的 10%，其中 2 亿人患有抑郁症，世界卫生组织专家断言，从现在到 21 世纪中叶，没有任何一种灾难能像心理危机那样给人们带来持续而深刻的痛苦。从疾病发展史来看，人类已进入"心理危机时代"了，被列为当今人类十大死因之一的自杀，大多是由于心理疾病引起的。

发生心理危机后的心理平衡状态可能恢复到原有水平，也可能高于或低于危机前的水平，也就是说，心理危机对人来说并不总是一件坏事，它实际上包含有危险和机遇两层含义。有人曾将危机形象地比喻为一柄"双刃剑"，既可伤人也可助人。如果它严重地影响到一个人的家庭和生活，甚至产生自杀行为或导致精神崩溃，这种危机则是危险的；如果一个人在心理危机阶段得到适当有效的治疗性干预，在心理医师的帮助下，抹去心中阴影，情况就会大不相同了，或许苦闷的心情会变得开朗，压抑的情绪能得以释放，紧张状态会得以放松，曾经觉得活着没有意义的人会更加珍惜自己的生命。由此，危机不但不会进一步发展，而且可以帮助当事人学会新的应付技巧，使其心理功能超过原有的水平，使人变得更加成熟，那么此时，心理危机就可以说是一种机遇或人生的转折点。

为了避免心理危机，平时我们应该注意保养心灵。首先，最为重要的精神保养是爱。一个人如果长期得不到别人尤其是自己亲人的爱，心理会出现不平衡，进而产生障碍或疾患。第二个重要的精神保养是宣泄和疏导。无论是转移回避还是设法自慰，都只能暂时缓解心理矛盾，求得表面上的心理平衡，治的只是标，而适度的宣泄具有治本的作用，当然这种宣泄应当是良性的，以不损害他人、不危害社会为原则，否则会恶性循环，带来更多的不快。心理压力若长期得不到宣泄或疏导，则会加重心理矛盾进而成为心理障碍。第三，坚强的信念与理想也是重要的精神保养。信念与理想的力量是惊人的，它对于心理的作用尤为重要，我们常常会遭遇各种挫折和失败，会陷入到某些意想不到的困境，这时，信念和理想犹如心理的平衡器，它能帮助人们保持平稳的心态，度过坎坷与挫折，防止偏离人生轨道，进入心理阴暗区。第四，宽容，这是心理健康不可缺少的。人生不如意事十之八九，宽容是脱离种种烦扰，减轻心理压力的法宝。但宽容并不是逃避，而是豁达与睿智。

综上所述，我们可以发现，其实解决心理危机的关键归根结底只有一条，那就是学会自我调试，善于驾驭个人情感，做到心理保护上的自立、自觉，主动为自己补充健康的心理营养。根据心理学家研究和调查的结果发现，生活中最顺利的人，大都重实际，可靠、人际关系良好，对于生活中的不幸遭遇有一种自控能力，而患严重心理危机的人正是缺乏这种能力。

危机类型的多样性决定了我们进行危机管理是不能一成不变，只有弄清楚了危机的类型及其所属的范围和性质，我们才能更有把握的管理危机、战胜危机，推动人类和社会健康向前发展。

参考文献：

[1] 文晓霞. 从"非典"（SARS）事件看政府的危机管理［J］. 求实，2003，（7）：50252.

[2] Stallings R. A., Schepart C. B. Contrasting Local Government Responses to a Tornado Disaster in Two Communities. In: R. T. Sylves, W. L. Waugh, ed. Cities and Disaster: North American Studies in Emergency Management. 1990

[3] 李泽洲：《构建危机时期的政府治理机制》，《中国行政管理》2003年第6期。

[4] 李燕凌、陈冬林、周长青：《农村公共危机的经济研究及管理机制建设》，《江西农业大学学报》（社会科学版）2004年第1期。

[5] 张小明：《从"非典"（SARS）事件看公共部门危机管理机制设计》，《北京科技大学学报》（社会科学版）2003年第3期。

[6] 吴兴军：《公共危机管理的基本特征与机制构建》，《华东经济管理》

2004 年第 3 期。

　[7]《正确认识公共危机管理中的几个关系》，《东北大学学报》（社会科学版）2003 年第 5 期。

　[8] 张小明：《从"非典"（SARS）事件看公共部门危机管理机制设计》，《北京科技大学学报》。

第四章　隐现危机诱因剖析

关于危机的诱因，一般认为是自然原因或人为原因。

西方学者从危机的社会原因角度基于人性假设提出了两种模式，一是以塞缪尔·亨廷顿为代表的"偶发"理论，认为人性本善，危机是一种偏离正常秩序轨道的非常状态，而不是常态，危机源于经济发展和社会、政治发展的不平衡，人们在受挫折的情况下行为发生偏离；二是以蒂利为代表的"固有"理论，认为人性本恶，危机和冲突是人性本质呈现的永恒状态，是一种正常现象，有的表现为显性，有的表现为隐性。[1]因此研究的目的是要建立有效的机制控制性恶动机变成现实行为，避免冲突和危机的发生。这两种分析框架的起点都在于人性假设，是由个体的需要、动机和行为选择的分析扩展为对组织和社会的行为模式的分析；虽然将社会环境作为外部条件诱发、强化人的冲突行为，从而导致危机，但没有说明危机的制度根源。除纯自然因素导致危机外，危机的根源应该将人性与制度两方面结合起来考虑。正如奥尔森所说："个人、利益团体、社会活动与制度之间的互动，通过这种互动将事件转化为政策问题，并制定议程，做出决策，采取行动。"作为具有独立决策行为能力的个体的人是一个理性人，其行为动机是自身利益的最大化，当组织机制、社会制度的所确定的组织、社会的偏好和个体的理性人相一致时，组织和社会处于一种稳定的正常状态；当这种偏好不同、甚至对立时，就埋下了危机的诱因，只要某一突发事件点燃导火线，组织和社会的危机就不可避免。

薛澜等从社会与组织、个人层面对转型期我国危机诱因做了深入分析：在社会及组织层面，认为经济发展的不均衡性、政治体制改革的滞后、以及传统道德文化体系的失衡为危机产生的主要原因；在个人行为层面，认为近年来由于农民负担过重、腐败、官僚主义、贫富悬殊、社会风气败坏、失业下岗人员增加、就业形势严峻等因素，造成我国大量人员对社会、政府不满，这些充满不满情绪的个体会变成破坏中国社会稳定的"燃烧物质"，在一定的突发事件的"导火索"的作用下，就可能形成破坏性的危机事件。

张成福认为，从当代的现实情况来看，几个方面因素的存在以及相互的作用使得各种灾害和危机发生的可能性大大增加：（1）人口的增长和人口密度的增加；（2）全球气候的变化；（3）环境的破坏和恶化；（4）科技发展所带来的负面作用和影响；（5）恐怖主义；（6）社会压力和冲突的增加。

李燕凌等通过对我国农村公共危机的深入分析，认为从本质上讲，产生公共危机的根本原因是公共产品的失衡；而中国农村公共危机产生的根本原因是农村公共投入太少、投资结构不合理。

我们认为，不同危机类型有不同的产生原因，因此本章将在危机类型研究的基础上，从危机涉及领域的分类上，对危机的产生原因进行探讨。

第一节　政治危机产生原因

传统意义上的政治危机是指：由于发生了某种（事实上或声称的）对国家构成威胁的非同寻常的事由（如战争或内乱），国家采取措施中止某些现行工作。而现代意义上的政治危机与过去大不相同。对于执政党来说，政治危机就是对"执政主体的束缚"。而危机的解除，则是对主体束缚的解除。二者的本质不同在于，传统意义上的危机多是突发的、单一的、显性的，现代意义上的危机却是持续的、多元的、隐性的。

政治危机不可避免，它几乎在每个国家都时有发生，如03年的斯里兰卡政治危机、立陶宛政治危机以及最近的格鲁吉亚政治危机、马尔代夫政治危机、厄瓜多尔政治危机、墨西哥政治危机等等。我们就以阿根廷和乌克兰的政治危机为例来透视政治危机的发生原因。

阿根廷是个地广人稀、物产丰富的国家，即使到发生危机前，其人均年收入仍达约 12000 美元。这样一个经济较发达的国家，为何会发生严重的政治危机，甚至发生了一周内连换五位总统这一在世界各国的政治生活中都不曾见到的窘况呢？阿根廷是个多元政治的国家，其政治生活表现为极为矛盾的两个方面：一方面，其政治生活非常民主，总统可以成为每周电视娱乐节目中的笑料；另一方面，其民主缺乏必要的集中和指导，最终导致民主的泛滥，严重影响国人正常的生产、生活和工作秩序。

首先，中央集权与地方分权配置不合理，权力倾轧厉害，地方权力过大。阿根廷自 1820 年以来，各派政治力量围绕是建立单一制还是联邦制的国家结构形式展开了长达几十年的激烈斗争，最终确立了联邦制。然而，其联邦的组成单位划分太细，一个人口只有 3600 多万的国度，设置了 25 个省和一个中央直辖市。中央和每个省市都有自己庞大的行政机关、司法机关尤其是议会机关。每年国家大量的财政来源用于维持中央和地方国家机构惊人的开支，有时甚至要通过对外借债以维持极其臃肿的机构的运行，并且年复一年地延续着这种体制，最终导致国家完全无偿债能力，在国际社会无借贷信誉，不得不宣告"国家破产"，停止对外还债。不仅如此，阿根廷的联邦组成单位权力过大，难以形成必要的中央集权以确保政令和法令的统一贯彻实施，中央在财政、税收等体制上的许多改革最终都只能流产。

其次，政党林立，彼此间利益冲突激烈，矛盾尖锐。阿根廷虽然人口不多，但政党却多得惊人，到 2001 年，全国共有大小政党 100 多个。存在着激烈的政党利益冲突甚至是政党仇视。每个政党要员一旦登上执政的舞台，都免不了为自己的政党和个人的利益大捞一把，无论是前任总统梅内姆还是阿方辛等离任后也就自然免不了牢狱之灾。在一个政党林立的国家，即使经过各党派讨价还价，好不容易产生出来的总统和政府要想获得各党派的普遍拥戴和享有很高的威望也几乎不太可能。因此，在一周内连换五位总统也就不足为奇，而部长像走马灯般地更换就更是不足为怪了。

再次，工会势力强大，常常对抗政府。众多的工会组织和庞大的工会机构也是阿根廷一支不可忽视的政治力量。他们在维护职工合法权益方面确实发挥了重要作用，但另一方面他们动辄组织发动罢工、罢课、罢市，对抗政府。同时工会领袖大量敛财，每年的工会活动费用不仅数量大得惊人，而且年复一年地增长，成为耗费阿根廷国民收入的又一大户，引起了上层政府的强烈不满，工会与政府的关系日趋紧张，从而加剧了政府的危机。

其四，对民主缺乏必要的引导和规制，导致民主泛滥。在阿根廷的历史上多次发生军事政变，人们对近几十年的民主生活非常珍惜，谁都不忍心去破坏得来不易的民主生活和打击人们的民主激情。然而，对民主缺乏必要的规制和正确的引导，其结果必然导致民主泛滥，罢工、罢课、游行示威、断路、集会、燃烧物品此伏彼起，弄得人们不敢远离家门，时刻担心交通行业罢工或百姓断路无法回家。学生们根本不知道今天是否该上学，老师们今天是否还要罢课，国内生活一片混乱。这对阿根廷危机的发生起了推波助澜的作用。

其五，枪支弹药泛滥，人人岌岌可危。阿根廷公民合法拥有枪支的条件比较宽松，而公民非法拥有枪支的数量远胜于合法登记的枪支的数量。阿根廷购买枪支非常便宜。有的枪只需七八十美金就能购买到，近些年来我国台湾制造的手枪在阿根廷的枪支黑市上只需四五十美元。因为枪支泛滥，各种恶性持枪抢劫、杀人案件时有发生。在数以万计的华人店铺里，很难找到一家没有被抢的。以至于华人们习以为常，在收银柜里只放小额货币，遇抢时开柜交钱，以保平安。即便如此，仍有人成枪下冤鬼，而银行被抢更是屡屡发生，金融安全深受威胁。

其六，官吏腐败严重，贪污索贿盛行。一踏上阿根廷的国土，入关时所有外来人员的行李几乎全部开拆，或曰物品违禁，或曰行李超重，总有名目繁多的没收和罚款，却很少领到罚没单据。在阿根廷所有外来侨民开设的店铺里，几乎每周都有稽查人员前来检查，受检查者几乎无一符合"要求"，轻则罚款，重则查封、抓人，然而，只要店主献上几十或者几百美金，马上平安无事。司法腐败更为严重，权钱交易极为盛行。

最后，"9·11事件"的发生，是加速阿根廷危机发生的导火索。尽管阿根廷经济不景气持续了5年之久，国内矛盾重重，有发生危机的各种迹象，但是，在美国世贸大厦被毁之前，政府尚能控制局面，百姓还能维持生计，政府的"财政零赤字政策"也初见成效，2001年8、9月份的财政收入比上一年同期有较大的增长。特别是经前经济部长卡瓦略的努力和奔波，国际货币基金组织和美国都承诺给阿根廷继续提供贷款，这等于给阿国的经济注入了一支强心针，但其结果前者依承诺向阿根廷提供了60亿美元的贷款，而后者由于怀疑阿根廷的偿债能力，正好以国内世贸大厦被恐怖分子撞毁为由，拒绝向阿根廷提供曾承诺的比前者数量更大的贷款。此举使曾经跟随美国对朝、对越作战的友好伙伴——阿根廷举国伤怀，又无异于给依靠输养维持生命的人突然断养，从而加速了阿根廷危机的爆发。[2]

乌克兰独立以来，国内经济形势长期恶化、政治滋生腐败、社会心理气候遭到破坏，成为使政局不稳的温床，这主要表现在以下几方面：

第一，国内局势长期恶化，积重难返。乌克兰经济改革的最初几年，由于推行激进的货币主义改革方针，机械模仿俄罗斯实行休克疗法，致使经济急转直下，通货膨胀创下世界纪录，生产下滑幅度堪为前苏联各共和国之最，到1994年，国内生产总值下降了2/3，大多数居民陷入贫困化。1994年库奇马总统接替克拉夫丘克上台执政至今4年来，尽管也采取一系列消除经济危机的措施，但到1998年议会选举之日止，经济危机仍未完全结束。特别是，在大多数独联体国家的经济已开始恢复性增长情况下，乌生产下滑仍未停止。1997年，乌生产增长仍是负数。这样，在前苏联各共和国中，乌成为落伍者。这对乌执政当局的形象极为不利。实际上，乌执政当局领导经济不力已为舆论所公认。客观地说，政府也有冤枉之处，乌遭遇漫长严重的经济危机，总统和议会都难辞其咎。由于议会和总统之间存在隐性权力之争，由总统领导的政府在行动上经常受到掣肘。例如，近两年来政府制订的国家预算，在议会付诸表决时，经常触礁，导致国家经济在没有国家预算的情况下运行，经济搞不好，反过来又全是政府的责任。

第二，腐败滋生，民心冷落。乌克兰目前的现实是，政治和经济生活中的腐败日益蔓延，其严重程度超过前苏联时期，中老年怀旧心理日增。在政治上，腐败表现在多方面：首先是，执行权力部门缺乏行为能力，国家行政上的执行纪律涣散，有令不行，有禁不止。库奇马总统1997年12月14日曾说，总统和政府所做出的决定，有1/5没按时完成或根本没完成。1996年，总统在各州巡视中向下交办105项任务，结果只完成63项，内阁交办的任务只完成50%。由此不难看出乌现任政权对国家的管理能力。据乌克兰社会学所的一项社会调查资料，有50%的被调查人认为，国家是由腐败的官吏和黑手党共同掌管着。认为总统府有实际权力的只占回答者的9%，认为议会有实权的只占回答者的5%。只有2%的被调查人认为执政当局能治理领导层的腐败，74%的人认为，当今政权本身的腐败已不能"自我清除"。

第三，总统威望下降，在政治上失分。现任总统库奇马自1994年上台执政后，4年来，尽管采取不少措施治理灰色经济和经济危机，但因议会经常与其意见相悖及其它因素，对国家的治理并无多大起色。舆论界不少人认为总统政绩欠佳。在政治上，由他领导的政府，施政乏力，威信屡挫，总理频繁易人。从政界到经济界，贪赃枉法、营私舞弊之风到处肆虐。在军界——据乌克兰经济和政治研究中心的一项军内调查资料，在被调查军官中，只有 5% 的人信任作为军事最高统帅的总统，90% 的人对军队现状不满。

第四，迷惘的社会心理气候对激进改革派不利。乌克兰实行激进的改革方针，能跟上改革快车的只是一部分人。民众中的大多数对向市场经济转轨会出现的种种问题，缺乏足够的心理准备。当激进改革实施后迅速出现经济危机、社会两极分化、灰色经济比重上升、腐败滋生、犯罪增加、价值观念异变等种种问题时，社会心态便失去往昔的平衡，人们，特别是在改革中感到生活恶化的多数民众，对待这种没给人们带来好处的激进改革便渐渐发生疑问乃至不满——几何公理触犯人们的利益也要被推翻。

第五，改革方针和政策遇到的抗力未得到释放和化解。乌独立后从首任总统克拉夫丘克至继任总统库奇马历届政府，均推行带有激进性质的改革方针和政策。改革初期实行的货币主义政策、休克疗法、私有化运动，以及后来实行的反通货膨胀措施、税赋改革，包括实行自由化的对外经济关系冲击本国民族工业等问题，都受到许多经济学家和一些政党的批评和抵制。

综上所述，政治危机产生的原因可以概括为自然原因和人为原因，自然原因如水资源的缺乏导致的战争。如：中东地区的以色列自建国以来一直战争连绵。其对水资源的争夺，就是同阿拉伯国家冲突的一个重要因素。因为以色列地处荒漠，干旱少雨，赖以生存的淡水资源主要是两大国际性河流：约旦河和幼发拉底河。谁控制了水源，谁就得以发展强大。以至以色列总理曾宣言："水，是以色列人的生命，我们将以实际行动巩固对约旦河的继续控制权！"而在 1979 年，埃及总统曾说过"世界上只有一件事情可以使埃及重新走向战争，那就是水。"人为原因包括政党间利益冲突激烈；司法腐败，政府的可信任度低；民主缺少正确的引导。

第二节　经济危机产生原因

马克思、恩格斯、列宁、斯大林（以下简称马恩列斯）都认为经济危机根源于资本主义制度，具体说根源于资本主义基本矛盾，即生产的社会性与生产成果私人占有之间的矛盾，它的表现是：个别企业生产的有组织性和整个社会生产的无政府状态之间的矛盾；生产力发展与劳动人民有支付能力需求相对缩小之间的矛盾。矛盾激化到一定程度就必然爆发经济危机。

其中有关经济危机具体原因的论述包括以下几个方面：

第一，盲目的竞争导致经济危机。恩格斯说："大工业的必然后果——自由竞争很快就达到十分剧烈的地步"，"竞争的规律是：供和求总是力图互相适应，但是正因为如此，就从来不会互相适应。双方又重新脱节，并转而成为尖锐的对立。供应总是紧跟着需求，然而从来没有刚好满足过需求；供应不是太多，就是太少，它和需求是永远不相适应的。"又说："经济学家用他那绝妙的供求理论来证明'生产绝不会过多'，但是实践却用商业危机来驳斥他，这种危机就象彗星一样有规律地反复出现，在我们这里现在是平均每五年到七年发生一次"，"这个规律是纯自然的规律，而不是精神的规律"，"这是一个以当事人的盲目活动为基础的自然规律"。

第二，生产和消费之间的矛盾引发经济危机。马克思认为剩余价值生产使生产与消费之间发生了尖锐的矛盾。一方面工人是消费品的主要消费者，另一方面"每一个资本家都知道，他同他的工人的关系不是生产者同消费者的关系，并且希望尽可能地限制工人的消费，即限制工人的交换能力，限制工人的工资"，以便最大限度地增加剩余价值。这种关系决定了工人有支付能力的需求和消费极其有限。马克思指出："构成现代生产过剩的基础的，正是生产力的不可遏止的发展和由此产生的大规模的生产，这种大规模的生产是在这样的条件下进行的：一方面，广大的生产者的消费只限于必需品的范围，另一方面，资本家的利润成为生产的界限。"生产扩大与工人消费水平低并存，这样，一旦生产普遍超过了主要来自工人的有限需求和消费，经济危机就不可避免。

第三，生产力发展与市场相对狭小导致经济危机。马克思说："以资本为基础的生产，其条件是创造出一个不断扩大的流通范围，不管是直接扩大这个范围，还是在这个范围内把更多的地点创造为生产地点。"扩大流通范围不仅在国内，而且"创造世界市场的趋势已经直接包含在资本的概念本身中"。马克思还说："以提高和发展生产力为基础来生产剩余价值，要求生产出新的消费；要求在流通内部扩大消费范围。"在这里，"新的消费"和"扩大消费范围"指的是增加消费，实际上也是指扩大市场的问题。这是商品经济发展的客观要求，但在事实上，市场的扩大会受到很多限制，因而市场扩大不能与生产的扩大相适应，以致造成生产过剩的经济危机。在这方面马恩列斯也有很多论述。马克思在《中国革命和欧洲革命》中曾说："市场的扩大……赶不上不列颠工业的增长"，"必不可免地要引起新的危机"，"如果有一个大市场突然缩小，那么危机的来临必然加速，而目前中国的起义对英国正是会起这种影响。"恩格斯在《社会主义从空想到科学的发展》中指出："市场向广度和深度方面扩张的能力首先是受完全不同的、力量弱得多的规律支配的。市场的扩张赶不上生产的扩张。冲突成为不可避免的了。"马克思还指出：生产的发展，"需要一个不断扩大的市场，而生产比市场扩大得快"，"市场比生产扩大得慢；换句话说，在资本进行再生产时所经历的周期中，——会出现市场对于生产显得过于狭窄的时刻。"或者说，"新的市场——市场的不断扩大——可能很快被生产超过"，必然造成商品充斥市场，生产过剩发生。列宁、斯大林也有类似的论述。

第四，批发商业和货币信用的危机导致经济危机。马克思指出："危机最初不是在和直接消费有关的零售商业中暴露和爆发的，而是在批发商业和向它提供社会货币资本的银行中暴露和爆发的。"就是说，批发商业危机和货币信用危机导致生产过剩的经济危机。"在大量生产中，直接购买者除个别的产业资本家外，只能是大商人。在一定的界限内，尽管再生产过程排出的商品还没有实际进入个人消费或生产消费，再生产过程还可以按相同的或扩大的规模进行。"这样，商业和产业就会出现虚假的繁荣。而生产的极度扩张，又是借助信用来实现的。信用和产业资本本身的规模一同增大。例如，信用使工厂主、商人等都可以大大超过他们的资本从事经营；信用使货币形式上的回流不以实际回流的时间为转移，从而加速了资本在形式上的回流速度；等等。因此，生产经营规模的扩大必然引起信用的扩大，而信用的膨胀反过来又促进生产经营规模的扩张。这一切都会使产业和商业资本家通过各种信用形式，获取追加资本，用以扩大生产经营规模。同时，在繁荣阶段，股票、债券等虚拟资本的巨大增长和各种投机活动的大量兴起，又为进一步扩大信贷规模，提出了强烈的需求。信用的繁荣导致产业和商业的繁荣，产业的繁荣进一步加强商业的繁荣。但是，手中堆积着大量商品的批发商的资本回流却非常缓慢，数量非常少，"以致银行催收贷款，或者为购买商品而开出的汇票在商品再卖出去以前已经到期，危机就会发生。于是崩溃就爆发了，它一下子就结束了虚假的繁荣。"实际上，信用是生产过剩和商业过度投机的主要杠杆，加速了经济危机爆发。

第五，主要消费品过剩导致经济危机。以棉布为例，如果棉布充斥市场造成市场停滞，会使织布厂主的再生产遭到破坏。首先表现在织布厂的工人对棉布和原来他们消费的其它商品来说，"现在只在较小的程度上是消费者，或者根本不是消费者了。"除此以外，还影响别的生产者、纺纱者、棉花种植业者、纱锭和织机的生产者、铁和煤的生产者等。所有这些人的再生产同样要遭到破坏，因为棉布的再生产是它们再生产的条件。"即使在他们自己的生产领域里没有生产过剩，就是说，即使那里生产的数量没有超过棉布工业销路畅通时所确定的合理的数量，这种情况也会

104

发生。"什么原因呢？马克思继续分析说："如果不仅棉布，而且麻布，丝绸和呢绒都发生生产过剩，那么不难理解，这些为数不多但居主导地位的物品的生产过剩就会在整个市场上引起多少带普遍性的（相对的）生产过剩。"

第六，固定资本生产过剩导致经济危机。马克思曾举例说，如果固定资本数量是既定的、不变的，由于原料受自然因素的影响而歉收，原料的量就会减少，价格增加，再生产就不能按原有规模继续进行，一部分固定资本就要闲置下来，部分工人失业，利润率下降。而事先确定的利息、地租仍旧不变，这样就有一部分不能支付。"于是发生危机、劳动危机和资本危机。"总之，这是原料不足引发的危机。马克思说，撇开自然因素的影响不说，"原料不足的情况也可能发生"，"如果某个生产部门花费在机器等等上的那部分剩余价值，那部分追加资本过多，那么，虽然按原来的生产规模原料是够的，但按新的生产规模就不够了。因此，这种情况是由于追加资本不按比例地转化为资本的不同要素而产生的。这是固定资本生产过剩的情况，它所产生的现象正好同第一种情况（即原料歉收时）所产生的现象完全一样"，"或者，它们（危机）是以固定资本的生产过剩，因而，是以流动资本的相对生产不足为基础的。"

第七，以社会化大生产为基础的市场经济，再生产所需正常比例关系遭到破坏，导致经济危机。马克思认为，资本的本性决定了市场经济不可能有合乎比例的生产。他说："如果只是指资本有按照正确比例来分析自己的趋势，那么，由于资本无限度地追求超额劳动、超额生产率、超额消费等等，这同样有超越这种比例的必然趋势。""在竞争中，资本的这种内在趋势表现为一种由他人的资本对它施加的强制，这种强制驱使它越过正确的比例而不断前进，前进！"因此，"资本既是合乎比例的生产的不断确立，又是这种生产的不断扬弃。但是，要求生产同时一齐按同一比例扩大，这就是向资本提出了决不是由资本本身产生的外部的要求；

同时，一个生产部门超出现有的比例，就会使所有生产部门超出这种比例，而且超出的比例又各不相同。"当生产所要求的正确比例或平衡遭到严重破坏时，经济危机的爆发就不可避免。

第八，生产的跳跃式发展导致经济危机。列宁说："资本主义的生产，只能跳跃式地发展，即进两步退一点，有时甚至两步都退回来。"在列宁看来，资本主义生产是为销售而生产，为市场而生产，"当着广大市场突然扩展到新的、前所未有的、广阔的范围时"，生产商品的数量不符合社会需要的可能性就特别大。这种对市场的疯狂追逐，必然引起巨大的破产。他说："如果有几个这样的企业为了难以推测的市场上夺取地盘而展开疯狂的竞争，那么危机的到来还有什么奇怪呢？"

第九，进出口也可以导致经济危机。马克思指出："关于进口和出口，应当指出，一切国家都会先后卷入危机"，因为"出口和进口过多，以致支付差额对一切国家来说都是逆差"，从而引起黄金外流。当危机爆发时，支付差额对每个国家来说，至少对每个商业发达的国家来说，都是逆差。因此，黄金外流的现象，总是像排炮一样，按照支付的序列，先后在这些国家发生。例如，"1857年，美国爆发了危机。于是黄金从英国流到美国。但是美国物价的涨风一停止，危机接着就在英国发生了。黄金又由美国流到英国。"这种现象表明，一切国家会同时出口过剩（生产过剩）和进口过剩（贸易过剩），物价会在一切国家上涨，信用会在一切国家过度膨胀。因此，"黄金流出的现象会在一切国家依次发生"，也就是经济危机会由于贸易的传递而在这些国家依次发生。

第三节　社会危机产生原因

我们认为，社会危机是相对于正常的社会秩序、社会安全而言的，属于社会运行中的失调和非均衡状态。所谓社会危机是指社会系统中的某个构成部分突发剧烈失调和畸变，导致社会生活秩序偏离正常轨道从而严重威胁国家和公众安全，整个社会处于高度危险的紧急状态的社会现象。社会危机一般具有时间上的突发性、空间上的广阔性、危害上的严重性以及解决上的急迫性等方面的基本特征，其所危及的对象主要是社会的正常秩序、公众的生命与财产安全以及政府的行政权威。

对社会危机可以以不同标准来分类。

一种是以引发社会危机的原因为标准的分类。引发社会危机的原因简单一点说有两类：一是天灾，二是人祸。但稍微详细一点区分，可以分为三类：一类是纯粹由自然界引发的社会危机，如没有人为原因的森林大火，造成城镇和村庄的毁灭。一类是由人们的行为导致自然生态破坏而产生自然灾变，从而产生出威胁人类生存的危机，如不卫生的饮食、不健康的生活引发病毒传染，造成大批人生病甚至死亡。再如人们在生产和生活中大量排放二氧化碳导致全球性气候变暖而引起的洪水；人们大量的砍伐森林导致的植被破坏形成的严重干旱和沙漠化。还有一类是基于利益或意识形态的矛盾、冲突，产生非和平的、越轨的、犯罪的行为所引起的巨大社会动乱，如民族纷争或宗教冲突引发的社会动荡，再如世界恐怖组织制造恶性袭击事件导致的人们生命、财产的巨大损失和整个国家乃至整个世界的恐惧。

另一种是以社会危机的直接面对主体为标准的分类。比如企业面临的危机。企业生产和销售形势恶化、金融状况突变、发生灾难性事故，所有这些都会让企业遭受沉重打击，使企业的形象受到损失，严重的导致企业倒闭，如东芝笔记本事件，三菱帕杰罗事件，以及安达信的全面瓦解。另外就是政府面临的危机。这是指社会出现突发事变，引发社会危机，政府必须承担应对、缓解危机的责任。政府面临的危机范围较宽，它基本上与政府治理社会和提供公共服务的范围相一致。其中不仅有涉及某一种职能领域内的危机，如水利，卫生，公安领域中的危机，也包括政府的层级范围，依照事件的严重性，从地方政府到中央政府都会采取相应的反应机制，启动相应的应急管理系统。在进行这种社会危机的划分时，还必须考虑一种特殊的社会危机即政府危机。在通常情况下，政府是应对社会危机、处理社会危机的主动的、最有权威的、也是最有能力的主体。政府总是去积极解决外界出现的灾难、冲突、危机。但随着社会危机的升级，又会引发更大的危机，那就有可能危及到政府的运行，就会引发政府自身的危机，这里包括一国政局的动荡，或局部出现混乱、暴动，甚至于战争，整个政府的合法性危机。

我国正处在转型期，搞清社会危机的成因是有效防范及克服我国社会危机的前提和基础。概括地说主要有以下几点：

一、自然原因。自然资源是人类生存和发展的基础，对自然资源的占有、利用和争夺自古以来就是引发战争和社会冲突的重要根源。我国的自然资源从总量上看不少，但绝大多数对国民经济发展和人民生活具有战略意义的重要资源的人均占有量都不足世界人均水平的一半。资源供给严重不足已经成为经济可持续发展的重要约束因素，成为诱发社会危机的导火索。此外，日益严重的水污染、大气污染、垃圾污染、噪音和光污染等，目前都已经演化为相当严重的社会问题。特别令人忧虑的是，现在全国每年有1500多平方公里的国土因为"荒漠化"、"石漠化"而变得不适合人类生存，"生态难民"大量增加。自然资源的短缺、生态环境的恶化和生存空间的减少，严重影响着人民的生活质量与幸福安宁，对经济社会的可持续发展构成了巨大威胁，成为孕育和爆发社会危机的客观因素。

二、人为原因。社会危机在许多情况下，是由于人的不科学、不合理行为引起的。在当前中国社会转型时期，整个社会在许多方面尚处于无序和失范运行状态，一些企业和个人单纯追求经济效益，而置安全生产于不顾。有研究成果显示，安全保障措施的预防性投入效果与事故整改效果的关系比是1∶5。综观所有重大安全事故，无不与单位与个人的安全生产观念不强、安全保障措施不够有直接的关系。经验表明，通过事先的安全投资和安全教

108

育，把生产事故和职业危害消灭在萌芽状态，是可以有效防止恶性事故的发生的。安全生产事故虽不如社会冲突那样会瓦解社会稳定的基础，但如果重视不够，不仅会给社会造成巨大的经济损失，还会严重危及人民群众的生命安全，有可能成为引发社会危机的一大隐患。此外，处在社会剧烈变化中的个人不可避免地会在精神心理、职业变迁、人际关系、利益获得和感情生活等方面面临冲击和压力，对此，大多数人能够理性选择，从容应对，而有的人则可能失去理智，寻衅滋事，甚至可能堕落成专门进行破坏活动、制造恐怖事件，以扰乱社会秩序和社会安全为目标的反社会分子。

三、经济原因。在普遍以经济发展作为首要追求目标的当代社会中，社会危机的发生发展在很大程度上都直接或者间接地与经济因素有关联。就当代中国而言，由于经济发展水平较低，国家尚没有能力建立一个强大完整的社会保障体系，对全体国民实现无差等的社会保障，使得大量社会弱势群体得不到必要的救助。较低的经济发展水平造成了对社会保障事业投入不够，严重降低了社会弱势群体对改革风险的承受力，由此而不可避免地会引发下层社会的不满情绪。

四、体制原因。中国的社会转型从制度的意义上说，是一个由计划经济体制向市场经济体制转化、由行政控制占主导地位向法律控制占主导地位转化的过程。制度控制无论是在控制方式、控制范围还是控制环节、控制力度上都发生着重大变化。在大多数情况下，制度变迁是在由历史所确定的特定的制度结构中发生，并以这个现行的制度体系为条件的，它不可避免地造成了制度变迁的时序性差异。从总体上看，计划机制和市场机制同时存在，行政控制和法律控制势均力敌，双重模式、双重准则的相互制约往往导致制度主体的功能紊乱。基于以上原因，社会转型时期不可避免地存在制度整合失调、控制失灵的现象，并成为引发诸多社会危机的一个重要原因。自十一届三中全会以来，我国就着手进行政治体制改革，大力加强社会主义民主法制建设。但在改革过程中，新旧体制间的"真空"或结合部的断层，成为干部腐败、经济犯罪滋生蔓延的一个便利条件。中国目前转型期的市场经济既非传统的计划经济，又非完全成熟的现代市场经济，而是介于两者之间的经济过渡时期的"准市场经济"。在新旧体制转换的过程中，虽然政府过度干预经济的传统习惯已在相当程度上得到改变，但是，权力对经济资源的配置在某些领域中仍具有相当的影响力。这些体制上的因素都为以政治权力换取经济利益，或以经济力量贿赂政治权力提供了便利，成为政治腐败的体制依托。政治腐败吞噬改革开放的成果和人们对党和政府的信心，是诱发政治动乱和社会危机的火药桶，对此决不可掉以轻心。

五、价值观原因。价值观念是人的最根本的思想范式和活动指南，任何重大社会问题和社会危机的产生必有其深刻的价值观方面的原因。就当代中国社会转型期而言，原来占主导地位的旧有价值观体系逐渐解体和重组，并将最终让位于适应社会主义市场经济的新价值观体系。然而，由于价值观念作为深层理念具有重大的相对独立性和惰性，它的转轨过程不可避免地要滞后于经济社会发展进程，是非观念模糊、善恶标准紊乱、美丑关系混乱的情况在所难免，这种状况会加剧社会转型中的社会失调和社会冲突。市场经济的动力机制来源于每个经济主体对自身利益最大化的追求，它在制度形态上是以"利益"为杠杆来促进生产力发展的一种经济体制，而市场经济机制的引入与发挥必然导致利益主体多元化和利益竞争的加剧。从社会整体良性协调运行的角度看，市场经济体制要求用法制和新型价值观念去规范个体追求利益的行为，协调不同利益群体之间的冲突。显然，旧有的和现有发育尚未定型的价值观体系是难以承担起规范利益关系、使取利行为合理化以及整合现实利益冲突的重任的。

第四节 价值危机产生原因

价值观是指人们关于基本价值的信念、信仰、理想系统。这句话概括了价值观特有的一般思想内容和思想形式。

从内容方面看，价值观就是关于价值的观念。那么什么是价值？如果用非常浅显的日常用语来说，价值实际上就是我们平常说的"好坏"意义，包含善恶、美丑、利弊、得失、祸福、荣辱、优劣、贵贱、有用无用、可爱可恨、妥不妥当、值不值得、应该不应该、重要不重要、轻重缓急等，统统在内，都可以用好坏来表达；世界上凡是可以用"好坏"来加以叙述并含有取舍意味的对象，就是价值；凡是需要加以"好坏"判断的，就属于价值问题。"好坏"两个字是我们应用得最多、最经常、也最自然的，它很能代表价值和价值观所具有的广泛性。当人们对任何事物说"好"说"坏"的时候，头脑里必定要有种关于这件事"好坏"的某种信念、标准和期待，从而对于事情的好坏抱有一定的基本态度，这就是所谓"价值观"特有的思想内容。因此"价值观"就是人的"好坏观"，即人们关于什么是好、什么是坏，怎样为好、怎样为坏，以及自己向往什么、追求什么、舍弃什么、拥护什么、反对什么等等的观念、思想、态度的总和。

从形式方面看，构成价值观所特有的思想、观念、精神形式，主要是指人们头脑中的信念、信仰、理想系统。价值观不同于知识、理论和科学系统，它主要不是表明人们"知道什么，懂得什么、会做什么"，而是表明人们究竟"相信什么，想要什么、坚持追求和实现什么"，是人们在知识的基础上进行价值选择的内心定位、定向系统。一般说来，"知道什么"还不等于"就要什么"，所以知识和科学永远不能代替价值观。特别是，越是在知识和经验达不到的地方和时候（人类知识的发展是无限的，而其现有的已知总是有限的），信念、信仰和理想就越起作用。通过观察社会上的信仰现象，我们不难发现它的这种特殊存在和作用。从来源

111

和基础方面看，任何人的价值观都不是凭空产生和改变的，归根到底它反映了人的社会存在，即生存方式、生活条件和实践经历等特征。价值观的深层基础是主体的根本地位、需要、利益和能力等具体情况，是人的价值生活在头脑中的反映和积淀。因此价值观总是和人的现实状况相联系，不同地位、不同条件、不同经历的人有不同的价值观，在存在着阶级、民族等多元化现实基础的人们之间，价值观也是多元的。

从功能方面看，价值观最重要的功能就是成为人们心目中的评价标准系统。换句话说，人们关于任何价值的信念、信仰和理想一旦形成，它就会成为人们心目中用以评量事物之（价值）轻重，权衡得失弃取的"天平"和"尺子"。人们就是用这样的天平和尺子去称量、评判一切人和事物，从而得出自己的态度和选择。

总之，价值观是人和社会精神文化系统中深层的、相对稳定而起主导作用的成分，是人的精神心理活动的中枢系统。价值观人人会有，处处会有；不但个人有，集体、阶级、民族、国家和社会更要有；不但在眼前一件件具体事情上反映出来，更在人生事业、社会发展大方向大决策上显示出来。一个国家、一个社会的价值观，实际上是它的思想文化、意识形态体系中最核心的内容，是国家社会大系统的"软件"、"软件的软件"；对于一个人来说，他的价值观则是他的人生和事业中最重要的精神追求、精神寄托、精神支柱和精神动力所在。

顾名思义，价值危机就是价值观面临危机。例如拜金主义价值观使社会把金钱当成唯一的成功尺度，一切其他形式的成功，如权利、地位，学术或艺术成就，都必须翻译成金钱才可以畅快流通。金钱成了一切成功形式中的硬通货。这样一个价值观念，这样一个道德水准，这样一个舆论标准，构成了我们的生存环境。这种环境必然潜移默化地改造着每一个人。社会就必然走向危机。

每一代人（特别是其中的决策者）应当怎样衡量自己创造的文明成就，有应当如何评价自己决策与行为的功过得失？关键在

112

于价值，在于价值的取向与判断。

通常情况下，解决意见分歧的困难，往往并不在于科学判识和技术过程的精确性本身，而在于对价值和利益判识的差别。价值是决策者的灵魂，是影响文明发展方向的指针，也是评说历史、创造历史的认识基础。实例主义哲学的长期盛行，是人类习惯于以单一性的价值尺度而不是多样性的价值体系作为决策基石。古往今来的错误决策大多产生于错误的价值观念，种种错误决策及其实施后果的积累，终于堆砌成当今人类深陷其中的巢穴。可以说，当代世界所发生的一切危机，本质上都是价值误判误导的危机。

历代，特别是产业革命以来，传统价值观念的致命伤就在于实际上只承认经济增长的重要性，忽视甚至无视经济发展永远不可能摆脱与其相互制约的生态背景，总想把经济活动孤立起来，企图在这个非线性运作的生态世界里实现经济的线性增长。经济利益实际上成了主要的、甚至是唯一的价值标杆和文明发展的最高目的，其他目的都沦为从属的、可有可无的东西。经济增长这个最高目的的合理性是无须证明的，然而认识的狭隘性和实践的盲目性恰恰在于其他一切价值都按照它们对实现最高目的所起作用的大小来证明其存在的必要性与合理性。当代世界价值危机的特征表现为人们观念中的价值缺损。

总的来说，危机产生的原因不是孤立的、片面的，而是相互联系、错综复杂的。政治危机、经济危机、社会危机、价值危机之间有着千丝万缕的客观的必然的联系。价值危机导致社会危机，社会的不安定因素又导致了经济和政治的不稳定；反过来，政治的不稳定必然涉及到经济领域，其中又与社会危机、人类的价值观念不无关系。因此，我们要用联系的发展的观点看问题，将各个方面结合起来研究危机，才能更加全面地进行危机管理的理论和实践研究。

参考文献：

[1] 孙多勇，鲁洋；《危机管理的理论发展与现实问题》，江西社会科学，2004年4月。

[2] 高宏贵，《阿根廷发生危机的原因探析》，江汉论坛，2004年02期。

第五章　企业危机管理的计划组织和目的

前面四章我们着重从理论上论述了危机及危机管理概念、研究范围、类型及产生原因。从本章开始，本书重点将对企业危机的产生、发展、类型、及预防进行探讨。

第一节　企业危机管理概述

一、什么是企业危机管理？

在市场经济的浪潮中，任何一个企业随时随地都有可能出现危机，那是因为企业对危机缺乏必要的认识。企业的生产经营活动不可避免的会遇到一些问题。如果危机处理不当，就会使企业多年辛苦建立起来的良好的形象化为乌有。树立危机意识，防患于未然，是现代企业应该加以重视的一个问题。

企业不论规模大小、业务经营规模或行业类别为何，每天都面临各种不同危机发生的可能，一旦发生危机，倘若无法妥善的处理，不仅将会给企业带来财务损失，进一步影响社会大众及消费者的权益与生命财产安全，连带的将破坏企业的形象，甚至撼动企业经营的基础。

如果你没有亲历过危机公关，或只是道听途说，你绝不能了解到危机所带来的巨大的心理压力与磨难！

随着危机不断扩散和对危机形成背后种种原因的猜测，我们除了能感受到内心中备受煎熬的斗志外，似乎一切已荡然无存。在危机管理的整个过程中我们似乎没有任何的心理欲望。只有一个目标：解决危机似乎这一刻我们就是应该为解决这个危机而存在。

企业危机管理，是企业公关顾问服务中的高端业务，在实施服务过程中，公关顾问对问题进行诊断、确认，提出积极的对策建议，并协助采取果断措施予以消除影响，变被动为主动；同时，尽可能将其转化为一种公关关系的机会。在具体执行中，公关顾问公司经常接受客户委托进行管理预案的制订、时间的处理、管理手册编制以及相关培训活动。

议题管理，和企业危机管理之间有着密切的联系和一定的差别，它们都可能对社会产生重要影响，处理的好坏直接影响到客户的生存与发展。危机事件基本都是突发事件，会迅速在社会进行传播，必须尽快解决；而议题管理则可能长期存在、持续影响，如得不到即使处理也可能转化为危机事件。[1]

任何在危机中所采取的措施都可能招致公众的审视，并带来各种后果。危机期间所采取的措施将被人们所记忆，当时处理的"得"与"当"会给大众深深留下"好"与"坏"不同的印象和回忆。

企业危机公关，是这几年伴随公共关系行业发展逐渐被企业和公众认知的新名词。当"非典"（SARS）、"蓝田"、"蒙牛""德隆"、"杜邦特富龙"、"苏丹红"、"KFC"、"宝洁 SK"、"光明"等事件被公众所关注的同时，媒体敏锐的神经同样受着思想的影响。"声音"、"质疑"、"态度"、"形式"、"传媒"、"公众审视"，成为危机公关处理小组必须谨慎面对的。而在这些危机事件的背后，我们一方面看到政府的公众形象、消费者维权意识以及媒体舆论监督体制空前提高，另一方面也看到了部分企业对危机的预警不到位、经验匮乏，缺少专业危机管理人才。

二、中国企业危机的现状

在我国经济快速发展的二十年里，很多中小企业的发展、经营主要是依赖于企业领导的关系、机会、经验等因素，产品本身的市场竞争力还没有完全形成，受国家宏观调控、市场竞争和行业变化影响大，中小企业普遍很脆弱。据调查，我国中小企业的平均寿命不到四年。对于中小企业来说，尤其需要危机管理，具体原因如下：[2]

1、中小企业管理资源的缺乏

管理资源的缺乏在中小企业中是一种普遍现象。美国中小企业管理协会会长隆内克先生把企业家分为：工匠型企业家和机会型企业家两种类型。中小企业的创业者多为掌握某一行业专业技术，具有一技之长的工匠型企业家，在他们身上能够看到技术行家特有的执着、精细和敬业精神。但他们的先天不足在于缺乏管理科学和管理思想的系统修炼，缺乏管理方法和管理技巧的系统学习和运用。这种缺陷，往往导致中小企业在创业起步、经营扩张、市场发生剧变等各种条件下，因决策失误、管理不当，造成企业危机。中小企业因经营扩张过快，过度负债，产生财务危机而导致破产的屡见不鲜；因实施多元化经营，产品线过多、过长，造成管理失控，而分崩离析的也不少；家族型中小企业因不能正确处理家族、企业和家族成员之间利益关系，或由于家族成员之间因企业控制权发生纷争，而产生企业危机的也有之。企业危机的根源在于管理资源的不足，即企业缺乏预测和应对各种管理问题的方法和技巧，缺乏应对企业危机的管理机制。因此，必须引进危机管理，以预防企业危机的出现。

2、中小企业技术资源的缺乏

中小企业多数是依靠一技之长起家的。中小企业家从国有企业或科研单位自立门户，或从海外带回先进技术开创事业。但多数中小企业自主开发能力不强，采取模仿或跟进的技术策略，依托龙头企业或某一利益市场得以生存，难以长期应对市场变化。无法主导自身发展。面临复杂的市场，中小企业还必须时刻关注技术更新的步伐，但跟进或模仿只能在低端徘徊。由于市场产品升级换代，而一时未能及时跟进的中小企业，会因技术资源的缺乏而破产倒闭。中小企业在创业之初，会因市场定位不准，导致产品更换频繁，造成资源浪费。技术资源的缺乏还会导致企业在引进、消化、吸收新技术、新产品方面力不从心，延误市场战机。自主技术资源不足，对企业产品质量产生直接影响，会使产品在顾客心中失去地位，丧失顾客忠诚。应对以上各种危机，中小企业应采取相应的危机管理机制，充分利用社会技术资源，在企业周围形成以我为中心的技术资源富集区域，提高技术资源的内聚力。防止或减少危机带来的损失。

3、核心竞争力不强

市场竞争的综合实力不强是中小企业创业之初和发展过程中经常遇到的问题。危机的产生是多种多样的，财务危机、技术危机、安全危机、市场危机、公关危机、人才危机。危机产生的不确定性涉及到企业各方面的综合实力。从事不同行业的中小企业，面临的危机压力不同，制造业的危机多来自企业技术落后、产品更新换代不及时、无法紧跟市场变化。服务业的危机多来自于没有品牌优势、服务缺乏个性化、服务质量不高、市场定位不准等问题。流通企业的危机多来自于资金周转不灵、进货渠道不畅、对市场需求把握不准、营销策略失误等问题。同时，宏观经济形势或政策变化也可以带来企业危机。

加入WTO以后，中国的中小企业面临的竞争压力呈现多元化趋势。首先，国内同行业竞争加剧。有来自中小企业同行的竞争，也有来自大型同行企业的竞争。同时，来自国外同行业的竞争逐步加大。国外同行业的参战，无疑更加剧国内企业的相互厮杀。作为低端市场的中小企业，还承受着来自高端市场的挤压。作为上游配套的中小企业还要承受来自下游龙头大型企业在价格、质量、交货期、信用等多方面的越来越苛刻的条件。特别是下游企业往往以赊欠上游中小企业供货款的形式，无偿占用中小企业流动资金，造成中小企业资金状况的恶化，使众多中小企业陷入资金匮乏，但欲罢不能的境地。从事加盟连锁经营的中小企业，在投入高昂的开办费用后，可能由于市场定位、场地定位、服务定位、价格定位不符合地区市场需求。或由于管理资源配置不足，而无法在本地站稳脚跟，成为昙花一现。中小企业还存在融资方面的风险和不确定性。多数中小企业在寻求资金来源方面，不能像国有企业那样获得比较优惠的政府和银行资金支持。而从民间获得的资金，往往要承担在利率、偿还期限和风险方面更多、更大的负担。以上各种风险无疑将会给企业埋下各种潜在的危机因素。当企业在经营管理的某一环节出现问题，就有可能诱发和导致企业危机的爆发。

第二节　企业危机的类型

按性质分类，企业危机主要包括五种类型，即：

(1) 形象危机

(2) 决策危机

(3) 信誉危机

(4) 媒介危机

(5) 突发危机

对于不同性质的危机，应当采取不同的处理方法。在企业处理危机前，首先应该认识到发生了什么性质的危机。在这个基础上，可以选择不同的措施来最大限度的降低危机造成的损失。下面进行具体的分析：[3]

类型之一：形象危机

错误的经营思想、低劣的产品质量、粗暴的服务态度、企业领导或者员工的不妥当或错误的言行，都会造成企业的形象危机。形象危机属于真正意义上的本质危机，将使企业遭受巨大的损失。一旦遭遇形象危机，企业不动"大手术"是难以过关的。

对于形象危机，需要企业花大力气，从源头抓起，加强员工素质教育，领导必须以身作则，制定完整的规章和制度规范员工和领导的行为。

类型之二：决策危机

所谓决策危机，是指企业决策者在生产经营方面出现战略、策略的失误后所造成的危机。如巨人集团盲目涉足房地产，建造巨人大厦，并一再增加层数，便隐含着经营决策危机。经营决策危机往往给企业带来直接的利益损失，但外部影响相对较小。因此，只要处理得当，一般比较容易度过危机期。

对于决策危机，需要企业加强决策管理，提高决策的科学性，建立决策体系，企业领导要注意吸收广大员工的意见和建议，对新上马的项目建立完整的评价体系。

类型之三：信誉危机

所谓信誉危机，是指企业因为信誉下降而失去公众的信任和支持所造成的危机。在市场经济中，商品经济就是信誉经济。信誉是企业生存的基础，依法履行合同、严格兑现承诺应成为企业生产经营的基本准则。一旦失去公众的信任和支持，就意味着企业彻底的失败。为了预防和减少信誉危机，企业不要做不愿履行或无法履行的承诺。

类型之四：媒介危机

所谓媒介危机，是指由于媒介对企业的错误报道而引发的企业危机。真实性是新闻报道的基本原则，但是由于客观事物的复杂性、客观环境的多变性以及报道人员观察问题的立场角度的个性化，媒介报道完全可能因为违背真实性而出现各种失误，导致媒介危机的产生。

对于媒介危机，企业应该有正确的认识和充分的准备。面对不公正的报道，要冷静克制，要善于体谅媒介的错误，及时澄清真相，请求媒介及时予以更正。特别需要注意的是，决不可与媒介发生正面冲突。当企业与媒介发生冲突的时候，公众倾向于相信媒介而不是企业。

类型之五：突发危机

所谓突发危机，是指人们无法预测和人力不可抗拒的强制力量（如地震、台风、洪水、战争、疾病、工伤事故、经济危机、交通事故等）所造成的危机。这类危机往往不以人的意志为转移，严重影响企业的正常生产经营活动，损失异常巨大。

一般说来，突发危机对企业的形象不会带来太大的影响，关键是如何应对。事件发生后，企业必须迅速组织内部公众共同度过"非常时期"，并与外界公众及时进行沟通，求得帮助、支持和理解，以便迅速地排除危机。

第三节　影响企业危机的因素

一、危机管理中的信息问题

良好的信息沟通在危机管理中所发挥的作用是毋庸置疑的：它可以防止信息的误传；可以灵敏地启动预警系统，以在短时间内控制事态；可以对危机潜伏期的情报及时处理，为准确分析危机发生的概率以及危机后可能产生的负面影响提供数据支持。可以说，信息沟通机制是危机管理的前提条件和过程保障。

一般来说，危机管理中信息沟通机制失灵有两点原因：其一，信息流经的每个系统的现实状况与它们的目标取向之间存在着不小的差距；其二，信息传递的各环节，包括正负反馈、探索性自组、控制性投射等都没能很好地实现各自的功能。

二、危机管理与人力资源的关系

人力资源的危机管理主要针对企业危机来说。对于为提高企业危机管理水平的企业而言，人力资源的有效整合是通向成功的钥匙。实践证明，企业面临的挑战和危机都证实了人力资源是关键，需要企业各部门管理者和人力资源的合作，都需要用新的方式来运作人力资源。换句话说，新的竞争现实所引发的企业危机，需要我们对人力资源的行为及智能采取新的思考方式即真正意义上实施人力资源的有效整合，提高企业管理水平，从而于激烈的竞争和挑战中不断取得成功。

1、人力资源是企业危机的管理主体[4]

人力资源是危机战略决策的制定者；人力资源是危机协调公关的实施者；人力资源是危机信息系统的构建者；人力资源是企业危机处理的执行者；人力资源是企业危机意识的倡导者；人力资源是企业经营伦理的践履者。

2、人力资源的有效整合是企业危机管理的人才支撑

加强人力资源整合的整体性，夯实企业危机管理实效；人力资源管理制度化，提高企业危机管理的制度化水平；加强企业文化的导入，形成有效应对企业危机的良好向心力和凝聚力。人力资源管理过程中可能出现的五大危机：[5]

（1）竞争力危机

根据迈克尔波特的五种力量作用模型，组织来自于多因素的挑战，外在环境在剧烈地变迁，如果组织不能与时俱进，不能不断学习，竞争力不能快速提升，势必难以对付外来挑战，就会被市场无情地淘汰。必须构建学习型组织。

（2）忠诚度危机

巴林银行的倒闭就是起因于员工的职业道德问题与忠诚度丧失，年仅 28 岁的营业员里森在未经授权的情况下赌输了日经指数期货，却利用多个户头掩盖其损失部位，而且为了挽回巨额亏损，里森最后利用更高的期货杠杆全力下注，最终将巴林银行毁于一旦。忠诚度是组织拥有强大竞争力的必要前提，是组织永续发展的基础。如果启用操守不佳的员工如同引爆了定时炸弹。如今居高不下的有关商业秘密的劳动争议仲裁与诉讼案件便是有力的佐证。

（3）人才流失危机

人才的流失是目前各级各类组织最为头疼的问题，当人才安全被组织提到议事日程上来的时候，猎头公司也在紧锣密鼓地活动，我们不能一味责怪猎头公司挖别人的墙角，恰恰相反，有了猎头公司反而大大增强了组织的管理能力和组织的核心竞争力，人才的流失是对组织的有力警告，促使组织改变其管理模式和文化。

（4）制度危机

人力资源管理从其本质上来说是一种制度或模式的管理，当组织没有制度或制度严重滞后的情况下，必然造成组织内部出现

122

管理效能低下，管理者随意性大大增强，好恶完全由管理者说了算，而不是制度在起决定作用，因此制度问题不能不说是人力资源命脉所系的一件大事。

（5）文化危机

文化是组织传承下来的一种积淀，它包括人力资源管理的方方面面，文化从深层次的角度来剖析可以清晰地发现由于每一种文化不可能适应所有的人必然导致组织淘汰或者更替相关人员，这便有可能直接导致危机的发生。

（6）安全危机

组织内部的安全管理非常重要，即任何一个员工都会感到在这样的组织中工作有一种安全感，这种安全不仅仅指的是生理上的，更重要的指的是心理上的安全，如员工在组织内部有一种职业的归宿和稳定感，此外这种安全也包括在组织内其合法的权利和隐私能得到保护。

第四节　危机管理的数学模型

5.4.1　什么是数学模型

每一个从客观世界中抽象出来的数学概念，数学分支都是客观世界中某种具体事物的数学模型。例如：自然数 1 就是具体的一只羊、一头牛等的数学模型；而直线就是光线、木棍等的数学模型。

即数学模型是对于现实世界的某一特定对象，为了某个特定目的，做出一些必要的简化和假设，运用适当的数学工具得到的一个数学结构。它或者能解释特定现象的现实状态，或者能预测对象的未来状态，或者能提供处理对象的最优决策或控制。[6]

5.4.2　数学模型的构成和作用

数学模型是通过对研究系统要素及其相互作用的数学结构描述，对概念模型的运行。数学模型由五部分组成。（1）外部变量（External variables）：它影响生态系统的外部性质，其中可以控制的变量称为控制变量（Control variables）；（2）状态变量（State variables）：它描述生态系统的状态；（3）数学方程（Mathematical equations）：它用来描述生物和自然过程及空间动态，表达外部变量和状态变量之间的相互关系；（4）参数（Parameter）：它在过程的数学表达中起系数作用；（5）通用常数（Universal constant）：通过大量案例研究确定的经验常数，不随时空尺度发生变化。[7]

数学模型可区分为8类：（1）用于表达一个系统的行为而不解释其因果关系的经验模型（Empirical model）；（2）通过系统的主要结构和功能要素来阐明一种过程的解释模型（Explanatory model）；（3）用于描绘某一时间系统特定现象的静态模型（Static model）；（4）通过微分方程来描绘状态变量的动态模型（Dynamic model）；（5）不包含随机变量的确定性模型（Deterministic model）；（6）包含随机变量且运行结果不定的随机模型（Stochastic model）；（7）有定解的分析模型（Analytical model）；（8）只有数值解的模拟模型（Simulation model）。在特定时空尺度下，为回答特定问题而构建的数学模型应该进行模型的内在逻辑性检验和模型行为的目标检验。

模型内在逻辑性检验的内容包括：（1）模型是否对真实系统的结构和功能关系给予了合理描写？（2）数学表达是否反映了最好的有效科学知识？（3）模型参数的估计是否合理？（4）时空尺度对模型的目的是否合理？模型行为的目标检验不仅要求模型的假设在逻辑上和经验上合理，而且不管是生态系统动态的空间预测还是时间预测，模型的结果都应该与实验数据一致。模型应当具有透明性，以便于模型的使用者认识模型所要解决的具体问题及模型模拟的时空尺度。

数字模型是通过融合各种时空尺度的各种来源数据，最终组成研究对象的每个点属性及其时空动态的数字化描述。多尺度信息融合模型和多源信息模型融合模型是数字模型的核心。多传感器信息融合方法在军事领域已得到了迅速地发展和广泛地应用。

20 世纪 70 年代初，美国研究机构发现，利用计算机技术对多个独立的连续声纳信号进行融合后，可以自动检测出敌方潜艇的位置，这一发现使信息融合作为一门独立的技术首先在军事应用中受到青睐，美国相继研究开发了几十个军事融合系统。进行 80 年代，研制出了应用于大型战略系统、海洋监视系统和小型战术系统的第一代信息融合系统，它们包括军用分析系统（TCAC）、多平台多传感器跟踪信息相关处理系统（INCA）、全员分析系统（PAAS）、海军战争状态分析显示系统（TOP）、辅助空中会战命令分析专家系统（DAGR）、空中目标确定和截击武器选择专家系统（TATR）、自动多传感器部队识别系统（AMSUI）和目标获取与武器输送系统（TRWDS）。90 年代研制的主要数据融合系统包括全源信息分析系统（ASAS）、战术陆军与空军指挥员自动情报保障系统（LENSCE）和敌态势分析系统（ENSCS）。

随着计算技术和地理信息系统的发展，许多算法的复杂性不再成为开发新型信息融合模型的障碍。新的融合方法将不仅仅局限于多传感器信息的融合和军事问题，它将具有更普遍的作用和意义。在生态领域，它将成为融合和高效利用遥感、采样、观测和统计等各种来源数据的重要方法。尺度问题是生态学界近半个多世纪以来一直高度重视的热点问题，并形成了一系列研究方法，但这些研究方法探讨的主要问题包括同一变量在不同尺度的变化情况、模拟现象对尺度的敏感性、不同现象与尺度的相关性、尺度对生态系统特性的影响和空间结构变化的尺度效应，而很少讨论多尺度信息的融合问题，多尺度信息融合模型则可实现各种空间尺度信息的融会贯通和高效利用。[8]

5.4.3 企业危机管理的数学模型

根据本书前面章节讲述了危机管理的主要内容，总结各种企业危机管的成功的经验和失败的教训，我们在此提供了我国企业危机管理的数学模型，希望能为我国企业进行危机管理时提供借鉴。

概括起来，企业危机管理的数学模型可以用五个方面来描述：
P= {B, A, S, I, U}

B：为企业或企业的管理者，是否能够独立决策，独立承担责任的个人或组织，他以最终实现自身利益最大化为目标。

A：为企业管理者在面对危机时，采取的各种策略，即面对媒体、面对公众、面对企业员工，企业自身内部危机的同时，所表现出的安全系数。

S：所发生危机的种类或者类型，以及危机所带来的伤害程度，企业的管理者对危机进行预测和应对的能力。

I：危机信息，能够影响最后危机管理结局的所有情报，如应对策略，态度问题，退让空间等。打仗强调"知己知彼，百战不殆"，可见信息在危机管理中占重要的地位，危机管理能够成功，很大程度依赖于信息的准确度与多寡。危机信息是危机管理中的重要信息，如果危机管理者对各种局势下所有危机状况完全清楚，危机管理的成功也就是水到渠成的事情了。

U：为公众或者消费者的态度，这是企业危机管理者最应该注意的一个问题，直接影响着企业的生存问题，如果忽视了消费者的心理研究，再完美的危机管理方案，也只是一纸空文。

不管在危机管理中是合作、竞争、威胁还是暂时让步，危机管理数学模型的求解目标就是使危机转化为机遇，使企业免受危机的打击，以获得更好的发展。

参考文献：

[1]《哈佛模式，公司危机管理》，邹东涛著，中央民族大学出版社，2003 年 2 月出版

[2]《如何进行危机管理》，许芳编，北京大学出版社，2004 年 5 月出版

[3]《危机管理》，罗伯特·希斯、王成，中信出版社出版，2001 年 1 月

[4]《水煮三国》，成君忆著，中信出版社出版，2003 年 7 月

[5]《领导力（第 3 版)》，【美】波斯纳、李丽林、杨振东著，电子工业

出版社出版，2004 年 1 月

[6]《战略领导：提高管理绩效的 5 阶段模型》，【美】弗雷德曼、特里戈、柏满迎、石晓军，中国财政经济出版社出版，2004 年 4 月

[7]《第五项修炼课程：学习型组织的应用》，【美】伯特·弗雷德曼，经济日报出版社出版，2002 年 7 月

[8]《执行力——没有执行力就没有竞争力》，【美】保罗、【美】大卫、白山，中国长安出版社出版，2003 年 8 月

第六章　应对危机与社会关系

　　一个企业的生命在激烈的竞争中显得越来越脆弱，随时都会受到死亡的威胁。许多红极一时的企业相继出现危机，在商战中纷纷落马，企业危机管理就是在这种形势下诞生的，它对于每一个发展中的企业都有着生死攸关的决定性意义。

　　面对危机，我们有很多种选择，每一种选择所产生的结果都是不一样的。有的企业处理得好，因祸得福，不仅成功的化解了危机，还赢得顾客的尊敬和信任，从而使企业做得更大更强；也有的处理不当，不仅失去了顾客，还使企业背上巨大的债务，濒临死亡的边缘。选择决定生死，因此企业在处理危机的过程中应镇定自若，三思而后行，把每一次选择都当成生死抉择。

第一节　正确处于与公众的关系

　　在当今社会，企业与消费者的力量对比之下，企业永远处于弱势。由于新闻媒体和监管部门的界入，企业任何一个微小的疏忽，可能都会导致无法挽回的灾难。消费者的投诉对于企业来说，如果处理得当，就会增加企业的美誉度以及消费者对企业的信赖感，成为提升企业形象的契机。如果处理不当，就会成为导火索，引爆潜伏的危机，加速企业的毁灭。

　　如产品质量、意外事故或公害等引起的有害于消费者利益的危机，就要站在消费者的立场上来思考问题，以消费者利益为重，主要应对办法有：

　　一、主动表态。公众不仅关注事实真相，更关注当事人对事件所采取的态度。事实上，90％以上的危机恶化都与当事人采取了不当的态度有关，比如：冷漠、傲慢、敷衍、或拖延。公众是企业经营活动的现有或潜在的对象。危机本身也许只涉及到很少

128

的一部分，但是潜在地会影响到所有的消费者，因为他们会据此重新判断企业产品或服务的价值问题。公众会积极地关注着企业公关的每一个举措，并做出反应和评价。因此，在危机发生后，企业应以最快的速度与受害者接触，冷静地倾听受害者的意见，向受害者道歉，给受害者以安慰和同情，诚恳地对待受害者及其家属，并积极查明事实真相，给各方以圆满的答复，履行企业的社会责任与承诺，并尽力做出超过有关各方所期望的努力。

二、倾听意见。把握公众的情绪，并设法向有利于自己的方面引导。不要和消费者争论. 永远不要和公众去辩论谁对谁错。

三、重视沟通。开通有效的渠道，与新闻媒体保持良好的合作关系，主动把自己所知道的和自己所想的，尽量展示给公众，不要试图去愚弄公众。否则会给人留下傲慢和不尊重消费者的形象。鼓励消费者把心中的牢骚、怨恨讲出来，减轻其心理负担，然后妥善而诚恳地道歉，平息其气愤的情绪，防止新闻媒体的人为炒作，避免使问题社会化，将危机消灭在可控范围。

1、开通消费者热线。与消费者沟通信息、接受投诉。倾听消费者的意见和建议，化解消费者的不满情绪，处理好来自公众的猜疑和批评。

2、通过新闻媒体说明事实真相，表明自己的态度与整改措施。

3、对消费者团体（如消费者协会等）及其代表。予以妥善接待，说明情况争取谅解与支持，防止激化矛盾，横生枝节。

4、面对面沟通，从而争取互相谅解的有利时机，一定要站在消费者的立场考虑问题，多听消费者的不满与苦衷，回答他们关心的问题，听取他们的意见，消除他们的疑虑，对其表示同情与安慰。

5、有分寸地让步，如果拒绝的话，要注意方式与方法。

6、做好善后服务。由企业领导人进行慰问与看望，并尽可能提供所需的服务与帮助。

7、应尽快处理投诉。消费者在长久等待毫无结果的情况下，必然会失去对企业的信任，转而寻找别的途径表达不满。

四、使消费者满意。我们会原谅一个人犯错误，但不会原谅一个人不承认错误。因此企业必须勇于承担自己的责任，赢得信任和同情。

1、在危机处理过程中，由专人与受害者接触。

2、了解和确认受害者的有关赔偿要求，向受害者及家属公布企业的赔偿办法和标准，并尽快落实。

3、如受害者家属提出过分的要求，要大度、忍让，切不可发生口角和争执。

4、公关人员站在受害者和企业双方的立场进行协调，争取对方的同情和理解。

消费者是企业能否生存下去的决定性力量，如果企业的产品获得了消费者的认可，企业的发展将会走向一个黄金大道，如果在危机中企业不能首先面对消费者，那么企业的唯一出路就是在市场经济的浪潮中沉没。让我们看看下面的事例。

35次紧急电话挽救企业信誉

一位美国记者到日本度假，并到商场选购了一套音响准备送给她东京的婆婆，在挑选完毕之后，营业员按照这个已经挑好的品牌到仓库取出货品并交给这位美国顾客。当女记者回到宾馆之后，打开一看，立即"花容失色"——买来的音响只是一个空心货样，只能摆着看看而已。对这种明显的欺诈行为，女记者撰写的《微笑背后隐藏的杀机》一文迅速出笼，并准备在第二天发送报社。然而，第二天早上她刚出门，这个商场的经理及营业员却出现在她的面前，首先送上一台真正的音响，外附送一张经典唱片，再就是一份书面的关于此事的备忘录。在这个备忘录里，记录了商场追踪这位女顾客的全部过程：营业员发现失误——电告各门口保安"堵截"此顾客未果——上报经理——从顾客遗漏的一张快递单据查出其父母的美国电话——再由此查出其在日本婆

130

家的电话——再查出其在本地所居住的宾馆。

一共 35 个紧急电话挽救了一场即将上演的"商场欺诈事件"，从这里我们可以看到企业人员，在处理即将到来危机时所具有的责任感。

发现问题后，营业员迅速意识到事情的严重性，并严肃对待而不是听之任之，等待顾客前来理论，她敏锐地采取行动，在"保安'堵截'未果"的情况下报告上级，经理也没有推诿，立即采取措施，想方设法寻找那位顾客，在"35 个紧急电话"之后终于找到了，从而化解了一场即将上演的危机。给人的感觉是"好险"，就差那么一点点，事态将难以收拾。此案例中，营业员和其经理都具有高度的危机意识和责任感，是企业将危机消灭在先兆阶段，取得事业成功的不二法宝。

雅芳危机管理中的不"雅"

几年前，上海某消费者购买雅芳产品给上初中的女儿使用。但女儿用后脸部发生红肿，眼睛成了一条缝，诊断为接触性皮炎。医院将病人所用雅芳化妆品进行了有关项目试验，结果证实其洁肤膏、粉刺膏均呈阳性。

该名消费者先后几十次去人去电到雅芳公司上海销售中心催促解决，但得到的答复都是要请示广州总部后再解决，甚至推托说要等保险公司赔偿，还抱怨消费者不该大惊小怪，"用了化妆品后皮肤起反应很普遍"。该名消费者投诉到上海消协，消协与雅芳公司约定三方当面解决。但三天后，雅芳公司始终没派人到场，以"没空，没必要"之类言辞来搪塞。

四个多月过去了，雅芳方面没有丝毫举动。万般无奈之下，愤怒的消费者将此事披露给上海某报，该报对此事进行曝光之后，引起强烈反响，一时间沸沸扬扬，雅芳公司的销售受到极大影响。

雅芳广州总部负责人亲自飞往上海，处理此事。经过一段时间四处奔波的劳累，耗费了巨大的人力、物力、财力之后，事情终于得到妥善解决，平息了众怒。

没有多大曲折，问题的处理很简单。然而就是这么简单的一件事，从2月到6月，历时四个多月，实际上若雅芳公司正确处理消费者投诉，此危机是完全可以避免的，大可不必到事态严重后才"慌了手脚"。虽然此事最终得以解决，但却在消费者心目中留下了挥之不去的阴影。

这件事告诉我们，问题出现之后，特别是与消费者有关的问题，企业应慎重处理，把平常喊的"消费者至上"口号贯彻到实际行动中，注意"24小时法则"，尽快处理投诉，把危机消灭在萌芽状态。以免消费者在长久等待毫无结果的情况下，失去对企业的信任，转而寻找别的途径表达不满。事发后，不要指望用时间来平息消费者的怨气，事实证明它只可能越积越多，所以抓紧时间寻找合理的渠道，解决消费者的不满情绪。"见面三分亲"，危机面前，企业一味的躲避消费者是非常不明智的做法。最好采取面谈的方式来协商处理问题。

SONY彩电："召回"风波

2003年7月底，索尼（中国）公司发布了一则《致索尼彩电用户的通知》函称，由于索尼有10款特丽珑电视机的零件有瑕疵，它们将在日本召回34万台"特丽珑"电视机。这是继索尼该月早些时候宣布在全球召回1.8万台Vaio笔记本电脑后又一因质量问题而大批量提供产品免费维修的事件。在中国市场，索尼公司并没有销售以上10个型号的彩电，但是在1998年1月至1999年6月间，索尼在中国生产的少量21英寸彩电有6种型号也使用了该类电容器件。如有中国用户发现以上型号的索尼彩电出现类似情况，索尼在华顾客服务机构将会负责提供"恰当的检查及维修服务"，"如因此为您带来任何不便，我们表示真诚的歉意"。

与"东芝笔记本电脑"事件相比，索尼中国公司在处理这次公关危机时显得临阵不慌，并主动出击，把可能扩大的危机尽量弱化，并正确地引导了媒体的舆论导向，避免了索尼在中国的品牌损伤。

有如下公关经验值得借鉴：

第一，积极与消费者沟通，争取主动性。索尼中国公司于7月29日在许多媒体都还不知情的情况下，主动在自己网站上公布了《致索尼彩电用户的通知》，把出现瑕疵产品事件的来龙去脉进行描述，并提出解决的办法。索尼此举与当年三菱"帕杰罗"事件中三菱公司试图置消费者利益和损失于不顾的态度形成了鲜明的对比，在整个危机公关的开始阶段以积极的态度取得了主动权。不妨设想，如果索尼不积极主动地披露产品问题而是被媒体曝光的话会怎样？

第二，指定新闻发言人，保证信息统一性与畅通。索尼很好地贯彻了这一思想，整个对外的声音只有索尼中国公司高级公关经理，保证了与媒体信息沟通的统一和畅通性。在回答媒体关于索尼彩电的"瑕疵"等问题时，该经理表现了公关人应具备的新闻及公关技巧，给媒体提供了一个可靠的信息源，使媒体尽可能获得全面的信息，避免了各类无根据猜测产生，挽回了形象。

第三，以真诚的态度面对消费者。索尼在致消费者的通知函中，虽含蓄却完满地表达了对消费者的"4R"公关原则[2]：遗憾（Regret）、改革（Reform）、赔偿（Restitution）、恢复（Recovery），即一个组织要表达遗憾、保证解决措施到位、防止未来相同事件再次发生并且提供合理和适当的赔偿，直到安全摆脱这次危机。索尼公司表达了对产品出现问题的遗憾和歉意，对未来的产品表达了革新，对出现问题的产品免费的维修等等，体现了一家跨国公司的管理风范和所应当承担的社会责任。

丰田："问题广告"事件

一辆"霸道"汽车停在两只石狮子之前，一只石狮子抬起右爪做敬礼状，另一只石狮子向下俯首，配图广告语为"霸道，你不得不尊敬"；一辆"丰田陆地巡洋舰"汽车在雪山高原上用钢索拖拉一辆绿色国产大卡车，其拍摄地址在可可西里。就是这两则丰田公司的广告，引起中国民众强烈的愤怒情绪。网友在新浪汽车频道、tom 以及 xcar 等网站发表言论，指出狮子是中国的图腾，有代表中国之意，而绿色卡车则代表中国的军车，因此认为丰田公司的两则广告侮辱中国人的感情，伤害了国人的自尊，并产生不少过激言论。2003 年底，越来越多的网民提出抗议。

危机发展及处理过程：

刊登"丰田霸道"广告的《汽车之友》杂志率先在网上公开刊登了一封致读者的道歉信，广告主丰田公司也及时承认了错误。

危机爆发后，日本丰田汽车公司和一汽丰田汽车销售公司联合约见了十余家媒体，称"这两则广告均属纯粹的商品广告，毫无他意"，并正式通过新闻界向中国消费者表示道歉。丰田表示，将停止广告刊发并通过媒体向公众道歉，并已就此事向工商部门递交了书面解释。

虽然"PRADO"在性能上是一款不错的车，但由于广告激起了国人的反感，"PRADO"在中国推出以来销售一直不景气，第一年销量只有 2000 多辆。2004 年 10 月底丰田公司把"路霸"更名为"普拉多"，希望借此抹去一年来霸道广告风波的负面影响。

面对危机，丰田公司首先向消费者致歉并说明主观无过错。以高规格的领导层召集新闻媒体进行座谈，并自始自终通过媒体向中国消费者道歉，公司采取相应措施，以坚决杜绝类似事件的发生，希望在最短的时间取得消费者的谅解和信任。这在感情上已经有了取得媒体和公众的谅解的可能。其次，立即停止广告刊登。这样可以防止广告的辐射范围的进一步扩大，更体现了丰田"知错即改"的言语是真诚的。另外将"路霸"更名为"普拉多"，虽然更多地是出于经济的考虑，但也间接的表明了丰田公司对危机的重视及面对危机时的谨慎态度，这一点是值得企业学习的。再次，不是推脱而是主动承揽责任。"我们是广告主，我们要负责任"。在公布初步调查问题发生原因是程序上出错的同时（"这两则广告是一汽丰田和盛世长城两公司决定的，事先并没有征求丰田汽车中国事务所意见。我们以前每则广告都要征求丰田事务所的意见，但这次把这道程序给落掉了，这是我们的失误"），并没有把责任推给广告服务商。在表达歉意并愿意承担责任之后，丰田公司表示，两则广告的创意其实都是中国人设计的。这样一来，事情背后的情况就容易被人接受。如果他们一开始就把责任推到负责创意的中国人身上，效果可能截然相反。

进入21世纪以来，跨国企业问题不断，这不仅与世界经济全球一体化有关，还与各跨国企业的素质有关。由于可选性的增多，消费者对企业提出了越来越高的要求，这就要求各跨国企业不仅要提供高质量的产品和高规格的服务，还应建立与企业实力相匹配的规范管理流程，注意收集产品推广地的信息，以免触动该地民众的禁忌，造成不必要的损失。

英特尔奔腾芯片事件

1994年，英特尔公司推出最新一代的奔腾处理器，同时为宣传此产品及改变企业形象花费巨资在全球打出"Intel InSide"的广告，与可口可尔和耐克并肩成为人所共知的广告。

危机起因：轻视产品的瑕疵

一位大学教授发现，奔腾芯片在浮点运算上存在问题：在90亿次除法运算中可能出现1次错误。于是他联系英特尔公司，报告了他的发现。但公司对其产品极有信心，竟然礼貌地回绝了教授，于是这位教授转向因特网去求证他的疑问，结果在网上引发了近万条讨论，其中包括大量对英特尔尖刻的嘲讽。对此，英特尔公司根本不当回事，认为这是小题大做，因为即使那些经常遇到浮点运算的用户在使用该程序时每27000年中才会遇上一次计算错误。这比芯片出其它问题的概率要小得多。但是媒体和公众却没有就此罢休，认为英特尔贪得无厌、专横傲慢，没有解决问题的诚意。互联网上的有关评论立即引起了商业媒体的注意，之后的一周内，这些评论几乎成了所有主要媒体的头条新闻，问题日益恶化，业内的主要个人电脑厂商如IBM开始停止交付装有英特尔芯片的个人电脑，总裁及高管们的电话铃声不绝于耳，人们从各个角落前来询问情况，主流媒体步步紧逼——公司不得不暂处于防御地位。

危机发展及处理过程：

英特尔总裁安迪·格鲁夫面对群情激奋的用户，经过仔细分析意识到，试图从技术的角度来对抗消费者是徒劳的和危险的。最后，英特尔不再做技术上的解释，而是宣布为所有要求更换芯片的用户更换芯片。为此，英特尔整整花费了5亿美元。但实际上，只有1－3%的用户真的换了芯片。其实，人们并非真的要更换芯片。他们只要知道他想换就能换就行了。

开始时英特尔将公共关系问题当成了技术问题来解决，忽略了用户的感受，因此四面楚歌、举步维艰。但意识到问题的症结所在之后，英特尔迅速改变了策略，以用户要求为重，最终公司不仅成功走出了"包围圈"，还提高了声誉、巩固并重塑了市场信心与信誉、稳固并延伸了客户群，从失利的边缘赢得了胜利。

由此案例，我们可以知道：

1、成名的企业要有质量过硬的产品，否则一旦出现问题，客户、媒体便绝不会放过它们，因为"名牌"是公众对其信赖的代名词。

2、企业已没有资格评价自己产品的优劣，用户是否感到满意并不仅仅取决于数据，而更取决于企业对消费者的态度。

3、积极听取消费者的意见。英特尔总裁安迪告诫所有企业的高层主管"不能成为得知真相的最后一人。总裁如果稳坐在固若金汤的宫殿之中，外界事情发生，必须过五关斩六将才能传达到他耳朵里，那才是最可悲而无法挽救的危机。"在谈到这次危机处理的教训时，他还说："我们所有的人，都必须亲自去接触变化的风向，要深化我们的客户，不论是那些忠诚客户还是已经失去的客户；我们要深入到基层员工中去，鼓励他们告诉我们一些真实情况；我们还要主动征求那些评论我们职业的人，如记者、金融界人士的意见，关注竞争对手的发展趋势。"

4、成功的企业需要更为强烈的危机意识，企业在发展壮大的时候也要注意其危机管理体制的发展是否跟得上企业整体的发展步调。

现代城夏天的味道

几年前，许多客户入住现代城后，发现屋子里有一股尿的味道，发展商经过仔细调查，发现是由于在冬季施工的时候水泥里都放一种添加剂，它在夏天的时候会释放出氨气，从而使整个房间几乎成了WC。100多家业主集体要求发展商给予一个妥善的解决方案。北京青年报等媒体迅速曝光此事。

危机的处理及影响：

发展商负责人潘石屹立即发表公开声明：解释缘由，愿无条件退房，并返还双倍同期银行利率，同时向业主写信诚恳道歉。反应之快，姿态之高，赢得了舆论的好感，最终平息了众怒。

经此一事，现代城的名声大噪，潘石屹的"连本带息无理由退房"的做法在社会引起了很大的轰动，一拨又一拨的客户涌向现代城。一场原本重大的销售危机就这样转变成了机会。

怒砸大奔与驴拉宝马

2000年12月19日，某车主购买了一辆奔驰跑车，开了不到一年，却修了五次，向奔驰公司提出退车遭拒后，愤怒的车主用一头水牛把这辆奔驰车拉到武汉森林野生动物园内砸掉，一时间全国轰动。无独有偶，2004年9月，林先生因为所购宝马车故障太多，屡次返修不得其果，而宝马公司对其要求漠然置之，车主一怒之下用3头毛驴拉着自己的宝马车游走北京街头。

危机的发展及处理：

在发生怒砸奔驰、驴拉宝马之前，消费者都曾经向媒体投诉过相关问题，但由于奔驰、宝马公司在中国的影响力，一般媒体并不敢轻易曝光。后随着事件的升级，产品危机演变成企业危机，原先对事件采取观望态度的媒体，开始对事件进行报道。一家开头，其他紧紧相随，星星之火即刻成为燎原之势，小小的汽车故障事件，变成了全国性的热烈讨论话题，从产品问题演变成企业危机，最后甚至上升到民族情感的高度，更是引来对奔驰、宝马的口诛笔伐，最后奔驰、宝马迫于压力，不得不花费力气去处理舆论危机。

作为企业，当危机来临时，平息众怒至关重要。企业必须重视：积极与消费者沟通，聆听其意见，平息其怒气。否则，消费者必然寻找其它途径来发泄其愤怒，给企业带来更大的经济损失不说，还可能导致企业形象一落千丈。

第二节　正确处理与媒体关系

在企业危机管理的一系列环节中，媒体起着举足轻重的作用，它会使你的企业陷入危机的困境从此一蹶不振，也会使你的企业及时从危机中彻底解脱，同样是和媒体的相关的事情，却出现了两个截然不同的结果，这就是处理好与媒体的关系的重要性，下面的例子足够说明问题。

"巨能钙含有双氧水"事件

2004 年 11 月 16 日，《河南商报》以《消费者当心，巨能钙有毒》为题，披露巨能钙含有致癌作用的工业用双氧水，引起舆论喧哗，大小报章和网络媒体纷纷转载，药店纷纷撤货，消费者更是惊惧不已，危机很快从河南升级到全国范围。

危机发展及处理过程：

11 月 18 日，巨能公司回复记者，承认巨能钙含有微量双氧水，但不会对人体有危害。

11 月 19 日，巨能公司在北京召开新闻发布会，强调巨能钙虽含有微量双氧水，但属于安全范围之内，要求国家权威部门和有关专家再次就其"有毒无毒"进行评价。同时指出此事件起于恶意攻击，并将追究《河南商报》混淆视听、不实报道之责。当晚，《河南商报》予以坚决回应，称销售受损是巨能公司咎由自取。

11月20日，巨能公司总裁李成凤与巨能公司总裁办副主任谢华做客新浪聊天室，就双氧水事件回答网友提问。

11月23日，中央电视台经济信息联播播出了巨能公司负责人当着记者的面大吃巨能钙的节目，同时还传达了巨能要起诉有关的媒体的信息。

屋漏偏逢连阴雨。该日下午，一位知情人王先生向媒体披露巨能钙涉嫌用工业双氧水代替食用级双氧水。王先生透露，1996年巨能钙公司刚成立时，其食用级双氧水的原料来自于天津东方化工厂，当时食用级双氧水的市场价格为3800元/吨。1997年下半年，食用级双氧水价格涨到6000元/吨。此时，巨能钙公司考虑到生产成本，选择了河北沧州大化集团有限公司生产的工业双氧水，因其浓度跟食用级双氧水浓度差不多，但价格相对较低。

11月26日，巨能公司在各媒体发布致消费者的道歉信，对于此次风波对消费者所造成的影响和不便，表示诚挚歉意。同时，巨能公司"恳请消费者对巨能钙产品继续给予支持，耐心等待政府权威部门的评价结论"。

巨能公司在这封道歉信中称，将全力配合国家主管部门的有关调查工作，耐心等待最终报告的结果。公司尊重消费者退货或继续使用的决定，针对部分消费者提出的疑虑，公司开设了24小时咨询热线电话。针对依然存有疑虑的消费者建议其考虑暂时停用。此外，巨能公司在信中还表示，其产品在生产之初就通过了国家各部门严格的审批，产品质量标准都严格遵守国家有关部门确定的产品标准，并先后获得了中国医学会、中国科学技术委员会等大批权威机构的认可。

12月3日，卫生部通报就"巨能钙含过氧化氢"一事进行的调查结果。通报称，按照巨能钙的推荐食用量，产品中的过氧化氢残留量在安全范围内。从北京市药监局和天津市卫生局的监督检查情况看，目前尚未发现巨能钙生产企业存在违法行为。

但是市场的反应表明，虽然卫生部一锤定音，巨能钙终于一洗沉冤，但已经丢掉了人心，丢掉了市场。

危机出现后，巨能公司承认巨能钙含有双氧水，但坚持认定巨能钙无害，并采取了积极的危机处理策略，包括积极配合媒体问询，举办新闻发布会主动与媒体沟通，公司高层频频在媒体中露面等等，从危机管理的流程上看，巨能公司做到了反应迅速，举措有条不紊。而且在面对媒体的时候，巨能公司准备得非常充分，有问必答，总裁担当第一新闻发言人，表明公司的重视程度，开通24小时热线，及时与消费者沟通等这些都是一些可取之处。

但是，其危机公关显得过于浮躁和急功近利，其中败笔如下：

第一，快速反应是危机管理的原则，但在没有制定正确策略情况下的快速反应则可能使事态进一步恶化。在没有权威部门监测结果出台的情况下，过多的自我辩解不但给人心里有鬼的印象，也给了媒体新的炒做题材。结果是巨能钙含双氧水的消息越传越广，而不是无毒的消息。

第二，迟到的致歉信：忘记了企业的核心价值观。直到事发十天后，由于担心事态的进一步失控，巨能公司才向消费者致歉，并建议停用。而实际上在危机发生后，消费者早已停用巨能钙。

第三，指责《河南商报》，并威胁要付诸法律的做法实在不妥，这完全违反了在危机事件中要尊重每一方的发言权的问题。而且，随着《河南商报》的反击，又掀起一轮媒体炒作，《河南商报》提出的有毒证据也随之传播开去。在危机发生后，企业不要自己整天拿着高音喇叭叫冤，而要请重量级的第三者在前台说话，使消费者解除对自己的警戒心理，重获他们的信任。

第四，网络聊天是错误的时机和错误战略。用聊天的方式来处理如此重大的事件，显得极不严肃；都是公司自己人在自圆其说，缺乏公信力和可信度；正因为有了这次聊天，才有了《郑州晚报》以《巨能钙事件疑点重重郑州市场销售几乎停顿》为题的质疑。

第五，为了表明自己的产品无毒，巨能的负责人面对记者吃巨能钙。不仅有失身份，还使其企业形象在公众眼中大打折扣。

第六，不承认农业部农产品质量监督检验测试中心的评测结果，虽然巨能公司的说法也可以说得过去，但随即表示钙片确实含双氧水，这无疑是承认了前者的结果，与其这样又何必多树一个对立面呢？

总之在整个事件处理中，"巨能钙"使尽了浑身解数控制事态，但由于缺乏科学的应对战略及专业人士的指导，整个给人的感觉是"想说体谅你不容易"。

长虹：海外"受骗"风波

2003年3月5日，《深圳商报》刊载了《传长虹在美国遭巨额诈骗，受骗金额可能高达数亿》一文。文章称，长虹在美国遭遇巨额诈骗的消息在业内传播很盛，似乎已成为不争的事实，报道称长虹受骗已惊动了外经贸部。该报记者对此传闻还进行了多方求证，感觉事态确已严重。尽管在当晚长虹进行一系列的危机公关，对《深圳商报》的"报道不实"进行了"澄清"，但危机还是来了，让人措手不及。

危机发展及处理过程：

3月6日股市开盘刚一个小时，四川长虹就遭受了突如其来的巨量抛售，股价上演高台跳水，到收盘时股价下跌4.22%，成交2600多万，甚至影响了大盘的走势。此后数天内，国内各媒体开始对"长虹在美国遭巨额诈骗"事件的各种角度的追踪报道，形成一边倒的声音。

在危机爆发的当天，长虹就及时提供给各大媒体一份声明，并在危机发生后的第一时间展开一系列的政府公关、媒体公关、公众公关。在展开政府公关的过程中，长虹依靠与政府的良好关系，让绵阳市委出面说话，使《深圳商报》在显要位置就《传长虹在美遭巨额诈骗》进行了澄清，同时长虹公开声称将保留采取法律途径解决"被诈骗"事件，并邀请律师通过网站和其他途径向股民说明可以通过法律途径向"误报"媒体索赔损失等。

长虹在看似突如其来的公关危机中反应是迅速的，在寻找到危机产生的根源后于当日晚即展开了一系列的危机公关举措。这些措施体现了危机公关处理应该具备的及时性、全面性的原则。"及时提供给各大媒体一份声明"，防止了负面信息的扩散；展开一系列的公关，使危机给企业造成的损失减少到最低；政府"出面说话"，起到了积极的效果；公开表明自己坚定的态度，则稳定了股民的信心。纵观长虹对此次公关危机所采取的措施，基本上是围绕着防止负面消息扩散——提供正确的消息——发表权威说法——改善形象——提升形象这一条主线进行，脉络比较清晰。

但是，长虹在处理公关危机方面也有不少败笔。总结起来有这样几点值得反思：

首先，危机管理不到位。对于一个企业来说，建立公关危机的预警机制是非常重要的，最好最完善的危机公关是把公关危机"扼杀在摇篮中"。但是由于长虹内部管理的混乱以及工作人员的责任心不强，缺乏全员公关意识等因素的存在最终导致危机爆发。

其次，媒体关系不和谐。作为国内知名的大企业，长虹在媒体的沟通上却没有与大企业的身份相匹配和协调起来。长虹"遭诈骗"被报道后，国内各大媒体开始了大规模跟风和炒作，除了给沉寂已久的家电市场增添几分热闹之外，更多的是反衬出长虹与媒体的关系不和谐。尽管一些媒体对长虹"遭诈骗"事件听取了长虹方面的意见，并就此做了分析，但就总体而言，大部分媒体在对长虹的报道上对长虹本身是极为不利的。

太子奶："不要成为焦点"

2004年10月上旬，中国最有影响力的政经类媒体之一《南方周末》以整版篇幅刊发了题为《太子奶缘何擦改生产日期》的文章，批露湖南省株洲市质量技术监督局执法人员，在湖南太子奶生物科技股份有限公司的遭遇：太子奶公司将已过期和即将到期的奶制品擦改生产日期后再返销给消费者，执法人员在执法时遭到阻扰、围困、谩骂和威胁！而如此严重的作假行为，虽在半年前已被质监部门查出，但重重阻碍之下，至今也未受到应有的处罚。

危机发展及处理过程：

事件发生后，太子奶并没有大张旗鼓地去向《南方周末》发函，而是私下和《南方周末》达成了和解。同时和各媒体逐一沟通，要求不要再炒作，并要求各网站将相关新闻及案例分析文章删除。结果很快各媒体都保持了沉默，没有再跟进深挖，而几天之后，在 GOOGLE 上面已经找不到一条有关太子奶的负面新闻了。

危机爆发后，公众往往表现出以下特征[3]：一是强烈关注。二是情绪化，对于媒体的信任度远高于对企业的信任。三是"宁愿信其有，不愿信其无"。

很显然越是被关注，危机对于信誉和品牌的破坏就会越强烈和深远。"不要成为焦点，不要成为谈论的话题。"无疑是太子奶的成功之处。

然而，因企业自身问题而产生的危机，第一次措施得力或许可以安然度过，第二次就难说了。商海泛舟不进则退，大浪淘沙弱者出局。作为想长期发展的企业，积极治疗阻碍其发展的顽疾，改善产品质量、提高员工素质、诚信守法才是可持续发展之道。

第三节　正确处理与政府关系

政府在企业的发展过程中总是充当一种保护神的角色，出台的政策大部分是以实现企业和消费者"双赢"，因此企业适应政府的政策，与政府搞好关系是非常重要的。

家乐福："进场费"风波

2004 年 6 月中旬，由洽洽、阿明、正林在内的 11 家知名炒货品牌，通过炒货行业协会在上海与家乐福叫板。把家乐福再度被推到了风口浪尖。此后，炒货风波"跨"出上海，南京家乐福也遭"讨伐"。随后又以家乐福低价搅局惹恼春兰空调，并提出要给家乐福高达5万元的重罚。

面对风声迭起的形势，家乐福并没有采取积极行动，而是一味强调，"应该用事实说话，大家可以来家乐福看看，我们的货架是满的"。一再推卸责任，并开始挑对方毛病。一时，国内数百家媒体对家乐福一致"声讨"。

家乐福在本土化上可谓颇费了一番工夫，选址、进货等方面都考虑到中国人的需求。然而其在危机管理方面却没有相应的对策，从而导致企业陷入危机的"泥潭"而不能自拔。其失败原因主要是轻视政府公关

作为世界著名超级零售巨头的家乐福在中国对政府公关上似乎一直是个"门外汉"。据路透社2001年2月报道，中国经贸委官员表示，法国零售商家乐福在中国开设的分店都只得到了地方政府的审批，而违反了有关合资公司在中国开设的连锁店须经中央政府许可的规定。《金融时报》更进一步指出，中国政府已经开始对家乐福采取整改措施。在这个事件里与其说家乐福对中国市场的相关法律的"忽视"，还不如说是其政府公关的失败。如果将整个事件向政府陈述与沟通，取得支持与谅解，各方的"剑拔弩张"的局面就会得到平息。

参考文献：

[1]、[3] 游昌乔. 危机! ——中国危机管理15年（1990. 2004）之公众公略. 原名刀尖上的舞蹈——危机管理. 2004. 11

[2] 叶秉喜. 庞亚辉. 2003年度十大企业危机公关——索尼彩电的危机公关. 第1营销网. 2004. 1期

[4] 杜建华. 饭店管理概论 [M]. 北京：高等教育出版社 2003. 12

第七章　企业危机管理谋略

一个企业需要建立危机事件的应变机制，这是毫无疑问的。一套完善的危机处理机制，在危机发生后，可以迅速启动，以保证企业的正常经营，把危机可能造成的损失降到最低。而事实上，截止到现在，许多的跨国企业和国内知名企业如：雀巢的碘超标事件；肯德基的苏丹红事件以及光明牛奶的返厂加工再销售事件都使一个又一个的知名企业严重的陷入到企业的危机中。

在看到一个有一个的企业危机的出现以后，应该回想，自己的企业将这样的危机管理放在什么样的位置，有没有对建立相应的危机管理体系呢？在此我们把企业危机管理某略分为危机预防法和危机化解法来分别叙述。

第一节　危机预防法

7.1.1　企业要树立危机意识

在众多的危机事件重复出现以后，我们为发生这样事件的企业感到惋惜和痛心，惋惜他们辛辛苦苦建立起来的品牌最终还是被自己搞砸了，痛心他们很多方面都比较优秀，为什么不将企业的危机管理控制好。在这样的情况下，个人认为要杜绝和减少这样的事件出现后给企业带来的损失，需要做到以下几点：

一、老板树立危机意识

企业老板在做出任何一项决定的时候，需要分析会给企业带来什么样的危害，关注他的优势、劣势、机会和威胁，紧盯"威胁"。确定给企业带来的伤害是暂时的还是潜在的。做到心中明明白白，尽量清楚威胁点，不要含糊的只知道有威胁，但是不明白究竟会造成什么样的威胁。

构建团队危机意识，也许某个危机的隐藏存在，但是老板、管理者没有发现，但是企业的某个员工却能及时的发现。要提倡员工敢于将企业内存在的危机大胆的讲出来，哪怕他讲的严重违反了老板的意愿，哪怕是错误的，都必须认真的倾听，并加以鼓励，树立团队的危机意识。

二、及时解决危机的意识

在发现危机以后必须及时将还处在萌芽状态的危机解决，处理掉。不能采取拖的方式，让其自由发展逐渐扩大。

三、理清危机思路的意识

企业的有些危机的出现不是因为发现危机没有及时解决，也不是因为不知道是危机，而是企业放自己因为利润或者其他的原因，自己创造的危机。比如向有些的企业为了降低成本，提高市场竞争力，就采取不正当的方式来盲目的降低成本，但是最后给企业带来的却是致命的伤害，多年的品牌经营在消费者的心目中一朝尽失。

以上三点讲点再多，最终一点还是企业方在做出一项决定的时候，自己要明白，利于弊的关系，究竟谁才是最为重要的。

7.1.2 资源上提早准备

要让一个企业的危机管理机构发挥最大的作用，就必须做好思想和资源上的双重准备。在前面，我们已经对心理方面的准备进行了论述，企业应该树立强烈的危机意识，并理解危机管理对企业的重要性。对企业来说，成功地处理、消除危机，还必须拥有资源上的准备。这种资源上的准备总体来说不外乎两种，纯物质上的资源准备和人力资源的准备。对企业来说，人力资源上的准备更加重要。危机是由人来处理的，人是危机中最有效率的资源。这就需要企业在平时长期地对员工进行教育和培训，增强员工的危机意识、临危应变的救防能力和危机预防与处理的专业知识，以便在危机发生之时，可以迅速找到合适的人员，让其立即进入角色，迅速地对危机做出反应。

7.1.3 建立预警系统

危机是由于不确定性的大量存在而引起的,具有相当强的突发性和偶然性。冰冻三尺非一日之寒,危机突然爆发的背后总会有一个从端倪到爆发的变化过程,总会表现出来一些征兆。这时建立起一套规范、全面的危机管理预警系统就显得极其重要。当预警系统发出警告后,企业可以及时地采取防范或补救措施,完全可以避免危机的发生或使损害和影响尽可能减少。

1、一套完善的危机预警系统是很必要的,这可以保证对收集的信息进行有效、真实的传递,也便于监管者及时做出反映。而按照不同的部门对信息进行收集,可以充分利用不同部门的长处。

2、当信息收集完成后,下一步工作是对信息进行判断和处理,即对监测得到的信息进行鉴别、分类和分析,对未来可能发生的危机类型及其危害程度做出估计,必要时发出危机警报。

3、预警系统是否有效还取决于两个方面。一个方面是企业的管理人员,另一个方面是具体执行的员工。有效的预警系统要求企业管理人员有敏锐的洞察力,能根据日常收集到的各方面信息,及时做好预警工作,并采取有效的防范措施。与之相配合,具体执行的员工也应该提高对预警正确反应的能力,配合管理者做好工作。

7.1.4 制定危机管理计划

企业不能有丝毫鸵鸟心态,认为危机绝不会降临到我们的头上。与其抱着侥幸心理去消极面对,还不如制定切实的危机管理计划,化被动为主动。

危机管理计划是危机管理的指导方针。[1]

制定危机管理计划的原则:

1、危机管理计划必须是具体的、可以操作的,不应该有任何含糊之辞。

2、危机管理计划必须保持系统性、全面性和连续性,应明确所涉及组织及人员的权利和责任,对人员进行有效配置,做到事事有人管,人人有事做,从而使企业全体成员在危机来临时都能够迅速找到自己的位置，发挥主观能动性……如果危机管理计划体系混乱，杂乱无章，相关人员就会反应迟钝、迷茫无助或混乱不堪。

3、危机管理计划必须保证其灵活性、通用性和前瞻性。由于企业所处的环境瞬息万变，加之危机发生时的情形充满未知，因此危机管理计划不能过于僵化和教条，不要把重点放在细节上，不要把精力放在描述特定的危机事件。从而确保企业在遭遇没有预知的紧急状况下，能够在遵循总体原则的前提下，采取针对性的策略和方法。

4、危机管理计划的制定应该是全员参与的，应该是决策者、管理者及执行者精诚合作的结晶。没有决策者的重视，或者执行者的积极响应，危机管理计划只会成为漂亮的摆设。因此应促使危机管理计划的实施者对计划了如指掌，从而在思想上、认识上有机地统一起来，完美地将危机管理计划付诸实施。

5、危机管理计划的制定应建立在对信息的系统收集和系统传播与共享的基础上。负责制定和实施危机管理的人员应充分了解企业内部及外部的信息，并及时充分地沟通。同时应和相关利害关系（如政府部门、行业协会以及紧急服务部门等）各方加强联系。企业如果没有系统地收集制定危机管理计划的信息，就会在制定危机管理计划时顾此失彼，漏洞百出。

6、对细节给予最认真的关注。细节成就完美。任何一个细节的疏忽都可能导致灾难性的后果。任何人都必须从根本上认识到，他的一举一动都事关公司的声誉和未来。

7、应有标准的报告流程和清晰的业务流程。从而确保信息及时充分地沟通以及危机反应计划能迅速有效地实施。

8、应有轻重缓急，主次优劣的区分。首先对危机管理的目标应有优先序列，同时对系列的危机也应先应先急后缓，先重后轻。

9、必须有危机管理的预算。危机管理预算和营销预算同等重要，制定危机管理计划必须根据自身的人力、物力、财力资源为基础，而不能以危机事件的种类为依据，否则危机管理计划只会成为水中月，镜中花，没有任何现实意义。

10、为保证计划的有效性，应定期对计划进行检查及更新。最好的危机管理计划是能够解决问题的计划。制定好危机管理计划后，并不是万事大吉，束之高阁，而是应定期组织外部专家及内部责任人员定期进行核查和更新，否则就可能发生用过时的军用地图去制定作战方案的悲剧。

一份完整的危机管理计划书应包括以下三个部分：[2]

一、序曲部分：

1、封面：计划名称、生效日期及文件版本号

2、总裁令：由公司最高管理者致言，并签署发布，确保该文件的权威。

3、文件发放层次和范围：明确规定文件发放层次和范围，确保需要阅读或使用本计划的人员能够正确知悉本计划的内容。同时文件接收人应签署姓名和日期，以表明对本计划的认可。

4、关于制定、实施本计划的相关管理制度：包括保密制度、制定、维护和更新计划的方案、计划审计和批准程序以及启动本方案的时机和条件。

二、正文部分：正文部分通常包括的内容：

1、危机管理的目标和任务：主要是对建立危机管理体系的意义、在企业中的地位和要达成的目标进行描述。

2、危机管理的核心价值观和企业形象定位：这是企业进行危机管理的纲领。强生公司在"泰诺"中毒事件中成功的关键是因为有一个"作最坏打算的危机管理方案"。而这一危机管理方案的原则正是公司的信条，即"公司首先考虑公众和消费者的利益"。这一信条在危机管理中发挥了绝定性的作用。

希尔顿饭店为长远发展订下了两条原则：一是顾客永远是对的；二是即使错了，请参看第一条。希尔顿把顾客摆到了绝对没有错误的位置上，真正体现了消费者至上的理念。

3、危机管理的沟通原则：危机管理的核心是有效的危机沟通，是保持对信息流通的控制权。危机管理的沟通原则包括内部和外部沟通原则，为危机管理的沟通定下基调。

①员工沟通原则

②对受害者的沟通原则

③对公众的沟通原则

7.1.5　建设企业成功危机管理的要素[3]

所谓"危机"都是无法预测的事件，但无法预测并不意味不能准备。

不同的危机处理方式将会给企业带来截然不同的结果。在主观上和客观上对危机有足够的准备，企业做到冷静应对、及时处理，通常能够化险为夷，甚至因祸得福。而不成功的危机处理则会将企业置于不利境地：公共形象受损、经济损失巨大、员工信心动摇、客户和业务伙伴流失等等，甚至为企业带来灭顶之灾。

对于当代企业来说，成功的危机管理包括三个关键因素：

①制度化、系统化的危机管理组织和业务流程；

②企业高层领导的重视和直接领导；

③良好的信息系统支持。

以下就这三个因素展开论述：

一、危机管理制度化

企业内部应该有制度化、系统化的有关危机管理和灾难恢复方面的业务流程和组织机构。这些流程在业务正常时不起作用，但是危机发生时会及时启动并有效运转，对危机的处理发挥重要作用。这样一来，一旦危机出现，各部门、机构、员工知道做什么、说什么，而不必依靠某一个关键人物的急中生智力挽狂澜。

在危机发生时，一个企业要照顾的方方面面何其多、要处理的工作何其繁杂，而这一切都需要在极短时间内完成。如果事前没有周全的计划、能够立即付诸实施的制度和流程、能够立即投入角色并展开工作的人员，则可以预见，在危机发生时反应迟缓、内外部混乱都将无法避免。

国际上一些大公司在危机发生时往往能够应付自如，其关键之一是制度化的危机处理机制，从而在发生危机时可以快速启动相应机制，全面而井然有序地开展工作。在这方面，天津史克面临康泰克危机事件时的沉着应对就是一个典型的危机处理成功范例。

企业业务规模越大，危机造成的损失就可能越高，危机处理工作的难度也越大。因此大公司特别需要制定一整套全面、系统、可操作的危机管理制度和处理机制，以备不测之需。

那么企业如何做到危机管理制度化？

总结许多国际大企业的成功经验，如下几点特别值得借鉴，即成文的危机管理制度、有效的组织管理机制、良好的人力资源储备和具有危机意识的企业文化。

危机属于非常事件，企业无法按照现有制度来应对，必须事先拟订成文的有关危机事件的处理程序与应对计划，从而保证在危机发生时全体员工遵守共同的处理原则和方法，避免发生管理混乱。

危机管理需要有效的组织保障，即确保企业内信息通道畅通、信息能得到及时反馈、各部门及人员责权清晰、有专门的危机反应机构和专门授权。从而当一旦发生任何危机先兆均能得到及时的关注和妥善的处理；而在危机处理时这种组织保障的有效性将更加明显。

在业务流程方面，企业可以针对可能发生的危机进行流程"再造"。例如德勤咨询曾经协助北美一家大型汽车公司对90个业务流程进行危机相关分析，对其中的30个"至关重要"的业务流程就可能发生的重大危险进行重新设计，使这些流程不仅能满足企业正常运作时的要求，而且能够承受可能发生的一些重大危机，或者可以在危机时进行快速灾难恢复。

企业在资源方面也应进行相应储备以进行危机处理准备，特别是人力资源方面。由于对参与危机处理人员的素质要求很高，不仅需要企业内部的人力资源保证，还需要借助外脑进行危机处理，包括公关顾问、管理顾问、财务顾问、政府官员等等。

如果不提前对此进行准备，则在危机发生时很难找到合适人员，甚至可能严重影响危机处理效果。

当然，以上这些制度化的先进经验都需要企业具有"危机意识"。在当今这个充满变化和不确定性的世界，危机可能随时发生，并可能对一个公司产生致命影响。因此好的企业应该在其企业文化中注入一定的危机感，使员工对危机有合理的心理准备。这种心理准备可以通过系统化的培训、研讨会和危机处理演习等来逐步培养。

企业高层的重视与直接参与

无论是危机预防还是处理，企业最高领导对危机的重视和直接参与都极其重要，如果领导人意识不到其重要性，则一旦危机发生很有可能会对企业造成灾难性的打击。这一点在中国表现得尤为突出。

由于中国企业更多趋向于人治，企业高层的不重视往往直接导致整个企业对危机麻木不仁、反应迟缓。这首先表现在这种企业缺乏良好的预防措施和手段，因而不能有效预防可能发生的危机；其次危机发生时，企业各部门反应迟钝，延误战机。

企业高层的直接参与和领导是有效解决危机的关键。担任危机领导小组组长（或称为"首席危机官"）的一般应该是企业一把手，或者是具备足够决策权的高层领导。因为危机处理工作通常是跨部门、跨地域的，不仅会对许多正常的业务流程和企业政策进行改动，还要及时进行信息与资源的调拨分配。这种跨部门的工作是任何一个部门性管理人员都无法胜任的，而必须由能够支配协调各个部门的领导出面才能够"摆平"。

危机处理工作对内涉及到从后勤、生产、营销到财务、法律、人事等各个部门，对外不仅需要与政府与媒体打交道，还要与消费者、客户、供应商、渠道商、股东、债权银行、工会等方方面面进行沟通。如果没有企业高层领导的统一指挥协调，很难想象这么多部门可能做到能口径一致、步调一致、协作支持并快速行动。

信息系统日益重要

随着信息技术日益广泛地被应用于政府和企业管理，良好的管理信息系统对企业危机管理的作用也日益明显。

信息系统作为预警机制的重要工具，能帮助在苗头出现早期及时识别和发现危机，并快速果断地进行处理，从而防患于未然。在危机处理时信息系统有助于有效诊断危机原因、及时汇总和传达相关信息，并有助于企业各部门统一口径，协调作业。

良好的畅通的信息系统可以帮助政府做出正确的决策，避免猜测和谣言带来的社会不稳定，保证关键物资的充足供应，从而最大程度地减少危机造成的危害。

1、建立危机处理指挥中心；建立指挥中心的组织机构，安排人员及确定职责，立即展开工作；招募必要的专业顾问，例如法律顾问、公关顾问、管理顾问、财务顾问等；对危机发展的可能情形进行预测，计划并制定相应对策；指挥各相关业务部门展开危机处理：生产计划、财务、销售与市场、制造、采购与后勤、法律、人事等；指挥公共关系和企业形象管理工作。

2、制定全面的沟通计划并立即执行，沟通的领域包括：媒体沟通（媒体关系管理、新闻发布渠道、新闻材料准备、信息收集与跟踪等），政府沟通（联邦政府运输部、联邦议会、各州政府、消费者保护机构、国际相关机构等），员工沟通/工会沟通，投资者/股民沟通，业务伙伴沟通（供应商、汽车制造商、贷款银行、运输商、经销商等），法律事务沟通。

3、保证业务运营的连续性，及时展开灾难恢复工作；战略规划与预测：历史数据已经无法用于业务预测，需要调整企业计划；预算：过去的预算制定方法与结果都需要调整；生产计划：危机时生产体系的灵活性成为关键，不再追求设备利用率；库存调整：需要快速处理当前的大量库存以保障生产资金；绩效管理体系需要调整，成本控制暂时让位于按时供货。

4、风险管理：发现可能的风险并制定相应政策及时处理，政府与监管方面的风险，债务和欺诈风险媒体和公共形象风险，各种业务风险（财务、广告、制造、供应链等）。

第二节　危机化解法

危机的发生往往突如其来，企业具备灵敏的反应能力，是企业在危机公关中能否占取主动的关键。企业危机管理者如果能在最短的时间内发觉企业危机的危险性和重要性的程度，并且能准确判断企业危机的类型，那么企业在危机管理中的博弈已经取胜一半了。

7.2.1　给危机正确的定位

给危机进行正确定位主要包括企业所面临危机的类型（第五章我们有详尽叙述）及危机的重要性和紧迫性程度（第八章我们有详尽叙述）。清楚了这两点，企业就会有足够清醒的头脑去考虑采用何种办法应对企业危机，使企业走出困境，甚至化危机为机遇。

7.2.2　危机发生后善待受害者

危机事件发生后，不同的公众受到的影响往往也不相同。因此，必须对症下药，争对不同公众的心理特点和行为特点，采取不同的应对措施。

受害者是危机处理的第一公众对象。企业应该认真制定针对受害者的切实可行的应对措施：

（1）迅速确定专人与受害者进行接触；

（2）迅速确定关于危机责任方面的承诺内容与承诺方式；

（3）迅速制定损失赔偿方案，具体内容包括补偿方法与补偿标准；

154

（4）迅速制定善后工作方案，如果是不合格产品引起的恶性事故，要立即收回不合格产品，组织检修或检查，停止销售，追查原因，改进工作；

（5）迅速确定向公众致歉、安慰的方式和方法。

7.2.3 危机来临时，我们要正确应对媒体

当危机来临，企业要有勇气面对危机公关，以负责任的态度展现在公众面前，对舆论进行疏导，与媒体一起渡过危机。正确的做法有以下几个方面：

1、快速做出反应

由于我们生活在 24 小时新闻滚动播出的时代，信息不断更新，公司必须对危机做出即刻的反应。任何延误都可能被误认为是犯罪，由此而造成的公司信誉和业务上的损失是无法弥补的。

2、联合专业公关公司处理危机

由于企业自身资源的限制，以及处理相关问题的能力所限，很多时候需要借助专业的公关公司来共同处理危机。而公关公司则会凭借其丰富的操作经验以及媒体资源，迅速将危机的影响控制住。

3、让 CEO 出面

CEO 在公众面前的形象及其领导地位是无法取代的。CEO 不能在公司最危急的时候躲起来。CEO 应该向公司利益相关方表示关切，平息恐慌情绪，确保利益相关各方对危机保持正确的认识。重要的是，CEO 还需要团结并鼓舞公司雇员的士气。CEO 不能在此时坐在后面指挥而让其他高层管理者冲锋陷阵。

4、对未知的事实不要推测

如果对不知道的事实妄加推测，事后可能会证明这一推测是错误的。如果出现这样的情况，你会发现你的主要利益相关各方：雇员、政府管理者以及公众都会认为这是不可宽恕的。如果媒体觉得你是在故意误导，他们尤其会对你产生质疑。如果不知道实情，你就直接承认，并表示将会调查并及时将结果反馈给媒体。

5、不要隐瞒事实真相

如果事情不妙，应该直接说明真相，不要试图掩盖事实。否则，你会看到更为糟糕的结局。在二战期间，英国首相邱吉尔曾经说："那种认为糟糕的局面很快会自行消失的看法是非常错误的领导行为。"

6、为媒体采访敞开大门

媒体的义务就是信息报道。对媒体来说，新闻是稍纵即逝且竞争激烈的商品。他们希望抢得"独家新闻"在市场上打击竞争对手。刊登坏消息的报纸卖得比刊登好消息的多。因此，当有危机发生时，媒体对此就抱着特别的兴趣。公司至少在危机期间不能改变这种状况，因此应该接受媒体的报道，并积极同他们合作。公司能做的就是努力控制局面。

7、统一口径，用一个声音说话

危机小组可能包括3~4个成员以及一些专家顾问等，最基本的是要保证所有的公司信息要协调一致，并且只有公司发言人才能对媒体发表言论。但是所有的管理人员应该向雇员及其他风险承担者（如政府管理者和客户）传达同样的信息。

8、频繁沟通

对媒体、企业员工和其他利益相关各方提供的信息要经常更新，防止谣言和不确定的消息四处扩散。严肃对待一切提问。注意媒体的截止日期。在当前24小时媒体新闻循环播放的时代，甚至有必要派人全天驻守自己的危机媒体中心。对于危机处理的进展情况也要在第一时刻通知公关，以缓解公众紧张的情绪。

以负责任的态度处理危机，不仅要说到，而且要做到。企业除了与媒体保持随时沟通之外，还要以行动与公众保持随时沟通。因为只有行动才能真正解决危机。

7.2.4 "六条军诫"与"三不政策"

企业的危机管理归根到底是以企业的利益为核心的，在危机管理的过程中，势必要做到以下各点。

一、维护企业利益，且记"六条军诫"

1、利润最大为根本

作为管理者，无论你平时应用什么危机管理理论，都必须遵循以下基本戒律：追求利益最大。稍懂得经济学的人都知道，企业利润最大化是企业生成的初始动力，企业必须以获取最大化利润为根本目标。不以利润最大化为目标，以及不通过合理利润方式来实现，企业的发展就潜伏巨大的危机。

2、以诚信拼天下

没有诚信，企业根本不可能立足市场，在美国出版的《百万富翁的智慧》一书中，对美国1300万富翁的成功的秘诀调查表明，诚信被摆在了第一位。是的，企业如果不想"过把瘾就死"，就必须把诚信摆在立业的首位。秦池的川酒勾兑、三株的虚假广告、飞龙的虚假伟哥、南德的虚张声势，最后都一个不少地在人间蒸发。事实表明，缺乏诚信，是企业潜在的最大危机。

3、追名更要有实

企业如果不只是想"挖第一桶金"，而追求可持续发展，那么，脱离"有实"的"追名"，就是自掘坟墓。因为追名会造成过大的市场预期，当企业不能提供与名气相称的产品和服务时，就不能产生持久的市场忠诚度；当企业出现一点信誉风险时，客户就会有极度上当受骗的感觉，市场就会地动山摇。在这方面，秦池的失败最有说服力。当时秦池当了央视广告标王，名气如日中天，出现了巨大的产品市场需求，但因其没有足够的生产能力，加上"秦池白酒是用川酒勾兑的"系列新闻报道，秦池几乎是一夜间而轰然倒塌。

4、夯实基础管理

海尔的"抗斜坡球"认为，企业好比是一个沿着斜坡往上滚动的球，企业内部职工中可能出现的惰性等，形成了对球体向下压力。如果没有一个向上，大于它的推力，球就会往下滑。对于企业来讲，这个向上的推力就是平时要强化"基础管理"。

5、完善市场生态

市场生态就是企业与供应商、客户、竞争者、金融机构、社区、政府、媒体等建立的市场生态链关系，企业与他们之间不仅仅是竞争关系，而且还是一种依存与合作关系。企业平时脱离或破坏市场生态链的作法，是十分危险的：瀛海威因对联机服务实行收费制，使用了一套与市场上流行的互联网 TCP/IP 不同的通信流程，使自己成为独立于市场生态链的孤岛；三株、飞龙"顶"了媒体，最终就注定他们要被媒体"顶"出局。

6、必须量力而行

企业的能力是企业决策的依据，有些可以通过市场交换而迅速获得，有些如核心能力则不能从市场获取，只能靠企业长期创造，所以，企业在没有自己的金刚钻之前，最好别急于去揽瓷器活。三株在创立的短短三年时间内，就在全国各地注册了 600 个子公司，成立了 2000 个办事处，促销人员超过 15 万，总部根本无法消除员工大量发生违规行为；亚细亚在创办四年时间内，也是先后开办了 15 家大型连锁百货分店，在自有资本不足 4000 万元的条件下，进行近 20 亿元的超级扩张，这些分店均不自量力，而造成开业之日，即亏损之时。

二、从容应对危机：需依"三不政策"

1、正视问题，不学"非洲鸵鸟"

在现代社会里，人们对组织的社会责任提出了更高的期望。所以倘若一个组织在发生危机事件时，不能与公众进行沟通，不向公众表明态度，只能招致外界的更大反感，只会损失更多。所以当危机爆发的时候，企业必须在最短时间做出最快的反应，才能掌握主动权。如果你不主动去填补信息真空，在互联网时代，流言和小道消息就会泛滥，不利的舆论会给你带来更大的损害。也就是说，面对危机，企业切不可模仿把头埋在沙土里的鸵鸟，忘了自己大大的屁股正露在外面，自欺欺人地以为，那样别人就什么都看不见自己了。

158

2、开诚布公，不可去"挤牙膏"

对大多数企业来说，危机发生时他们不会当"鸵鸟"，他们多多少少会向外做出说明，只可惜，这些企业大都不是开诚布公，一古脑儿地勇敢承认自己的一切错误，而是被动地，像"挤牙膏"似的，每次一点一点地应付外界的质询与诘问，使人们更产生恐惧与怀疑，给组织信誉带来致命打击，甚至消亡。人非圣贤，孰能无过？在危机事件发生后，一个企业如有诚意，敢于向消费者提供，甚至外界还不知的信息，并做出最彻底负责，而不是"挤牙膏"的应付，是会在最大的限度上赢得人们原谅的。因为人们感兴趣的往往并不是事情本身，而是当事人对事情的态度。

3、一个声音，不能"七嘴八舌"

中国有句古话叫三人成虎，讲的就是人多嘴杂的可怕。在现实生活中，由一人说出的话，经过多人传播后都会变了样，更何况话从多人口出。所以，当企业在危机中要对外说话时，必须先明确怎么去说，谁来说，跟谁说，内部要确定统一的发言人，如果董事长一个表态，总经理又是一个表态，基层员工再来表个态，那么事情只会越弄越糟。因为危机的不确定性，紧急关头，组织内部的人员很难立刻对危机达成共识。所以，越是危机时刻，越要首先明确企业中谁是组织对外信息发布的惟一出口，由这个人在第一时间传递出最适当的信息。

7.2.5 保持良好的应对危机心态

危机是每个企业都不愿面对的事，但是在发生后，如果经由妥善处理，而得到正面效果，则是一项值得骄傲的事，应该乐于和其它企业分享，藉由经验交流，一方面可以防止类似事件再发生，另一方面也可以在处理方式上更加成熟。

另外，大部份的企业会忽略危机管理的重要性，不重视事前的准备工作。有些认为总公司有应变手册就足够了，有些则觉得费用太高，还有人抱持着鸵鸟心态，认为这不会发生在他们头上，甚至到时候再处理就好了。因此，企业需要不断的再教育，应该把危机管理看作保险，当然希望没有用到的一天，就算意外发生，也早有因应之道能将伤害降到最低。

危机是危险，更是转机，机会是当你很适当的处理危机时，自然而然会随之而来的。

因此，当危机不幸来临时，千万不要只是怨天尤人，诚意面对问题，找寻适当解决方案，才能藉此将危机化为转机。

第三节　危机修复法

广义的危机管理的范畴包括事前管理、事中管理和事后管理。所谓危机修复就是事后管理。由于危机的侵犯，对企业来说，可能会造成两方面的损害，包括有形的损害和无形的损害。由于这些损害都是由危机直接或间接造成的，因而如何对其进行恢复，属于危机管理中事后管理的范畴。所谓有形的损害，即危机所造成的企业在物资上、人员上、财力上的损坏，比如火灾，可能会对企业的厂房、设备或是员工的身体造成伤害，这统称为有形损害。相对于无形损害来说，这种损害持续的时间更短，恢复更容易。而所谓无形损害，则会伴随着企业长期存在。无形损害包括，危机对企业形象的破坏、对员工心理上的伤害等等。这一类伤害的恢复是较为困难的。

1、有形损害的恢复。在物资上，危机过后，对设施进行重建，设备进行更新，以保证在极短的时间内恢复到危机来临之前的状态。在人员上，应对危机过程中发生的人员伤亡，组织好医疗工作和对死者家属的抚恤工作，并充分满足职工家属的愿望。

2、无形伤害的恢复。关于企业形象的恢复：

①把公众利益放在第一位

②善待被害者

③争取新闻界的理解和合作

3、发展恢复力

所谓恢复力，是指危机爆发之后，企业恢复到危机之前的正常状态的能力。企业具有越强的恢复力，其从非正常状态回到正常状态的能力越强，所需要花费的时间和资源也就越少。因而，我们认为，增加和发展恢复力也应该成为危机管理的内容。发展组织和员工的恢复力，以消除可能存在的危机影响，并且使危机事件影响企业组织和员工后能得到尽快恢复，在很大程度上来说，也是企业危机管理是否成熟的一个重要标志。

参考文献：

［1］企业的危机管理之道 2004 年 11 月《中国商人》

［2］游昌乔：《刀尖上的舞蹈——危机管理》

［3］李广海：企业成功危机管理的要素 2003 年 6 月 4 日 21 世纪经济报道

第八章　企业危机管理流程

对于一个企业来说，危机事件会严重影响其正常运作，甚至会决定其未来的命运，因此必须立即妥善处理，也就是要进行及时的公关危机管理。危机剖析要进行优秀的危机公关管理，首先需要对危机进行研究和剖析。

危机一般会持续一周到两周时间。一到两周之后如果没有新的新闻点的话，媒体不会一直报道。有一些是突发事件，然后情势加剧，最后危机爆发。一般来讲企业最初都会觉得难以置信，怎么会发生这种事情。媒体也会很快报道。这一时期媒体报道的特点是报道危机事实，到底什么事情。之后则会有一些纵深报道。然后，公司会有一段时间的"禁口"，在内部统一口径。这段时间不会太长。公司开始采取行动，即一方面是要解决危机，同时要开始做一些沟通和宣传工作。

危机管理作为一种管理艺术，自然也会有它独特的管理流程，下面我们用图表来进行详细分析。

第一节　企业危机管理流程

8.1.1 流程图

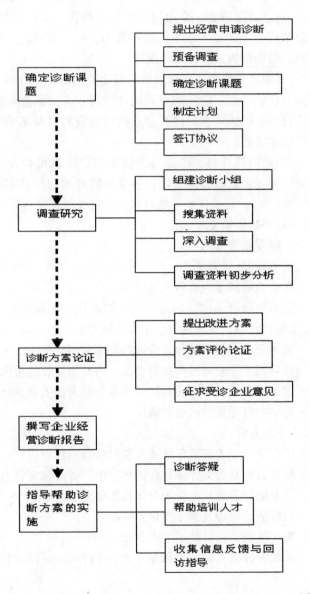

確定诊断课题
- 提出经营申请诊断
- 预备调查
- 确定诊断课题
- 制定计划
- 签订协议

调查研究
- 组建诊断小组
- 搜集资料
- 深入调查
- 调查资料初步分析

诊断方案论证
- 提出改进方案
- 方案评价论证
- 征求受诊企业意见

撰写企业经营诊断报告

指导帮助诊断方案的实施
- 诊断答疑
- 帮助培训人才
- 收集信息反馈与回访指导

8．1．2　资料收集清单

1、现场实际调查：企业的历史发展情况，工厂的基本布局，设备的结构，工艺技术水平，生产能力，生产方式，产品的性质和特点，市场销售的途径和状况等。

2、企业外部资料：国家对该类型企业的方针、政策和计划指标；国家、省、市、地区的有关统计资料；有关该企业的产品市场和原材料市场的情报；同行企业的情报资料以及国家对该类型企业的法律等等。

3、企业内部资料：产品目录说明书；组织机构及人员编制表；工厂布置以及设备配置图；各项经济技术指标和实际完成情况（3到5年）；有关标准和规章制度；各种财务报表等。[1]

8．1．3　诊断重点

一、经营管理部门

1、企业的领导班子

＊企业领导班子由哪些人员组成。

＊企业领导班子成员的专业化、知识化、年轻化的水平如何（包括经历、性格、管理能力、工作作风等）。

＊领导班子成员对待经营管理的态度如何。

＊领导班子平时有哪些例行会议，占整个工作比重为多少。

＊领导班子成员与有关竞争对手及合作者的关系如何。

＊近期内有无领导成员的调整。

2、基本方针

＊经营活动是否按照年度或长期的经营目标而进行。

＊经营目标是否具体体现在销售、生产等经营方针上。

＊企业的经营方针是否为全体员工所充分理解。

＊销售活动是否反映了销售方针。

＊生产活动是否反映了生产方针。

＊采购方针是否确实是依据生产计划和仓库管理的要求而制订的。

164

＊财务方针是否以获得利润为前提。

＊劳务方针是否切实反映了劳务管理上的问题。

3、整体经营计划

＊有没有制订长期经营计划，该计划是不是经营方针的基础。

＊有没有分别制订季度、半年和一年的短期计划。

＊有没有制订利润计划。

＊有没有制订资金计划。

＊有没有制订设备计划。

＊有没有制订生产计划。

＊这些计划在理论上和实际情况有无矛盾。

＊有没有考虑以适当的管理方式，来保证各计划的实行和实现。

4、组织机构

＊组织机构的大小是否符合企业的经营规模的需要。

＊人员的配置是否符合其经营职能的需要（量与质）。

＊管理人员的能力是否符合其工作的需要。

＊各部门的工作范围、责任、权限是否有明确的规定，有无扯皮的现象，其原因何在。

＊经营思想是否在各组织机构中扎下根。

5、内部监督制度

＊有没有建立内部监督制度。

＊对各部门的计划和实行结果是否进行定期的检查、考核和评比活动。

二、生产管理部门

1、生产计划

＊生产计划是否是从长期计划到短期计划分阶段制订的。

＊有没有确定月度生产计划。有没有月末仓促地制订而在实际执行中，临时频繁地变更生产计划的现象。

＊制订生产计划时所需要的基础资料是否齐全（尤其是作业

时间，开动率、标准日程等等）。

＊制订生产计划时，都有哪些部门的人员参加（生产会议，车间会议的具体情况）。

＊生产计划与销售（订货）计划是否协调一致，有没有因为销售计划不完善、不准确，而导致生产计划落空的现象。

＊生产计划与采购计划是否协调，是否与资金计划一并考虑。

＊生产计划与外协计划是否协调。有无本厂有自加工能力却委托外厂加工，或者由于外协件交货不及时，而使整个进度推迟的现象。

＊生产计划有无由于设计和采购、外协的日程不妥当而全部落空的现象。

＊制订计划时有没有具体计算各车间、各道工序的工时，工时不足时（人员、机器设备等），有没有妥善的解决方法。

＊新产品的计划或扩充计划是否适当（机械设备和工装的计划，工时计划与人员计划，降低工时的措施、材料准备等）。

＊作业计划表是否详细地作了指令（包括各车间、各种产品、各零件、各道工序等）。

＊材料与外协件的需求量和入库年月日是否有明确的记载。

2、质量管理

＊有无检查标准，其标准是否实用。

＊有没有规定对完成品、中间工序、零件、材料都进行检查的标准。包括对重要工序的抽查或全数检查。

＊外观的检查是否受检查人员的主观意志所影响。

＊废次品率是否过高。

＊检查结果的记录和对废次品的控制是否适当、有效。

3、原材料、采购管理

＊采购的组织机构和业务分担范围是否相适应。

＊采购计划（原材料计划）与生产计划是否协调一致，交货期的手续如何。

＊采购方式如何（集中采购方式与分散采购方式的结合利用）。

＊原材料的保管和整理情况如何。

＊能否有效地控制库存量（能否掌握住最大库存量和最小库存量——安全储备）。

＊有无积压，能否尽快进行处理。

三、市场销售管理部门

1、市场销售计划

市场销售计划是否成为长期经营计划的一环。

＊市场销售计划是否有客观依据。

＊是否经常研究销售额增减的原因。

＊制订市场销售计划时，是否同其他有关部门进行充分的协商和必要的调整。

＊是否经常对销售计划和实际销售情况进行比较。

2、市场调查、市场预测

＊为了开展合理的市场调查、市场预测活动，是否经常收集和运用企业内、外部的有关情报和资料。

＊对过去的实际销售情况是否进行了分析、总结。

＊推销人员和外驻机构能否掌握住市场情报，并经常汇报。

＊市场调查的结果是否真正有助于企业的销售活动。

＊员工是否都了解市场调查的结果。

3、产品计划和价格政策

＊现在所生产的各种产品在近3年到5年之内，其销售额是否有所增长。

＊各种产品在同行业中所占的地位，从竞争的角度上看，预测今后有无潜在的危机。

＊现在有无研制新产品的计划。该计划的制订是否符合满足用户需要的原则（质量、设计、产品名称、价格、花色、品种、商标、包装等等）。

*对研制中的新产品有没有进行产品分析（成本、工时、质量）。

*本厂产品、商标的信誉如何。

*销售价格是否合理，能否维持企业的继续发展。

*是否经常与同行企业的同类产品的价格进行比较、分析，从而决定本厂产品价格。

4、广告与推销

*是否有计划地开展了广告宣传活动。

*能否掌握广告的效果。

*广告费的支出与效果情况如何。

*广告的种类、形式是否适当。

*为了促进销售或有效地开展广告活动，是否收集和应用了必要的资料。

5、销售人员的管理

*销售人员的工作是否有组织、有计划地进行。

*对销售人员业务内容的要求是否明确具体。

*对销售人员有无考核或奖惩制度，是否有助于发挥他们的积极性。

6、销售渠道

*目前的销售渠道是否妥当，能否通过销售渠道，掌握住同行业的有关动向。

*销售分配标准在制订时，是否分析了当时的实际销售状况并预测了未来市场的需求量。

*平时有否协助并指导代销单位的工作。

*对有关单位以及用户是否进行考察以及收集必要的资料。

*有关单位以及用户是否有欠账现象，对此采取什么措施。

四、财务管理部门

1、组织机构、账簿系统、事务处理

*会计的组织机构与企业的规模是否相适应。

＊该机构的组成是否符合会计原则。

＊账簿系统是否适应企业生产活动的实际需要。

＊做不做月度试算表，如果迟了，还有无实用价值。

2、财务机构

＊企业的资金结构如何（经营资金的比率）。

＊从流动资金的角度上看，短期负债是否过多。

＊从销售额的关系上看，目前的销售债权是不是多了。

＊销售债权、库存品（原材料、在制品、成品）等对资金的周转有何影响。

3、资金的运用

＊有没有规定销售债权的限度和最佳的库存量，从而有效地运用资金。

＊销售债权的回收管理是否妥当。

＊固定资产的投资是否过大。

＊经营资金的内部使用效率如何（固定资产周转率、材料周转率、在制品周转率、产品周转率等）。

＊库存管理的基本要素情况如何。

＊材料、在制品、产品的各自周转率能否保持平衡。

4、利润以及费用的收益管理

＊能不能满足资金利润率。

＊销售利润率现在保持何种水平。

＊销售利润率是否年年增长。

＊营业费用率有无增长的趋势，管理费用与销售费用的构成是否协调。

＊预算与实况是否进行比较。

＊有没有采用标准成本。

＊是否进行成本核算。

＊有没有采取按部门的收支核算方式。

5、会计资料的利用

＊有没有利用固定费和变动费进行损益平衡点的分析。

＊搞不搞财务分析。

8.1.4 问卷设计

调查项目	被调查人所占比例
你是否了解本厂今年的经营目标 了解 不大了解 不了解	
你是否了解本厂的经营方针 了解 不大了解 不了解	
你担负的工作量如何 大 适当 小	
你的工作职责明确吗 明确 不大明确 不明确	
你的工作职责和职权相当吗 相当 没有明确的职权 极不相当	
你的业务专长发挥得怎样 全部发挥 只发挥一部分 根本用不上	
你急需学习什么 文化 科学知识 管理知识	

调查项目	被调查人所占比例
影响你工作劲头的主要原因是什么 分配工作不当 要求过高 相处关系不好 奖金少 生活困难 业务水平低 领导关心不够	
最使你头痛和烦恼的是什么问题 会议太多 工作担子重 工作目标不明确 分配奖金 职责不清	
你认为本厂管理中最薄弱的环节是什么 生产过程组织 管理组织 设备维修 物资供应 资金运用 成本核算 市场经营 劳动人事	
你认为提高本厂经营管理水平应从哪里入手 严格管理制度 培训干部 推行现代化管理方法 明确职责，责权对等 推行现代化管理手段 经营组织机构合理化	
你对改进现职工作有无办法 已有方案 正在考虑 没信心也无办法	

第二节　企业危机管理的思路与方法

从某种意义上说，企业的生命历程就如同人的自然生命历程一样，从诞生伊始，就面临着最终消亡的必然结局。而危机就象企业的病症一样，可能是慢性的，以小积大、逐步出现，可能是急性的，瞬间爆发、无法抑制。因此，实际上企业从成立一开始，就必然面临着如何去与各种各样的危机进行斗争的问题。企业必须居安思危，做好危机战略规划、做好应对危机的策略，才能在面临危机时从容应对，转危为安，取得更大效益。

总结分析众多企业危机管理失败与成功的经验教训，要做好企业的危机管理，必须从以下几个方面着手：

一、未雨绸缪才能防患于未然

俗话说，有备无患。企业只有首先确立危机管理战略，建立危机管理的流程，培训公司主要管理人员应对危机的方法，健全消除危机的各种关系网络，才能在危机到来之前将一切隐患消灭在萌芽状态。

在这一方面，华为堪称典范。两年前，华为总裁任正非以清醒的头脑、敏锐的前瞻性眼光，居安思危，看到了在全球经济放慢和 IT 行业转冷的大背景下的行业潜在危机，提出了要迎接"华为的冬天"，要求企业上下要居安思危，充分认识行业潜在的产业危机，全面准备应对策略。其文一出，即获得业界的极大关注，这反映出"华为"公司对于危机预防的高度重视。"生于忧患，死于安乐"，没有危机意识的企业，没有持久的竞争力，不从预防抓起的企业危机管理，必然出现头痛医头脚痛医脚，而无法标本兼治。

二、第一时间是决定全局命运的关键时刻

"危机"都是无法预测的事件，但无法预测并不意味不能准备。马克思主义哲学观认为，一切事物都处于运动、变化之中，都有其产生、发展、灭亡的过程。但企业危机最关键的阶段，就是危机发生的第一时间。

危机爆发之初，所造成的损失和影响都很小，但如果企业在时间上失去处理危机的主动权、控制权，那么危机的影响力就会随着公众的种种猜测以及媒体报道的推波助澜而一发不可收拾。前面所提及的三株例子，便是一个典型例证。

因此，一旦危机产生，企业必须明白速度决定一切，必须集中一切能利用的资源，来解决危机。迅速设立专门的新闻发言人和新闻发布制度，及时赶在种种猜测流散之前立即向公众通报当前情况和处理进展，并向公众承诺迅速解决危机。这是化被动为主动的最佳办法。

三、态度是危机转化的关键

在产品、品牌危机中，往往涉及到消费者、媒体和公众三方面的主体，这三方面的立足点和关注点各有侧重，但共同关注方面是企业的态度，企业在危机事件中所采取的姿态和措施。在危机事件中，消费者或受害者所关注的是自身利益，这时候企业如果不尽量采取措施使消费者满意，或者说将危机事件淡化，转移事件的关注点，可能消费者就会使事件升级，使媒体和公众参加进来，那么事态就会越发严重。因此，危机发生后，企业呈现给消费者的态度是决定危机能否大事化小、小事化了的关键所在，如果企业一味的推卸责任必然将付出惨重的代价，而如果企业态度诚恳的，采取有效措施请求消费者谅解，必然能使危机向着企业所期望的方向顺利转化。

四、主动出击才能抓住危机后面的机遇

处理危机、解决危机是企业经营的基本功，但这并不能说企业拥有危机管理的能力，管理危机的根本在于企业能否转化危机，使危机为企业所用，这是辩证的、也是高超的管理艺术。在企业危机中，一般是企业最受关注的时候，企业如果不能及时解决危机，就会导致企业出现生存危险，但解决问题只是危机管理中的第一步，转化危机，主动牵引危机的关注点，让危机为企业所用，这才是危机管理的终极目的。

去年非典时期，一些IT企业的产品销售出现重大滑坡，但另一些IT企业却抓住机会，开展了中小学的"空中教学"、"网络教学"，获得了政府的高度认可，也获得了学生的欢迎，这不失为利用危机、转化危机的妙招之一。

五、危机管理必须形成制度化

在危机发生时，企业需要处理多方面的事情，而这一切都需要在极短时间内完成。如果事前没有周全的计划、能够立即付诸实施的制度和流程、能够立即投入角色并展开工作的人员，危机发生时企业必然将发生混乱。

成文的危机管理制度：危机属于非常事件，企业无法按照现有制度来应对，必须事先拟订成文的有关危机事件的处理程序与应对计划，从而保证在危机发生时全体员工遵守共同的处理原则和方法，避免发生混乱。

有效的组织管理机制：危机管理需要有效的组织保障，即确保企业内信息通道畅通、信息能得到及时反馈、各部门及人员责权清晰、有专门的危机反应机构和专门授权。在业务流程方面，企业可以针对可能发生的危机进行流程"再造"。例如德勤咨询曾经协助北美一家大型汽车公司对 90 个业务流程进行危机相关分析，对其中的 30 个"至关重要"的业务流程就可能发生的重大危险进行重新设计，使这些流程不仅能满足企业正常运作时的要求，而且能够承受可能发生的一些重大危机，或者可以在危机时进行快速灾难恢复。

六、企业 CEO 必须担任首席危机官

企业高层的直接参与和领导是有效解决危机的关键。担任危机领导小组组长（或称为"首席危机官"）的一般应该是企业一把手，或者是具备足够决策权的高层领导。因为危机处理工作通常是跨部门、跨地域的，不仅会对许多正常的业务流程和企业政策进行改动，还要及时进行信息与资源的调拨分配。这种跨部门的工作是任何一个部门性管理人员都无法胜任的，而必须由能够支配协调各个部门的领导出面才能够"摆平"。

危机处理工作对内涉及到从后勤、生产、营销到财务、法律、人事等各个部门，对外不仅需要与政府与媒体打交道，还要与消费者、客户、供应商、渠道商、股东、债权银行、工会等方方面

面进行沟通。如果没有企业高层领导的统一指挥协调，很难想象这么多部门可能做到口径一致、步调一致、协作支持并快速行动。

七、信息系统是克服危机的重要工具

信息系统作为预警机制的重要工具，能帮助在苗头出现早期及时识别和发现危机，并快速果断地进行处理，从而防患于未然。在危机处理时信息系统有助于有效诊断危机原因、及时汇总和传达相关信息，并有助于企业各部门统一口径，协调作业。

以鞋业巨头耐克为例，其90%的鞋在亚洲生产，而其中38%在中国制造。在SARS疫情加重、到中国的旅行受到限制之时，耐克的生产工厂却基本没受影响，因为耐克通过现代化的通信设施实施遥控式管理。总部的设计师采用计算机辅助设计软件开发新鞋样，通过网络将之传给亚洲的加工厂，或通过快递公司把鞋样发给生产商。同时，耐克总部的设计师、检测师与大洋彼岸的加工商可以通过可视电话能进行直接的交流，以保证生产出的产品式样和质量满足设计要求。

八、灵活运用危机公关，反败为胜

对于任何企业而言，危机既是风险又是机会，危机公关的目的就在于把风险转化成机会。危机事件处理得当，可以为企业在竞争日趋激烈的市场中树立亲近消费者体现人文关怀的良好形象提供机会，事情发展到危机这一步，企业要想保住在消费者心目中的良好形象，只能在承认现实的前提下探索解决的办法，而不应一味地为自己寻求开脱责任的理由，尤其不能从客户身上去找原因。

2002年春节前后，武汉野生动物园的老板策划了一出"老牛拉奔驰，铁锤砸奔驰"的闹剧，顿时被各种媒体炒得沸沸扬扬。消费者用这样的方式来表达对奔驰公司售后服务的不满，但像奔驰这样一个国际知名品牌企业，面对明显会对自身形象产生负面影响的事件迟迟不做反映，反而听任中国市场分支机构采取冷漠和拖延解决的行为，奔驰总部直到3个月后才出来表态，结果使公司的声誉大受损害。

　　企业的危机公关管理制度应包括公司内部和外部两大部分，就公司内部而言，在高层设立新闻发言人或危机管理经理，专门研究和处理危机事件发生的策略和措施。公司的中层管理层（包括各地区的分部经理），都要有处理前线一般危机的素质，在遇到突发性事件时，一方面及时向企业高层报告，另一方面也要能够充分驾驭所在地的局面，譬如积极地与媒体打交道，有效地引导舆论等。就企业外部而言，企业一般可委托咨询公司等中介机构，借助他们的专业经验与传媒维持良好的合作关系。

　　危机公关的目的是最大限度地减少危机对企业的潜在伤害，帮助企业控制危机局面，尽最大的可能保护企业的声誉。企业危机公关不仅需要技巧、方法，更需要理念的支撑。有什么样的企业理念就会有什么样的危机公关。危机公关致胜的核心力量是企业的经营理念，具有优秀经营理念的企业，其危机公关之所以比一般企业容易成功，是因为它时时处处为消费者着想，把企业的利益与社会公众的利益协调统一起来。

　　国外成熟的企业也有成熟的危机管理和危机公关体系。伦敦证券交易所规定：上市公司必须建立危机公关管理制度，并定期提交报告。美国有 3000 名专业的危机管理人员、几十家独立的危机管理咨询公司。

　　有了清晰明了的危机管理流程，所要从事的危机管理也就成功了一半，其余的就需要在实践中取得成功。

参考文献：

　　[1]《公关危机管理流程》，数字财富，刘希平，2002 年 11 月 7 日

第九章 危机管理在地域经济中的重要作用

第一节 积极应对，危机也是机遇

"危机虽然是很难避免的，但是我们可以积极应对，去有效地组织、建立我们的危机管理体系。"清华大学公共管理学院副院长薛澜曾这样强调。[1]

在危险中突破，在不平衡中取得动态平衡是危机管理的要义，而能否积极应对，化"危"为"机"才是企业真正的能耐。

在商业活动中，危机就像普通的感冒病毒一样，种类繁多，防不胜防。每一次危机既包含了导致失败的根源，又蕴藏着成功的种子。错误地估计形势，并令事态进一步恶化，就是不良危机管理的典型特征；而发现、培育，进而收获潜在的成功机会，则是危机管理的精髓。"在好事中表现好事，人们可能浑然不觉，但是在坏事中表现你的好事，人们都会关注，而且会牢牢地记住你。"[2] "危机"意味着"危"和"机"两个意义。对于商家来说，恰到好处地处理危机，则是企业提升形象树立品牌的良机。

在某种情况下，可以这样认为，企业的发展、壮大以及灭亡，50%的机遇是在危机发生时或处理危机的情况下产生的。"对那些素来以诚信自律的企业而言，危机并不可怕。只要处置得宜，危机也可以是契机——甚至完全有希望转化为胜机。转"危"为"机"，从危机中获利：人们往往将失败或错误的体会称为经验，危机管理的最高境界就是总结经验教训，让公司在混乱平息后重新获得新生。

危机又包括眼前危机和潜在危机。眼前危机即迫在眉睫的，企业必须立刻处理的的危机；而潜在危机则没有那么急迫，它没有强烈的表现形式，表面歌舞升平，而实际上则是危机四伏，待时而发。它是企业潜伏的病毒，如果不及早加以治理，还有可能成为致命的。

一、眼前危机

企业发生的危机，一般都有突发性的特点，但只要在危机爆发后处理得当，变危机为机遇也就是那么简单，以下几个例子能充分说明这一点。

1、消费者使用不当冰箱爆炸引起危机

1988 年 7 月 20 日，南京发生了全国首起电冰箱爆炸事件。当晚 10 时 30 分，城西的一幢住宅楼的五楼上，突然响起一声震耳欲聋的爆炸声，一台"沙松"牌 140 立升的电冰箱瞬间开了花，强大的爆炸气浪产生了难以想象的冲击力，使拇指粗的冰箱钢门锁被扭弯，箱门飞出两米砸到了对面的墙上，冰箱的后坐力使冰箱后面的墙上留下了几个窟窿。冰箱的主人一家 4 口人都是侥幸拣了条命：紧靠冰箱的床上，睡着上午刚出院的产妇和出生刚 4 天的婴儿母女俩，没被伤着；男主人当时正在另一处洗澡，否则难逃厄运；几分钟前，家中雇的保姆还站在冰箱前忙乎，幸好当时离开，算是万幸。

危机发展及处理过程：

（1）天下大乱

7 月 22 日，南京《扬子晚报》根据用户的投诉，派记者采访了现场，并于当天刊出了《一台沙松冰箱爆炸》消息的现场照片，报道了冰箱爆炸的情况。这条"爆炸"新闻立即在南京几十万冰箱用户中引起了一场轩然大波。一些人纷纷给报社打电话询问冰箱爆炸的原因，一些用户则诚惶诚恐，连忙把冰箱从卧室搬出以求自保。许多购买"沙松"牌冰箱的用户更是将冰箱视为不定时的"定时炸弹"，关掉不用太浪费，使用吧，心中又没有底，惶惶不可终日。这条"爆炸"新闻也引起了南京舆论界的极大关注，一时间，"沙松"驻南京办事处门庭若市，几乎处在被包围之中。《扬子晚报》的记者去了，《新华日报》的记者去了，南京广播电视台的记者去了，《中国消费者报》南京记者站的记者也去了，还有一些冰箱用户也找上门来，他们都在询问有关冰箱爆炸的情况。

（2）处乱不惊

沙松电冰箱总厂领导接到南京办事处的汇报后，马上做出决策，由沙市电冰箱总厂的刘总工程师、法律顾问和该厂的日方技术专家、日本松下冷藏机株式会社海外部海外技术第一课课长小林晃及翻译，乘一辆面包车，由两个司机轮流驾驶，昼夜兼程从湖北沙市赶赴江苏南京，会同已在南京的该厂驻华东办事处罗主任组成事件处理小组，负责处理这件事。

事件处理小组组建后，马上策划了一系列公关活动。首先，事件处理小组在著名的南京玄武饭店以每天几百元的房钱包下了一个会场，专门接待南京市各报的记者。他们心里非常清楚，不首先稳住这些"无冕皇帝"，这些人什么时候再捅上一笔，"沙松"的损失可不是这一天几百元的房钱了。危机处理小组的成员反复地向记者们表示，一旦把爆炸原因搞清楚后，一定公布于众，将所有细节全部告知各新闻单位。如果属于产品质量问题，一定要向南京人民交待清楚，使几十万冰箱用户放心。沙市电冰箱总厂的这种诚实合作的态度，各报记者们都感到比较满意。但仅仅做到这点是远远不行的，问题的关键是要迅速查出冰箱爆炸的原因。

（3）查明真相

沙松电冰箱总厂事件处理小组一到现场，马上召开了南京市各家记者、物价局、消费者协会、标准计量局、保险公司和一所大学的制冷教授等各有关部门和人员参加的论证会。当与会者看到沙松电冰箱总厂的刘总工程师和该厂的日方技术专家小林晃参加了论证会时，对厂方重视这次事件的态度表示赞赏。会议进行了半个小时，讨论不出任何结果。于是，在事件处理小组的建议下，论证会转移到冰箱爆炸现场进行。到了现场，日本专家小林晃只用了不到5分钟时间，便完成了对爆炸冰箱的检查。检查的结果是：虽然经过爆炸震荡，压缩机工作正常！制冷系统工作正常！这毫无疑问地表明，爆炸原因与冰箱质量无关。因为，既然冰箱的机械系统完好无损、工作正常，由塑料发泡构成的箱体又不可能自动爆炸，爆炸的起因肯定来自外部。对现场的检查过程，南京电视台都做了录相并进行了报道。

（4）以客为本

在一般人看来，既然事故责任不在工厂一方，沙市电冰箱总厂已经洗清了责任，事件处理小组可以顺理成章地撤离了。但沙松冰箱总厂的事件处理小组为了对广大消费者负责，为了对沙松冰箱的公众形象负责，他们决心要查出冰箱爆炸的真正原因。事件处理小组开始调查用户对冰箱的使用情况。但该用户一方面不配合调查，拒不回答冰箱内贮存过什么物品，一方面又要求"沙松"厂赔偿一台电冰箱，并说140立升的单门电冰箱使他害怕了，点名要求赔偿一台180立升的双门电冰箱。这两种冰箱的差价人们是十分清楚的，在场的记者都感到这是一种无理的要求。可是厂方却认为，这是一次对工厂形象极好的宣传机会，有这么多的记者和镜头在现场，全国千千万万双眼睛在注视着，这是平时花多少钱也请不来的，拍一次广告也要花好几万，一台冰箱算什么。更重要的是，只有用户配合，讲出实情，才能向南京人民交待清楚冰箱爆炸的真正原因，使广大用户不再像守着一枚炸弹似的提心吊胆的过日子。于是，厂方当场表示可以赔偿一台180立升双门电冰箱。冰箱厂的这种坦诚的态度、宽广胸怀，感动了南京的各家新闻单位和记者，纷纷表示要跟踪报道这一事件，帮助"沙松"厂调查清楚爆炸起因。在场的南京市民也纷纷议论说："沙松够意思，讲仁义。"

但用户在冰箱爆炸后，很快清理了现场，连冰箱的内壁都擦拭得十分干净，而且他也不让人把冰箱拉走动用仪器检测。事件处理小组再三给用户做工作，督促他讲实话，他仍拒不回答。这时，事件已反映到轻工部，影响越来越大。事件处理小组在外界强大的压力下，态度不得不强硬起来，对用户进行了最后的摊牌：如用户不说明真相，厂方就要同公安厅和轻工部联系检测冰箱，如经科学鉴定是用户使用不当造成的，那就要用户承担全部经济、法律、道义上的责任……用户被震撼了，他毕竟怕铁的事实，只好承认在冰箱内存放了易燃易爆品丁烷气瓶。爆炸真相终于大白。丁烷气瓶在低温冷冻状态时，金属瓶壳收缩，导致了丁烷气瓶气阀松动和瓶壳破裂。泄露出的丁烷气与冰箱内空气混合并超过一定浓度时，遇到温控开关启闭产生的电火花引起爆炸。

（5）因祸得福

危机利用策略是危机管理的重要一个内容。这一策略是变"危机"为"转机"的关键点，更是经营者的危机处理艺术的体现。冰箱爆炸的真正原因查明后，沙松事件处理小组迅速将这一情况通报给南京市的各新闻媒介。当天，《扬子晚报》便刊出了一则消息："冰箱不会自行爆炸"，副标题是："沙松冰箱爆炸原因查明"。《南京日报》也刊登了同样的消息，并且十分醒目地用公关语言写到："厂家提醒用户不要在冰箱内存放易燃易爆危险品"。南京电视台在晚上黄金时间，邀请沙松厂刘总工程师在屏幕上与广大市民见面，并发表了一个简短的讲话，一是讲明冰箱爆炸的原因，二是感谢南京新闻工作者对"沙松"的支持，三是感谢南京人民对沙市电冰箱总厂的关注和爱护。一个半月后，《南京日报》又刊出一篇题为"沙松电冰箱销势仍旺"的文章。

案例评析：

俗话说，"塞翁失马，安知非福"。"沙松"电冰箱爆炸危机后，反而提高了"沙松"的知名度和美誉度，从中我们可以借鉴许多转危为安的策划技巧：

一是迅速查明事故真相，弄清问题原因。危机发生后，最容易发生的危机是消费者的信任危机，如果不迅速查明真相，企业很容易陷入困境。事情很清楚，你的产品出了问题，消费者、新闻媒体关注的第一个问题，就是责任在谁？沙松总厂迅速让该厂总工程师、法律顾问、日方技术专家日夜兼程赶到南京，并马上举行论证会，证明冰箱压缩机、制冷系统仍能正常工作，表明爆炸原因与冰箱质量无关。最终还让使用者说明了真相，揭开了冰箱爆炸之谜。二是要与新闻界保持密切联系，并与之坦诚合作。危机发生后，媒体是厂方与消费者联系的唯一渠道。企业方面应通过新闻界传达自己对危机后果的关切，采取的措施等，并随时接受媒体的访问并回答记者的提问。沙松发生危机后，专门包下一个会场用于招待记者、发布新闻，并宣布将他所有调查细节都告知新闻界，如属于产品质量问题，一定要向南京人民交待清楚，使几十万户冰箱用户放心。这里，小组不急于作技术性说明，不推诿有可能承担的责任，首先就博得了新闻界及公众的好感。

三是处处以顾客利益为重。危机的发生，可以说是对企业的一场真刀真枪的考试，什么"顾客上帝"、"诚信为本"等漂亮字眼，都到了兑现的时候。聪明的做法是，宁愿自身承受最大损失，也不能拿消费者利益当儿戏。沙松冰箱总厂在明明知道责任不在已方的情况下，也很痛快地答应了用户的不合理要求，从而为自己赢得了各界的好评。

2、政策变化考验企业危机公关

危机背景：

美国一项研究表明，PPA 即苯丙醇胺，会增加患出血性中风的危险。2000 年 11 月 6 日，美国食品与药物监督管理局（FDA）发出公共健康公告，要求美国生产厂商主动停止销售含 PPA 的产品。

而中国 2000 年 11 月 14 日内部成文，11 月 16 日由国家医药监督管理局（SDA）发布了《关于暂停使用和销售含苯丙醇胺药品制剂的通知》，与美国 FDA 所发健康公告仅隔 10 天，并且是以中国红头文件的形式发至中国各大媒体。在 15 种被暂停使用和销售的含 PPA 的药品当中，包含了中美天津史克制药有限公司生产的康泰克和康得两种产品。

实际上，当初国家药检局公布的"黑名单"上共有 15 家公司，但由于中美史克的康泰克感冒药在市场上的龙头地位，于是，众媒体同声讨伐的也就似乎全部集中在康泰克身上；同时，一些相关的药厂，因为康泰克的退出可能要空出 20 亿元人民币的市场，也开始落井下石。这是足以令中美史克措手不及的断肠草，美国相当多的咨询公司认为，中美史克的"康泰克"品牌完了。

危机发展及处理过程：

2000 年 11 月 16 日上午，一无所知的中美史克（中国）公司收到当地卫生局的传真，要求立即停止生产、销售可危及人们生命安全的康泰克感冒药；当日上午，公司立即成立"PPA 事件危机小组"，并迅速拟定、发布危机处理纲要，同时向当地卫生局、政府表态：中美史克遵照政府指令，立即停止生产、销售，并停止所有有关康泰克药品广告投放以及与各地区销售商等相关产品的业务合同；16 日下午，召回驻扎在全国的 50 个分公司经理。17 日上午，针对所有的员工已经通过媒体了解到中美史克康泰克产品的危机而产生的波动并担忧，公司高层召开全体员工大会，总经理亲自出面解释，并书面承诺在此期间决不裁减员工，为解除员工对生产以及公司前景的担忧，公司在致员工的公开信中解释：公司已经有相应的危机处理策略，代替产品的生产线也将投入生产；最后，在工会主席的带领下，全公司员工合唱《团结就是力量》，从而稳定了"军心"。在总经理开会的时候，公司副总经理则开始培训召回的 50 名来自各条战线上的分经理。17 日下午，50 名经理各自带着两封公开信迅速返回自己的属地。一封信面对各所在本区域医院、药房等终端消费部门，另一封则针对本区域所有的销售流通网络。廖为建表示，这是一张大网，它迅速铺开并保持着一贯的严密，从而保证了各条线上的稳定从而波澜不惊。在相当于宣布了自己死亡的时候，康泰克却以另外的一种方式保持着肌体的活力与弹性。它迅速应变的能力证明作为一个管理成熟的企业对于危机的预防，他们已经有其成熟的危机处理方式。

如果说，到 11 月 17 日下午，中美史克公司还是在做防御战的话，到了 11 月 21 日，显然，这个防御战线已经彻底完成，并开始进入反攻阶段。

11 月 21 日，由中美史克委托的新华社下属的环球国际公关公司在人民大会堂召开记者招待会，在这过去的 4 天里，中美史克的老总们与环球的公关顾问一起，针对媒体铺天盖地的报道分析其中所有记者可能提出的问题，提炼成题库，然后训练老总们如何有理有据地回答。在会上，作为这个行业的老大，中美史克除了正面回应记者的提问之外，对于期间媒体的不实甚至是夸张的报道，中美史克一律不予驳斥，只是解释；第二，对于落井下石的竞争者，也决不还击。至此，中美史克把死亡的阴影彻底撕碎。

史克公司在中国 SDA《通告》发出之后，通过恳谈会及一系列的媒介沟通与协调工作，有效控制了局面，从而避免了进一步危机的发生。恳谈会及时地与媒介进行了有效沟通，赢得了媒体的支持和同情，在第一时间内将史克的声音传达给公众，有效引导了舆论，使其向着有利于史克的方向发展，避免了危机连着危机。

正是对媒体的真诚态度，史克公司极大地感染了很多记者。媒体在发布中国药监局通知的同时，也向公众传达了史克公司视消费者为上的坚定态度：史克公司积极按照中国药监局管理部门的要求，宁肯损失自己，也要对公众健康负责。

一个月后，在同一个地点，中美史克宣布不含 PPA 的康泰克重新上市，在没有更改这个品牌的情况下，"康泰克"感冒药又收回了它原来的市场。仅广东新药上市头两天即拿到几十万元订单，这份订单不仅表明了分销商对史克公司和新康泰克的信心也表明了康泰克这一品牌在经历挫折后的再度重生。

积极的态度、有效的媒体关系管理不仅能帮助企业度过危机，还能帮助企业在激烈的市场竞争中"乾坤大挪移"，转危为机。

面对突如其来的企业危机，有成功过关的企业，也有更多失

184

败的案件，看看下面几个例子。

3、郑州光明违规生产被曝光

案例介绍：

某年6月5日，河南电视台经济生活频道曝出惊天黑幕：

光明乳业过期牛奶回炉再包装后重新进入市场销售。该报道批露，记者装扮散工，进入郑州光明山盟乳业有限公司下属的牛奶回收车间工作，发现大量过期牛奶露天堆放在车间，很多奶袋子上沾着腐烂物和蠕动的蛆，拆开后发出恶臭。拆奶工划开奶袋，把牛奶倒进大桶后，推进车间，工人用管子把这些牛奶都吸进一个被称为回奶罐的金属容器加工生产，而在车间一旁，靠墙堆放的就是生产出的新光明纯牛奶、光明巧克力奶等产品。记者按照最低标准估算，仅郑州光明山盟乳业一年就销售200万袋回收奶。

6月8日，光明乳业董事长王佳芬接受《每日经济新闻》采访时称，"我们已经公布了《告消费者书》，请广大消费者放心。同时我们也恳请媒体和广大消费者进行监督。我们河南这个厂现在仍在生产，仍有新的订单。"，"我们已从上海派人到郑州进行调查，这个事情不存在，光明不可能做这个事情。"

实际上，光明乳业的真正危机是什么？不是回锅奶，不是早产奶。而是光明对危机的态度。发生危机不一定会导致一个企业败亡，真正导致企业败亡的是危机公关的缺失。任何一个企业在其发展过程中都会不可避免地面临一些突发性负面事件。这些事件处理不好，足以毁掉一个企业。"群众的眼睛是雪亮的"，采取"躲藏"和回避的态度，到头来只能是搬起石头砸自己的脚。因为任何危机事件的发生，都有它的起因和解决办法，任何遮掩和躲避的方式，都是自欺欺人，对危机的处理有百害而无一利。

我们来看看，光明牛奶在事发后的危机公关手法：[3]

（1）紧急反应。正如光明乳业公关部人士称，光明公司早就建立了一套危机处理系统，在河南电视台播出了这个节目当天晚上，危机小组就开始启动。次日，光明立即派高管到郑州进行自查，同时向消费者发布"诚告消费者书"。客观地说，能够在危机发生之后，迅速和媒体与公众沟通，这是光明乳业值得赞许的一点。

（2）狡辩＋否认。"诚告消费者书"称不可能存在有回锅奶一事，并称"诚告消费者书"已经代表了光明乳业公司在对这一事件进行自查后的最终态度。董事长王佳芬更是言之切切，称那是"不可能存在的事"。此种表态是莽撞的，也是不负责任的。为什么不先表态称无论如何，出于对消费者的负责，先停止销售河南光明的产品，并进行回收呢？这才能花多少钱?! 但消费者感受到的却是你负责任的态度。而此后对杭州、上海的早产奶疑问，光明更是搬出全国食品工业标准化技术委员会《关于确定乳制品生产日期的函（食标「2003」42 号)》规定来作答。然而，正如有专家指出的，对《产品质量法》释义应当由国家质检总局来进行解释，全国食品工业标准化技术委员会只是一个行业协会，不是立法和执法机构，从法律的角度看，该释义函不具备法律效应。这只是一个挡箭牌而已。

（3）回避媒体。由于光明牛奶的极力否认，让媒体感觉到还有很多深挖和跟进的新闻点。结果将媒体炒作推向了更高的热潮。而杭州、上海的失守更令光明雪上加霜。而到这样的时候，光明牛奶的相关人士，却玩起了失踪。这只会让消费者更加相信光明乳业有问题。

（4）顾左右而言他。虽然光明乳业最终向消费者致歉，但仍然拒不承认有用过期奶加收加工的报道，那么河南电视台拍摄的镜头又如何解释？对于消费者关注的热点，光明乳业顾左右而言他，虽然让人感觉不到诚意。不积极主动，去和公众、媒体进行良好沟通，又怎么通过媒体把正面消息传达出去，博取媒体的同情和支持，以追求主动，化解危机呢？

（5）走旁门，试图搞定媒体。在上海奶业行业协会的网站上，一篇题为《反思"光明回收使用变质奶事件"的假新闻》的未署名文章，指责河南电视台的新闻是假新闻。一看就知这篇文章背后有人操纵，如果真是假新闻，为何光明乳业不光明正大地指出来？尽管光明再次声明"未发现郑州光明山盟乳业有限公司从市场上回收牛奶再利用生产"，但是对于河南电视媒体镜头中出现的有关"光明将有苍蝇等发臭的牛奶回收"该如何解释？

记住：狡辩＋否认＝彻底失败的危机公关。说到底，光明乳业最缺乏的就是为消费者负责任的精神，所以一再做出狡辩、否认、回避的举动出来。但这绝对是掩耳盗铃、自欺欺人之举，因为老百姓心里面有杆秤。

4、汤中喝出蟑螂

案例介绍：

这曾经是广州人耳熟能详的一个故事。国有企业××居是广州的一个老字号企业。在一次客人就餐当中，顾客在第二次喝汤的时候，赫然发现汤中竟然有一只蟑螂。酒楼碰见这种情况一般的补救措施是撤下这碗汤，再换个别的东西，或者是把这一桌酒席打个折扣。但遗憾的是这几位顾客不同意这种常见的处理方式，他们要求赔偿交通费、精神损失费、医疗费……在争执中，楼面经理口不择言，不慎说出了：蟑螂是中药，那么蟑螂汤也就没有什么危害，同时，汤都是高温煲出来的，也不会有细菌……勃然大怒的顾客迅速端起这碗蟑螂汤来到《羊城晚报》……由于××居的领导一直没有高度重视，甚至其办公室主任对采访的记者也态度粗暴，终于使××居在这个"蟑螂汤事件"中一发不可收拾。这只"蟑螂"越长越大，仅在《羊城晚报》的头版就"趴"了一个礼拜，并最终导致××居停业整顿。

这本来并不是一个多么难以处理的问题，甚至在整个过程中，顾客与报社都为××居提供了两次台阶，但遗憾的是他们都选择了放弃，对一切不仅听之任之，还采取了粗暴的态度，导致企业陷入停业整顿的沼泽，又何谈转"危"为"机"呢？

这是一个典型的国内中小企业公共关系失败的案例，在这个事件中，不存在企业难以克服的问题，考验的只是企业是否具有危机管理的意识，危机当头，企业应以大局为重，真正地把顾客当上帝，谦虚、包容、平和，在一定的限度内退一步海阔天空。

5、媒体错误报道害苦福胶集团

案例介绍：

作为皇家贡品，已有2500多年的生产历史，曾因为进贡朝廷获封为"贡胶"的山东福胶集团，在2002年几乎遭受灭顶之灾。自1735年开始，即以熬驴皮成就阿胶的福胶集团，因为有媒体报道其产品是由马皮熬制而成，一时间，"挂羊头卖狗肉"的指责铺天盖地而来。在企业生死攸关之时，慌了手脚的福胶集团领导层却纷纷放"假"；福胶人对记者的电话问讯统统是无可奉告，而老总的去向则是——"去国外考察了"。这种一问三不知的回答更引起了媒体的兴趣，而采取"鸵鸟政策"的福胶领导却采取了三防政策：防火、防盗、防记者。这种事态一直延续到当地政府、卫生局等部门来调查并出具证明以示其清白后，福胶人才如梦初醒——原来，躲记者并不是最好的办法，同时，要躲的也不应该是记者，信息世界不可能有信息真空，越躲，危机只能是越来越大。

中国有句俗话叫"身正不怕影子斜"，意思是只要身体无残疾，并且站得直、行得正，又何惧影子是斜的呢？的确，邪不胜正，乌云是无法永远遮住太阳的。然而，在当今竞争如此激烈的社会中，对企业来说即使是乌云遮住太阳的那一瞬间时间，也会给企业带来巨大的经济损失。

案例中富胶集团的反应象一个迷路的倔强而又内向的孩子，面对热心人的询问，不管是否善意，只知道遵守妈妈说的"不要和陌生人说话"的规则，紧闭着嘴任恐惧、倔强的泪在眼中打转。殊不知，说出来大家才会知道怎么帮他找到回家的路。这当然只是一个不太恰当的比喻。作为十分清楚自身的质量没问题，是媒体报道失误的福胶集团，应该大方的站出来，镇定自若的应对媒体。不仅这样，还要主动找相关媒体来澄清事实，消除误会，化

188

解危机。只要不作违法之事，正直的媒体永远是朋友，即使出现误会，也是属于"内部矛盾"，沟通畅通必可解决！要知道媒体不是"鬼"，而企业也没做"亏心事"，那么何惧媒体"叩门"呢？

6、企业高层犯法，伊利冷漠面对媒体

危机发展及处理过程：

2004年12月17日，网络媒体报道了"传伊利集团郑俊怀等多名高管被检察院带走接受调查"的讯息。敏锐的各大媒体记者紧急飞赴内蒙古采访报道，然而他们这次却吃了一个"结结实实"的闭门羹！

不仅内蒙古高检拒绝透露相关消息，伊利集团的其他高层也同样拒绝接受采访。接下来的18、19日恰逢周末，伊利集团的相关人士更是"名正言顺"地守口如瓶、不动声色，媒体对伊利的报道"疑似成分"很多，有北京的媒体记者在后来报纸上刊发的"采访手记"中甚至称"承受压力、冒着危险"在当地采访。

20日，新的一个工作日开始了，满怀希望的记者以为该日会有所收获，做好充分准备直接采访伊利高层，然而，留给他们的除了失望，还是失望！有人说："伊利集团的相关人士就像瞬时从人间蒸发了般，统统联系不上"。当日，受传闻影响，伊利股份开盘即跌停。21日，很多媒体都登载了伊利集团"封锁消息"、"回避采访"、"开盘即跌停在上海交易所停牌"等新闻，另外一些非正规渠道得到的消息也被媒体大肆炒作，比如京城某媒体在采访伊利集团相关人士未果后，报道了来自经销商的原话"少了郑俊怀的伊利，如同没了主心骨，作为伊利的合作伙伴，他们也想知道未来伊利谁说了算"。唯一一条比较好的消息来自21日新华社网站的"伊利集团5名高层管理人员被刑拘后企业运转正常"。

直到21日上午，伊利集团才开始展开公关行动——对外发布公告就有关事宜进行披露。公司监事会主席杨贵出面主持召开了新闻发布会。在发布会上，杨贵再一次就5名公司高层被刑拘事件做了证实，并补充，当地检察机关先后传讯了11名高管人员，

6名高管在完成调查后已经返回公司，现在被刑拘的有5名人员。他同时承认，高管挪用公款问题的确与证监会立案调查有关。新闻发布会最重要的内容则是整个公司高层的大换血，这也是伊利为稳定公司局面迅速采取的应对措施。

在伊利集团不愿意透露更多情况的前提下，前伊利集团的独立董事俞伯伟、王斌等人被媒体"围追堵截"，虽然他们的表态对伊利来讲不算是雪上加霜，但是却也让伊利集团如芒刺背。再加上伊利集团新班子对事件讳莫如深不愿意作答、伊利股份最大的流通股股东博时不承诺短期内不动伊利股份、"郑俊怀伊利独裁"等等，形势对伊利集团应该说是相当不利。

令人遗憾的是一些不该出现的情况再次延续：12月23日晚上，伊利集团召开的投资者交流会，第一大股东金信信托并没有派代表出席，而且在事发后一周内他们并没有跟伊利方面进行任何接触、沟通。在交流会上，伊利总裁潘刚还表示：因为多方原因，伊利股份无法就投资者们提出的要求制定解决时间表。

来自《21世纪经济报道》的消息表明：在12月21日到12月23日短短三天的时间里，伊利已经安排了四次比较集中的媒体见面会。

12月25日，呼和浩特市市委书记韩志然、副书记张彭慧和副市长武文元以及当地媒体记者一起来到伊利总部，视察和了解伊利的生产经营情况。"暗地里"给外界传递了一个信息：当地政府"声援"伊利集团。

在自身的努力及当地政府的大力支持下，伊利终于跌跌撞撞的度过了难关。

危机带来的负面影响及其坏消息不会因为遇到周末而放假。在当今这个网络传播迅速的信息时代，作为一家大型企业其一举一动必为大家所关注，发生危机情况时不及时向媒体和公众发布正确的消息，越是遮遮掩掩，众人便越是好奇，有关企业的负面新闻便越是容易登上媒体的头版头条。伊利期间"封锁"、"回避"

的态度，也催生出了不少不利于自己的流言蜚语，让企业的经销商等关联利益人没有了信心，充满了担心。

为解决危机，伊利确实一直在努力，最后也解决了危机。但是，倘若企业不能在有限而紧急的时间内拿出一整套的危机应对措施，也不能向媒体、向投资者及更多公众公布他们所关心问题的解决办法甚至是解决进程，这样的努力的效果势必会大打折扣。

企业高级管理人员必须提高危机管理意识及技能，同时规范权利分配机制、法人治理结构，这样在危机到来之时才不至于"被动挨打"。

二、潜在危机

我们将永远处在多变的环境当中，科技日新月异、全球化、企业并购等因素，时时都在驱动企业进行变革。企业通过变革管理，成功地让公司脱胎换骨，以主动应战来规避危机，这是应对潜在危机最常见的手段。

变革的范围很广泛，可以是企业的全方位变革，也可以是很小范围的变革。不同企业根据所面临的竞争环境及危机，变革的程度是不同的。通常能够成功掌握变革的企业，都会遵循以下八个变革程序：

1、增强急迫感。要成功推动变革，首要工作就是激起多数员工的急迫感，让他们随时处在备战状态。

2、建立领导团队。激起员工的"急迫感"，以让有更多的人愿意在看不到短期报酬的情况下，加入变革团队。

3、设定方向清楚的愿景。

4、沟通。沟通的目的是，尽可能吸引更多的员工投入参与变革，达成远景目标。

5、授权行动。当员工逐渐了解变革远景，也愿意配合采取行动时，企业便要设法帮助员工排除阻挡在前的障碍，这就得授权。

6、创造短期胜利。短期胜利可以加深变革的信仰，是推动变革的精神鼓励，同时能抑制怀疑滋长，建立驱策的力量。因此，变革团队在一开始，就应努力快速达成几个明确、看得见而有意义的成就。

7、切莫松懈。在变革的过程中，经历了几个短期成功之后，最大的挑战就在于，如何维系员工的"急迫感"不坠。企业很容易因为几个小成功而松懈下来，这往往也是在推动大型变革时，很容易掉入的陷阱。

8、持续变革。要让变革持续进行的秘诀在于，建立一个坚强的支持型企业文化。

1、绿色麦当劳[4]

上世纪八十年代，麦当劳因其每天都制造垃圾——废弃的包装物，逐渐成为环保人士攻击的对象。

麦当劳采用的是"保丽龙"贝壳式包装。这种包装既轻又保温，且携带方便，是速食业理想的包装。但这种包装难以处理，加之外带食用的比例过高，废弃包装物的清理就成了威胁环境的问题。富有环保意识的人们、尤其是年轻的一代纷纷地向其总公司寄来了抗议信。公司当局意识到这些抗议将威胁到企业未来的生存，而且包装可说是速食业的灵魂，速食业致力于包装的开发，其重要程度并不亚于菜单的本身。

许多企业面对环保问题，应付的办法不外乎是推、拖、拉，但麦当劳没有这样做。它得罪不起消费者，不仅必须有所行动，而且要公开地做。为了平息抗议，它不得不寻求环保人士的协助。1990年8月，麦当劳和"环境防卫基金会"（EDF）签署了一项不寻常的协定。EDF是美国一个很进步的环保研究及宣传机构。

麦当劳所以寻求EDF的协作，是因为当其拟定环保政策时，发现环保的复杂程度远远超过其认识。起初，麦当劳以为主动回收废弃的贝壳包装，似乎就能平息消费者的不满。1988年，麦当劳在10个店铺做过小试验，证实将贝壳包装回收再制成塑料粒子作为它用，技术上是可行的。但翌年将此设计扩大为1000个店铺时，却出了问题，主要是其外带量是店内量的6—7倍，这么大量的废弃物已非麦当劳所能控制。另外，在店内食用的、废弃的包装物虽然可以回收，但清理工作十分麻烦。回收不是灵丹妙药，特别是美国有些城市已全面禁止使用贝壳包装。

在实在很难满足不同环保目标要求的情况下，麦当劳不得不寻求外援，与 EDF 携手合作。在与 EDF 合作之初，麦当劳领导层人士还期待着在美国的 8500 家店铺全面实施回收来解决包装问题，但 EDF 确信减少包装才是治本之道。

麦当劳至此决心改弦易辙，宣布取消贝壳包装，代之以夹层纸包装。随后麦当劳自己还进行了一项研究，发现贝壳包装从制造到废弃的全过程，耗费的天然资源比夹层包装纸大。夹层包装纸虽然无法回收再制，但不像贝壳那样蓬松，其储运与丢弃所占的空间只是贝壳的 1/10。整个研究得出的结论是：减废比回收更重要。

取消贝壳包装只是整个环保努力中的一个小进步，主要的成就还是在实现环保目标上。为了实现环保计划，双方同意按减废、重复使用、回收再制的顺序进行。在减废上从三个方面着手：一是减少包装；二是减少使用有损环境的材料；三是使用较易处置，能物化成肥料的材料。

环境污染和恶化问题正引起世界各行各业的关切和重视，已成为全球所共同面临的一个最重要的课题。"绿色"———种强调社会进步与环境保护协调同步发展的崭新文明形态，已成为时代不可抗拒的潮流。绿色形象是现代企业的巨大财富。绿色麦当劳就是在"绿色"的潮流中，以自己独有的精明和强烈的公共关系意识，通过环境保护这一深得人心的举措，赢得社会的好感和信誉，从而为麦当劳事业的发展创造了良好的社会氛围和经营环境。

2、玩具企业成功应对"成长的烦恼"

香港某玩具企业经过多年发展，已拥有 3 间厂房，产品 70% 外销，在欧洲、美国已建立相当的市场地位，订单不断增加的同时，却遭遇瓶颈问题，一切运作缺乏成长动力，难以进一步扩大生产规模，提高效率。

原因是企业架构单一，各部门间未能最有效地分工，尽展所长。企业各个生产厂之间缺乏沟通，往往一间厂有原料剩余，就习惯性积存在仓库而没有主动补足其它原料不足的厂房。

改革措施及结果：为了摆脱这种危机，企业高层决定不惜花大力气对企业进行架构重组。领导层重整公司的总体架构，将业务分派到适当部门，让权责更为清晰，也方便进行税务规划。分别成立香港及离岸公司作控股公司，持有相关的来料加工及合资厂，并将产品出口到特定的市场。

这些安排，既可以让各部门直接对各自的经营表现负责，也可分散风险。倘若某市场的买家对该企业提出诉讼，经营其它产品或针对其它国家的部分将不会受牵连。更重要是，企业重组，一分为三，可以以3家不同公司的名义去接单，减少出现同一家公司为多名直接竞争对手服务的机会。既可增加客户的信心，也可扩大他们为新客户服务的机会。

经此重组后，企业一方面可以接受更多大客户的订单，由各公司独立控制和安排生产，使公司销售额节节攀升。另一方面，因其重组后为持有内地来料加工的香港公司，由咨询公司帮助申请了50%利得税的减免。这样，企业每年可节税50%以上，无形中省去了大笔开支。企业之前每年缴纳高达700万港币的税费，变身后，即使营业额和毛利率都大幅增加，也不会对企业造成多大伤害。

此外，进一步完善了企业的管理制度，为企业长远的发展潜力打下坚实的基础。重组后疏通了厂房间的沟通渠道，各企业间自负盈亏，原材料在各大厂房间得到有效流动与利用。架构重组还改变了企业原先管理职能重叠现象。管理效率大幅提升，为集团节省了大量管理成本。

由于改革成效显著，该企业不仅从一家中小企业一跃而成为一家大型企业，还赢得了众多同行的尊重。

在企业发展早期对企业进行改革尚有阻碍，更何况是在企业已经有了一定规模之后？其难度之大、各方面的冲突、斗争之激烈程度可想而知。此案例中该企业改革之决心、魄力、胆量值得钦佩。由此可知，克服重重阻碍，大力推行改革可成为企业发展、成熟的巨大动力。

第二节　危机管理——中国企业品牌管理必修课

中国企业对于品牌管理的知识并不缺乏，相当多企业家本人就是一流的品牌专家，他们对于如何在中国这块土壤上迅速建立品牌显然要比那些传播国外成熟品牌理论的跨国公司要有效得多，因此我们经常会看到许多品牌奇迹，一个不知名的小企业突然一夜间成为家喻户晓的著名品牌，没准年底还能拿个十大什么品牌奖，一个全国性品牌就这样诞生了。但同时我们又经常看到一个全国十大品牌可以在一夜间遗臭万年，成为媒体攻击的对象，只因为某个危机处理不当而造成，例如三株就是一个典型例子。[5]

将一个品牌的成功或失败原因全部归集到某一个原因是不合理的，其中可能最重要的一个因素就是中国大部分企业对于品牌的理解只是停留在品牌传播阶段，而对品牌的管理特别是战略管理他们根本就没有这个概念，从最近许多企业的危机管理中可以看到这个现象。品牌战略管理有许多方面的特征，其中一个特征就是有体系化的品牌运作手段和途径，这些手段和途径中最难把握的就是品牌的危机管理。正如我们经常强调的，一个没有经过风浪的企业家称不上是真正的企业家，一个没有经过波折的企业还不是真正的企业，一个没有经过危机的品牌谈不上是著名的品牌。为什么？因为具备危机管理功能的品牌才有机会成长为基业长青的品牌，因此它才能有资格评为著名品牌，而中国企业无疑在这方面是弱者。

在2003年中国十大危机公关事项中，包括跨国公司在内的十个企业对于危机处理的效果能够称得上是优秀典型案例的真是可圈可点，原因并不是这些著名企业缺乏危机管理意识或能力，而是他们母国那套危机处理方法来到中国明显有水土不服的现象，除了红牛和索尼公司的危机事件从目前来看取得较好的效果之外，其它公司的危机处理都或多或少存在瑕疵，甚至导致品牌危机，因此我们如果照搬跨国公司的所谓危机公关处理艺术到中国是不明智的。相反本国企业对于中国市场的了解及高超的公关艺术却在企业危机处理中达到良好的效果。例如最近在"阜阳劣质奶粉"事件中因误上"黑名单"而成为此次事件中最大受害者的三鹿乳业，他们在危机处理中所采取的方法适合中国国情，所以起到较好的效果。

2003 年度中国十大企业危机公关案例

公司品牌	危机事件
CECT 手机	"中国种的狗"事件
罗氏	"达菲"风波
长虹	海外"受骗"风波
富士	"走私"丑闻
家乐福	"进场费"风波
麦当劳	"消毒水"事件
SONY 彩电	"召回"风波
红牛	"进口假红牛"危机
格力	"内讧"事件
丰田	"问题广告"事件

从品牌战略管理的角度，品牌危机处理的要点主要做好以下几个方面：

一、未雨绸缪，有备无患的危机管理意识

所谓危机，就是在正常情况下预计不到，而且往往是突然发生又对企业会造成严重影响的事件才可以称得上是企业危机。企业危机有很多种，包括经营危机、信用危机和品牌危机等等，本文主要指的是品牌危机。针对危机的出现，不同企业的应对方式和方法是显示企业管理水平的重要标准，在企业正常运行过程中，企业品牌管理能力差别并不明显，只有在危机中才可能显示与众不同的管理能力。因此，企业只有在日常管理过程中建立危机管理的程序，培训公司主要管理人员应对危机的方法，培养消除危机的各种关系网络，才是战略品牌危机管理的核心。

二、速度就是生命，建立建全危机反应机制

在危机管理中，速度通常是决定危机能否消除甚至转化机遇的关键，对于危机认识不足，或反映速度迟缓，都可以造成品牌危机上升到企业危机的可能，一般我们说，要尽一切可能将危机扼杀在摇篮之中，避免危机扩散，所以建立危机反应机制是检验品牌战略管理是否健全的重要步骤。

三、态度决定危机能否转化的关键

在品牌危机管理中，往往会涉及到主要三方面的关系，消费者、媒体和公众，这三方面的立足点和关注点各有侧重，但共同关注方面是企业的态度，这里所说的态度是指企业在危机事件中所采取的姿态和措施。在危机事件中，一开始消费者或受害者所关注的是自身利益，这时候企业如果不尽量采取措施使消费者满意，或者说将危机事件淡化，转移事件的关注点，可能消费者就会使事件升级，通常他们的关注点会转移到事件之外，例如个人尊严甚至是国家民族尊严，那么事态就会越发严重。因此危机处理中对于危机本身的处理是很重要的，但另外从危机处理中所反映出来的公司形象或者说公司文化就是危机能否消除的核心。一味的应乘或推卸都是不可取的，让各个群体感觉公司的态度是诚恳的，但又不能随便降低公司的形象或者做出承诺，是一个公司危机公关水平的象征。

四、主动出击，危机的反面是机遇

处理危机、解决危机是所有企业品牌危机管理必上的一课，但这只能说明企业能够建立危机解决的途径，并不能说企业拥有

危机管理的能力，管理危机的根本在于企业能否转化危机，使危机为企业所用，危机的反面是机遇，这是辩证的，也是高超的管理艺术。在企业危机中，一般是企业最受关注的时候，一方面企业如果不能及时解决危机，会导致企业生存危险，但仅仅是解决问题只是危机管理的第一步，转化危机，主动牵引危机的关注点，到让危机为企业品牌宣传所用，这往往只是一步之遥。从这方面分析，三鹿乳业危机管理尚缺火候，他们对于解决危机的能力较好，而对于转化危机却缺乏远见。

五、品牌文化，危机管理的杠杆

在危机处理中企业所显示出来的综合能力就是企业文化的体现，如何应对危机、消费者、公众和媒体，这些都应该是企业文化的内涵，特别是在危机与机遇转化的辩证关系中，企业员工如何理解、处理和转化危机，是考验一家企业文化的难题。在危机管理中，危机通常是起源于外部，但结果却取决于内部。如果企业内部在企业发生危机时不能同舟共济，而是相互拆台，打小算盘，那真正的危机是来自企业内部。同时，如何传播企业文化，是一个企业在危机管理中要时刻准备事情，企业文化对外就是品牌文化，而品牌文化就象是人的品格，如果我们认同一个人的品格，就算别人对这个人有一些抵毁之词，我们也不会轻意相信。危机管理也是一样，如果各界对企业的文化非常认同，就算真的危机形成，往往也能大事化小，小事化无。

因此，危机管理的杠杆来自品牌的内涵，文化才是支撑一个品牌长久不衰的理由。中国大部分企业品牌形成的时间都很短，因此他们更多经历过的是品牌的成功，而对于品牌危机却少有经验，而品牌战略管理中，成功与危机基本是同时存在的，没有经历过危机的品牌称不上是成功的品牌。所以，品牌危机管理是中国企业品牌管理急需补上的一课。

参考文献：

[1] 卢旭成，邓勇兵. 化危为机——创造危机下的营销可能. 成功营销. 2005. 08

[2] 魏然，中国之星网.

[3] 庞亚辉，《光明牛奶，在危机考验中该如何应对》。

[4] 张岩松. 王艳洁. 郭兆平等，公共关系案例精选精析. 北京：经济管理出版社 2003

[5] 叶生，陈育辉.，《危机管理，中国企业品牌管理急需补上的一课》

第十章 中国城市危机特点及对策

当代社会，容易引起突发事件的因素很多，城市公用事业是一个极其重要的方面。

城市公用事业包括城市供水、供电、供热、城市燃气、公共交通等。由于城市公用事业是城市的重要基础设施，为城市居民的生产生活提供着普遍的公共服务，因此每时每刻都不能停顿。一旦出现问题，关联众人影响巨大，甚至可能造成整个城市瘫痪，引发社会危机。从已发生的国内外案例看，既有由于城市公用事业自身原因造成的事件，也有由于外部原因造成的。但不管哪种情况，城市公用事业一旦形成突发事件，处置不当，就必然带来严重的社会性后果。

2005 年 11 月 21 日，哈尔滨市由于城市水源污染，停止全城供水 4 天，引起全城骚动，人心惶惶，险些引起一场社会危机。此事由于中央及有关方面的努力，化险为夷，已经过去。但其中引发的对突发事件的危机管理以及城市公用事业的安全问题，应令各有关方面警惕与思考。

2006 年 1 月 5 日，国务院新闻办召开 2006 年第一场新闻发布会，民政部副部长李立国说，2005 年先后有 8 个台风在我国东部、南部沿海地区登陆，造成较大损失。在这个台风重灾年，台风共造成 377 人死亡，47 人失踪，经济损失高达 801 亿元，占全年自然灾害造成经济损失的 40%。

在网上流传的一篇《2005 嘉兴百姓生活十大关键词》说："2005 年的大半年时间里，嘉兴人在几个美丽名词之间盘桓争斗。'麦莎'刚走，'泰利'又至；'泰利'刚走，'卡努'又至。每次台风袭过，我市各地无不风雨交加……"嘉兴，成为 2005 年中国城市与台风抗争的代表。

2005年12月3日晚，一片雪花在山东省威海市落了下来。雨夹雪、小雪，到最后变成暴雪，4日清晨，威海市区积雪最厚处已能埋住膝盖。暴雪似乎还没有停下来的势头，这一天，威海雪深最高历史记录被突破。12月20日夜间，第五次强降雪到来，强度超过前4次中的任何一次。数万人顶着风雪踏着没到脚踝的积雪步行上班，成为这个城市难忘的记忆片断。不完全统计的数字显示，880余辆车、2000多乘客被困途中，有的乘客和司机在寒夜里苦等10多个小时，为了营救被困人员，威海市先后出动2000余人，各类救援车一千余辆参与救援。面对这场近50年未遇的大雪，这座小城虽然做了准备，但是还是显得很慌张。"城市的应急预案必须要有，有些东西我们过去可能想不到，谁能想到威海会有这么大的雪呢。""我们必须要有一个周到、详细的预案，考虑到可能需要的物资、设备等，可能制订的时候麻烦要大一些，但到了用的时候就能体现好处了。"这是威海市委副书记、常务副市长刘命信经历此次暴风雪后得出的结论。

死亡13人，受伤600余人，倒塌房屋9000余间。很大部分房屋的墙体开裂、房屋倒塌、屋架塌落等现象随处可见。这一切在2005年11月26日8时49分38秒，江西九江、瑞昌5.7级地震爆发后，展现在世人面前。

2006年年初，民政部有关人员表示，虽然中央支持了3亿元，但是江西九江5.7级地震后的恢复重建仍是目前最困难的工作。

江西地震调查组在走访中发现，建筑是否进行防震处理，成为一个区域居民受灾情况甚至生死的关键：地震发生后，九江市区虽有强烈震感，但由于市内房屋大多进行了抗震设防，所以未发现建筑出现大范围的破坏现象。而相邻的九江至瑞昌区域的房屋由于大多没有进行抗震设防却出现了大量的破坏。

《中国青年报》报道说，这次地震震出了很多豆腐渣工程，很多房屋明显没有达到规定的防震烈度。

除了建筑本身存在的潜在威胁之外，有关专家在灾后调查时发现，大部分人员伤亡不是被地震造成的建筑坍塌压死，而是由于防震知识的空白，"慌不择路"盲目逃生所致。

2005年11月13日，位于松花江上游的吉林石化公司双苯厂发生爆炸事故，当时的报道援引有关人士的话称，"爆炸产生的是二氧化碳和水，不会污染到水源"。

而事实是，那些未经充分燃烧以至形成"二氧化碳和水"的苯类污染物流入了松花江。另一种说法随之逐渐浮出水面：如果吉化双苯厂的爆炸物充分燃烧，并不会对环境造成巨大污染。

在吉化双苯厂附近居住的无辜民众接受采访时说，他们平时并没有被告知在化工厂发生意外时如何自我保护并快速逃生。即使作为高危行业的从业者，吉化员工对事故的反应也显得过于平淡。因为"伤亡事故几乎每年都会发生，没什么可惊讶的"。

拥有1300多名职工的双苯厂，只有南面的一个出口可供消防车进出，而爆炸起火的装置附近最多只能容下5辆消防车。消防车多达60辆但绝大多数只能排在工厂外的马路上待命的尴尬一幕让我们对吉化双苯厂地爆炸有了更多的思考。

更具有戏剧色彩的是吉林市有关部门刚刚获得了某国际组织评选的"最适合开办工厂城市"的称号。吉化爆炸事件和加油站等诸多潜在的"不定时炸弹"让我们警醒：我们仅仅指责现代城市欠缺某项防灾功能是不够的，有必要对时下城市规划理念进行整体检讨。城市规划的严重缺陷，往往是酿成灾害的根本原因。

城市公用事业的安全如此重要，主要是由于：第一，城市是人类高度聚集的地方。中国的城市规划标准一般是1平方公里1万人，在一些大城市的中心区，甚至达到每平方公里2-3万人。现代城市动轧上百万，甚至上千万人。如此之多的人群，聚集在如此狭小的面积上，一旦出现问题，传播速度之快，关联程度之强，是其他任何地方都不能比拟的。第二、城市是一个地区的中心。包括政治中心、经济中心、文化中心、信息中心。其影响力、辐射力、带动力都是巨大的。同时，城市又是社会财富的集中地，是一个地方的神经中枢，因此，一旦出现问题，其杀伤力、破坏力也是致命的。第三、现代城市对城市公用事业的依赖度越来越强。随着现代化的进程，社会分工越来越细，自动化程度越来越高。人们的生产生活和整个社会紧密地联系在一起，而这一切都是建立在城市公用事业的公共服务基础之上的。一旦停水、停电，人们不仅不能工作和学习，就连吃饭、喝水这些最基本的生存条件都没有了，必然会产生社会恐慌、人群骚乱。现代科学技术的发展运用在造就城市的同时，也形成了城市的高风险。为了落实科学发展观，构建社会主义和谐社会，必须高度重视城市公用事业安全，努力做好防范与应对工作。中国正处于城镇化快速发展和建设时期。2004 年底，按人口的比率，中国的城镇化率已达41．8％。城市已达 661 个，建制镇 19883 个。城镇常住人口 5．4 亿人。其中 100 万人以上大城市 49 个，50 万至 100 万人大城市 78 个。

由于种种原因，城镇普遍存在着公用事业不发达，基础设施不健全，危机意识淡薄，应对措施不足的问题，城市社会危机管理存在严重缺陷。

这些缺陷主要表现在：第一、缺乏危机意识。看不到问题的隐患，盲目乐观，喜欢"报喜不报忧"。第二，没有应对预案和措施。出了问题就"抓瞎"。即使编制了预案，平时也不演练，形同虚设。一旦有事，仓惶上阵，临时拼凑，手忙脚乱，顾此失彼，损失惨重。第三、体制不顺。没有统一的常设结构。平日里横向组织，分散管理。关键时刻，谁也协调不了谁。特别是核心指挥人员，缺乏专业训练和经验，关键时刻难以做出准确判断和决策。第四、法制不健全。单凭号召和觉悟，没有法律保障。政府、部门、公众，在关键时期，各自应该做什么，不应该做什么，没有规定，想当然做事，随意性很强。第五、信息不公开，透明度不够。政府与公众缺乏互信力。关键时刻，政府害怕引起混乱，封锁消息，甚至发布"善意的谎言"，大众则相信流言，不信任政府。政府的公信力和权威遭到严重损害。从 2003 年春天北京的"非典"（SARS）事件到 2005 年冬天哈尔滨的"停水事件"，教训极其惨痛，必须引起高度重视，"亡羊补牢，为时不晚"。

危机管理是以具体的危机的萌发、形成、爆发、扩散的恢复实施检测、预警、反应、报告和处置的全部控制过程。

危机管理是指政府组织社会力量，对可能发生的社会危机制定应急和处理的方案、办法与措施，以及对危机的萌发、形成、爆发、扩散的恢复实施检测、预警、反应、报告和处置的全部控制过程。危机管理是以具体的危机过程为对象的，它不涉及危机社会成因的政治治理，也不直接涉及危机自然成因的社会与技术。因此，我国危机管理的缺陷主要是经验不足，体制不顺造成的，不是社会制度上的原因。由于中国城市化的进程起步很晚，中国的城市危机管理还处在"社会主义初级阶段"，与发达国家差距很大，无论在理论和实践上都要加快研究，尽快形成完整的体系，以应对日益发展的社会需要。在城市公用事业方面，应主要做好以下几个方面的工作：

风险评估——完善城市公用事业的各项基础设施

完善的基础设施，既是做好日常服务工作的需要，更是紧急情况下应对工作的物质基础。因此，必须使城市公用事业的设施始终处于良好的运行状态。不仅要完善，还要完备。要保证在特殊情况下，城市公用事业的生产和服务不中断，就必须有足够的备用设施与能力。例如城市供电双回路及多回路、备用水源、备用气源、备用热源、公共交通备用车辆、备用通道等。所谓风险评估，就是对最坏情况下设施保证情况的评价，是一种事先防备。

能力评估——尽快制定切实可行的应急预案

应急预案是对突发性事件的假设，是对突发性事件各方面反应和救助活动的总体设计，是紧急情况下的行动纲领，十分重要。要组织专家认真编制。应急预案的编制必须充分调研、科学论证，做到切实可行、科学合理、全覆盖、全过程。应急预案的方向、目标、方法、措施、分工必须清晰、明确，不能似是而非，含糊不清。应急预案确定后必须及时发布并经常演练，通过不断的演练，落实各项责任和分工；通过不断的演练，调整和充实新的内容，使之更加适合实战要求。

反应评估——建立常备不懈的预警机制

危机管理的有效性，最根本的不在于结束危机能力的有效性，而是预防危机的有效性。任何危机都有一个发展和形成的过程，危机在爆发前是有迹象的。如何以最合理的资源配置尽早地发现危机，预以防范与化解，才是危机管理的最优化原则。预警机制包括对危机迹象的识别、危机迹象的评价和危机警报的发布等。而这一切都是以信息的广泛收集和各种情报的准确度所决定的。因此，建立一套常备不懈、准确高效的预警系统十分必要。

沟通评估——学会与人民大众的沟通与协调

高度发达的现代传媒对城市危机管理来说是把双刃剑，它既可以加速危机的蔓延，也有助于危机的解决。惟一的办法就是坚持"真实的原则"，坚定不移地相信人民群众，对危机的发生、危机的进展、危机的影响和危机的处置等及时地向人民大众做出如实报告。任何对危机的瞒报、谎报和拖延报告都会延误甚至丧失应对危机的有效时机，造成更大的危害，付出更大的代价。同时，要学会与人民大众沟通协调的艺术，要讲究方式方法。要与新闻媒体建立良好的合作关系，特别是紧急情况下的同步协调。

体制评估——组织灵敏高效的指挥系统

我国城市的危机管理，长期以来只是政府职能部门日常管理机制在突发事件中的延伸。各级政府对已发生的城市危机只能临时性应对，缺少富有经验和权威的指挥系统与管理体系。它既不利于政府对城市危机的预警处置，也不利于对已发生的危机的控制和对遭受危害人群的救助。必须建立一个灵敏高效的指挥系统，有一个长期的工作班子。要研究建立一套平时与紧急情况下相结合的机制，按照应急预案，日常分工明确，责任到位，关键时刻各就各位，协同作战。要做到机构、人员相对固定，经费、物资、设备全面落实，时时刻刻处于高度戒备之下。

社会评估——完备有关法律保障制度

突发事件的应对、城市危机的管理是在特殊复杂情况下，以政府为主导，动员全体社会力量参与的社会管理。必须加快城市危机管理的立法工作，完善有关法律法规，规范危机处理过程中社会各方的行为，明确社会各方的义务与责任。这既是危机处置的需要，也是现代社会法治管理的要求。同时，要加强对人民群众的组织动员，普及宣传应急情况下的行动规则和自救常识，以提高全社会的应对能力。

除此之外，城市发生危机应该怎样应对呢？

第一节　政府和社会组织通力合作

各类社会组织尤其是工商企业组织在城市危机管理中的广泛参与，建立政府与社会组织的伙伴合作关系，是西方国家全社会型危机管理网络的一个基本特色。从城市灾害事件发生的情况来看，大量的灾害事件就是在一定的社会组织内爆发的，有许多灾害事件，即使不是在一定的组织内爆发，也可能直接冲击到这些组织，作为受灾主体，它们理所当然要参与到危机应对过程中，与政府一起共同化解危机。对于那些大规模的危机事件的应对，政府在调动所掌管的各种公共物资和资源进行突发性危机管理活动时，有可能还得动用各种营利组织的资源，支持政府危机管理活动的需要。"在城市危机管理中引入社会组织的参与，既有利于塑造这些组织的应急组织文化，提高其自我救助能力；也可以在危机预防、危机处理和灾后恢复的过程中，提高城市政府的危机应对能力；政府还可以通过建立危机状态下社会组织资源的调配机制，提高整个城市的应急物资的储备水平和调动能力。以美国纽约市和日本东京市为例，这两大都市政府非常重视建立和社会组织的伙伴协作关系，加强危机管理中公共部门与私人部门之间的通力合作，以共同应对城市可能发生的各种危机事态。

城市危机管理中的公私合作，首先在于共同推动提高私人工商企业组织自身的危机应对能力。对于东京和纽约这样的大都市来说，城市的繁荣是以城市工商业和金融业的繁荣为基础的，建立私人工商业组织的完备的危机应对机制，使其在危机爆发后能够有效地做出反应，并能够在最短的时间内恢复正常运作，是保持城市繁荣的重要条件，这两大都市因此都非常重视私人工商业组织危机应对能力建设。东京都政府要求企业加强本身防灾体系的建设，制定防灾规划和应急手册，有效地利用自身力量，不断采取措施和开展活动，保证企业内外的安全；完善储备防灾器材和设备、水、粮食等救灾紧用品，确保职员和顾客的安全。纽约市危机管理办公室则一直重视开展公私合作应对危机，目前正努力通过与工商业界的积极互动，发展出多种具体的公私合作项目，如帮助工商业机构规划和发展一套有效的危机应对方案；帮助它们建立良好的危机信息交流机制和危机监控系统；鼓励它们采取一切措施，如购买保险，以最大限度减少危机可能造成的负面影响；在大规模的危机发生后，允许工商业组织进入危机现场，抢救那些对它们的业务开展具有决定性影响的资料和设备；吸纳主要的私人工商业组织代表进入危机指挥中心；承诺支持受危机影响的工商业主，通过不懈努力，恢复正常业务运作，实现经济复苏等。

储备充足的应急物资，以便在危机袭来时，确保相应的物资供应，是成功地应对危机的一个重要条件。但是，对于一个城市政府来说，过度的应急资源储备，容易导致资金和物资、人力的不必要的积压和浪费，应该通过科学的评估，尽量减少专项储备。保障危机应对过程中的物资供应，关键是了解各种政府系统内和社会组织所拥有的可用于危机应急资源的分布信息，并建立一定的机制，确保在危机爆发后，危机指挥中心能够迅速有效地调配这些资源。纽约市的城市应急资源管理体系是一个可资借鉴的良好做法。这是一个以网络为平台的信息系统，于2003年12月份正式开通使用。通过该系统，纽约市危机管理办公室或其他危机应对机构，可以对那些与危机处理有关的各种物质和人力资源，进行准确的定位，以方便迅速地调动这些资源，减少危机所造成的生命财产损失，并帮助危机后的重建恢复工作。该信息系统所涉及的应急资源包括机动车队、重型机械装备、医院、应急供应以及城市人力资源等方面的信息。城市应急资源管理体系是纽约市唯一一个整合多个部门、多种资源的信息管理系统。它使可以被动员来进行危机处理的资源更加清晰明确，从而大大优化危机管理办公室或者其他危机处理机构的决策程序，以保证迅速地满足危机处理的资源需求。

日本东京在构建公私合作机制方面，另有一套成功的做法。为了保证灾害发生时企业和事业单位等民间团体参与救援和相互合作，东京采取了灾前合同制的形式。通过与有关的事业单位、企业和行会、协会签定灾害救援合作协定，形成了法制化的公私灾害救援合作关系。东京都与民间团体的协定一共有34个，构成了一个部门齐全的防灾应急网络，有效地保证了市场经济条件下应急资源的整合。东京市政府通过与这些民间团体签定协议，委托它们在灾害发生时进行协作和救援，并明确征用物资的程序、费用负担和保险责任。例如，与东京汽车协会签定的协议规定：在发生灾害时，协会除因特殊原因外必须提供汽车车辆；都政府马上交付车辆使用请求书等；在汽车公司提出费用支付请求后，都政府必须在30天内支付；由于汽车公司的责任给第三者带来损失时，由该公司负责；如果不是汽车公司的司机责任而发生事故时，按照补偿条例对该司机进行补偿。这样，有关的民间团体按照这些协定的规定，帮助政府储备或者提供救援物资，既能减轻灾害发生时的政府负担，同时又能使政府按照协定迅速调配和整合应急资源，确保了应急救援的物资、人员和设备的供应。

在西方国家城市危机管理过程中，城市政府以社会和社区为基础，还推动成立了大量专项危机管理志愿者组织。以色列国民护卫队是以色列最大的民间志愿者组织。由于以色列特殊的历史发展背景，一直深受恐怖主义侵害之苦。出于国家安全的考虑，以色列政府早在20世纪70年代中期就建立了协助警察反恐怖犯罪的志愿者组织以色列国民自卫队。今天，国民自卫队遍布以色列各大城市和社区，成为协助警察维护社会秩序，预防和抗击犯罪、恐怖活动的不可或缺的得力助手。

日本东京都在1995年阪神大地震后，特别加强防灾市民组织的建设。东京都政府认为，要防止灾害的发生和减少灾害损失，必须建设一个抗御灾害能力强的社会和社区。防灾市民组织是地区或社区组织和居民自主结成的团体，主要作用和任务是：（1）彻底地普及防灾知识和防止火灾；（2）实施各种关于初期灭火、救出、救助、应急救援、避难等各种训练；（3）准备和保养好各种灭火、救助和做饭等器材以及储备应急食品；（4）掌握和检查地区内的危险地方并让地区居民都知道；（5）努力掌握地区内在灾害时需要救援的行动不方便的居民，完善灾害时的支援机制；（6）研究讨论与地区内的企业、单位进行合作的事项；（7）研究讨论与行政进行合作的事项。都政府对市民防灾组织给予必要的支持，区市町村政府作为培育主体，对市民防灾组织进行积极的指导和建议，给这些组织创造好的活动环境和在防灾器材等设备上给以资助。

美国纽约市在"9.11"恐怖袭击事件之后，为了充分利用美国公民的市民精神，发挥志愿者组织的危机救援和服务功能，使市民、邻里和社区做好更充分的准备，应对犯罪、自然灾害和恐怖袭击的威胁，根据布什总统倡导提议的联邦项目"市民梯队"行动计划，在纽约市危机管理办公室的协调之下，设立了市民梯队行动委员会。市民梯队行动计划开展了社区危机反应团队、医疗预备队、街区守护者、辅助警察等二十多个志愿者服务项目，其目的是帮助纽约市市民做好准备，一旦危机爆发，就可以迅速动员起来，投入应急救援之中。例如医疗预备队是一个由医疗卫生和健康服务界的志愿者组成的志愿者队伍，包括医生、药剂师、牙医、护士、医师助理、危机医疗技术人员等医疗专业人士。在纽约市爆发危机时，该项目可以保证有一支专业医疗队伍，能够迅速被动员起来，协助纽约市健康与心理卫生局进行危机救助。尤其是当爆发公共健康受到严重威胁的公共卫生危机事件时，纽约市就会需要成千上万的医疗专业人士，与其他危机应对人员通力合作，医疗预备队中的志愿者就可能被安排去做各种不同的工作，指导危机应对工作。

成立各种危机应急的志愿者组织，并经过定期的训练和演习，既可以在危机爆发以后辅助专业应急救援队伍的救援工作，补充专业救援人力的不足，还有助于提高所有市民的危机应急能力和对公共事务的参与程度。志愿者组织在危机监控、危机情报提供、应急救援、受灾地区、单位和受难者的社会援助等方面都发挥着重要的作用，成为城市危机处理过程中一支生力军。

第二节　强化城市应急意识

提高普通市民和其他各种社会主体的安全意识和安全能力，可以大大减少危机事件爆发的可能性。现代城市运转过程中频繁爆发的众多危机事态，可以大致分为自然灾害、技术事故和人为灾难三种类别。如果说地震、洪水、风灾、炎热天气、暴风雪、山体塌陷等自然灾害事件的爆发是难以避免的话，大量爆发的技术事故和人为灾难，例如火灾、停电、爆炸、重大工业事故、废弃物污染、传染病爆发和传播、恐怖袭击等等，则是可以预防和避免其爆发的。很多技术事故和人为灾难的爆发，都与市民和各种社会组织的安全意识和安全防范能力薄弱有关。因此，提高市民和各种社会组织的安全意识和安全能力，就可以在很大程度上减少人为灾难和技术事故爆发的频率。进一步地看，当各项城市灾害爆发后，市民良好的安全意识和危机应对能力，还有助于极大地减少危机所带来的人员和财产损失，减少危机所可能带来的混乱无序状态。

从"9.11"恐怖袭击、北美地区大停电，到"非典"(SARS)疫情、印度洋海啸、伦敦地铁爆炸案等大量危机事件爆发后以及应对过程中的情况来看，良好的市民危机应急素质，直接影响着危机过程中的损失状况和危机处理的效率。在2003年韩国大邱地铁纵火案中，导致200多人死亡惨剧的一个重要原因，就是从地铁的调度员、火车司机，直到地铁的乘客，在突如其来的灾害面前惊慌失措，反应失当。而在2003年的北美地区大停电事件中，纽约市民则表现了良好的精神风貌。2003年8月14日下午下班高峰期首先从纽约中心街区爆发，影响到美加9300平方公里区域多个大城市的罕见的大面积停电，使整个纽约顿时陷入黑暗之中，美国东北部和加拿大的陆路交通顿时瘫痪，地铁、电梯、火车、电车都停止了运行。大停电发生时，纽约曼哈顿林立的摩天大楼中有数万人正在上班，35万多人被困在纽约各区的电梯和地铁内。许多人被困在黑暗闷热的电梯里长达19个小时。突如其来的停电还迫使纽约附近的肯尼迪及拉瓜迪亚机场、克利夫兰国际机场和多伦多国际机场等6个机场临时停止运营。由于停电事件发生在9.11事件之后，在灯光熄灭、机器停顿、城市瘫痪的瞬间，"9.11"重演的恐惧穿过众人脑海，电力瘫痪对社会带来的冲击不亚于世界贸易中心遭遇恐怖袭击。受影响地区的5000万美国和加拿大人亲历了一场类似"9.11"的危机，但是，纽约市民在危机面前显示的更多的是沉着和从容。多数市民并未惊慌失措，即使是被困在电梯和地铁内的数十万名乘客，也都耐心地等待救援，因此在疏散过程中未发生任何拥挤践踏事件，没有导致连锁灾难的发生。许多写字楼、商店等建筑内的人都在公共广播系统的指导下，有序地进行疏散。许多市民在发生交通堵塞后，自发地指挥交通，在路口担任临时指挥，交通秩序逐步恢复，大多数开车者互相礼让，也不拒绝要求搭车的人，人们主动去看望年老或者有残疾的邻居。美国红十字会的义务工作人员则迅速来到纽约街头，免费向行人发送矿泉水等。社会秩序保持正常。在停电后约 30 个小时里，纽约发生近 70 起火灾，但全都被及时扑灭。除停电当晚发生了一些零星的人室盗窃事件，据统计，在这次停电事故期间，全纽约只有 850 人因各种罪行被拘留，比平时平均每天 950 人被拘留的数字还低些。在整个停电事件处理的过程中，纽约市民良好的应急素质，最大限度地减少了危机可能造成的混乱和损失。

发达国家的大城市一直把塑造发达的城市应急文化，提高市民和各种社会组织的应急意识和应急能力，作为城市危机管理系统建设的一项基础工程。纽约市紧急事务办公室专门在其网站上公布了该市平时可能遭遇到的包括飓风、雷暴和恐怖袭击在内的灾害，说明应采取的应对措施，告知从住宅、地铁、高楼等地撤离时应注意的事项。美国纽约、华盛顿、洛杉矶等大城市政府通过政府各部门、社区志愿者、学区、红十字会、计算机网络等大量的渠道和机制，以及编制《市民安全应急指南》、《工商企业安全应急指南》等，为市民和工商企业等提供危机应对知识，提供众多的求生技巧和安全培训内容，其内容包括市民城市社会生活中所可能遭遇的所有各种可能的危险及其应对技巧，塑造了发达的城市应急文化。政府还努力和市民建立良好的合作关系，共同应对大大小小的各种危机。所有这些，就使良好的安全意识和危机应对能力成为城市每一个成员的基本素质，使每一个市民充分认识到，危机预防和危机应对是城市每一个成员的基本责任和义务。管理能力。社区自治组织在社区的危机宣传、教育培训、危机预防、危机监控和相应的危机应急过程中，都能够发挥重要的辅助甚至主导作用。

社区组织是在现代工业化和城市化的进程中，适应解决一系列新的城市问题，如在新的城市社会结构中的冷漠、孤独、无助、

212

贫困、犯罪率上升等的需要而最早在欧美国家城市中发展起来的。西方城市的社区建设经历了 18 - 19 世纪中后期的社区救助和 20 世纪的社区组织和社区发展，到 20 世纪 80 年代后进入社区建设迅速发展的新时期。社区组织的发展、社区功能的不断扩展，以及社区在城市治理中地位和作用的提升，成为西方国家城市治理的一道风景线。在现代西方国家城市危机应对系统中，社区同样具有重要的位置。

1、社区睦邻组织运动。这是由教会及一些慈善组织、基金会发起的社区互助运动，发起人是英国东伦敦教区的牧师巴涅特，但是该教区是伦敦最贫困的教区之一，脏、乱、差，居民生活十分困苦。他和夫人为了改善教区面貌和居民生活，搬到教区内生活，并动员在牛津和剑桥大学读书的贵族子弟到他的教区为贫民服务。他还在该社区建立了社区睦邻服务中心。该运动的方法是让社会工作者广泛、深入地参与社区生活，尽量调动并利用社区内各种社会资源，组织居民改善自己的环境，培养居民的自助与互助精神。该运动及方法所倡导的服务精神和所取得的成就，给当时面临众多棘手城市社会问题的世界各国提供了一条出路，因此短期内迅速在欧洲大部分国家推广开来，并很快传到亚洲和美国。

2、邻里守望制度。它在 20 世纪 70 年代在北欧的丹麦等国逐渐普及开来，是社区、警方和全体居民共同实施的一项社区治安计划，是丹麦社区保持长治久安的一项经典性措施。邻里守望打破了社区里"鸡犬之声相闻，老死不相往来"的状态，每个居民都为邻居多长一双眼睛，多留一个心眼，多添一份关怀，互相监护，其目的是为了防止攻击性事件和盗窃事件的发生，共保社区安全。美国政府在"9.11 事件"之后，为了打击恐怖主义，宣布推广这一计划。这一项目的内容包括：进行宣传广播以鼓励民众参与反恐，散发名为《团结起来让美国更强大：民众行动指南》的小册子。据悉，该指南主要是帮助美国人辨认恐怖袭击发生前

213

的异常现象，提出及时警告。指南写到："了解你的邻居，保持警惕，注意可能活动。"该计划官员罗宾逊说："我们要造就这样一种气氛，每个人都为他人的安全着想。"目前美国大约有 7500 个社区实施了这一计划。

3、社区危机反应团队。这是美国一种辅助性的社区救援组织，是关于灾难准备、社区互助、救灾安全，并以为多数人的最大利益服务为目的的机构，是一种对灾难环境的积极而现实的解决方式。它将自发的未经训练的自愿的市民组织起来，收集灾难情报以协助专业救援人员配置救灾资源，为其所在区域的遇难者提供第一时间的救助。在灾难中市民亲身投入到救灾过程中，可以最大限度地提高抗御灾害的整体能力。通过有系统的训练，有关的市民能够扑灭小型火灾，通过打开呼吸道、控制流血和治疗休克，对付三种灾难所需要的医疗救助，能够安全地搜寻并营救遇难者。1985 年，洛杉矶消防局在一次大地震之后认识到，一场大型灾难发生后，由于受难者人数众多、通信联络中断和道路阻隔，使救灾工作变得十分困难，人们不得不依赖互相帮助以满足救灾的瞬时需要。于是提出了这一概念并付诸实施。1993 年开始，社区救灾反应团队训练计划在美国全国推广，"9. 11 事件"以后，美国民众对这一社区救灾反应团队日益重视，机构日趋万善。

4、街区守护者。街区守护者项目训练社区居民，使他们掌握基本的技巧，充当警察局的耳目。志愿参加街区守护者队伍的社区居民，被给予一些旨在提高其观察能力的培训，这些培训一般由犯罪控制中心和老年人服务办公室提供。主要内容包括：应当对社区中哪些情况保持警觉；如何描述所观察到的紧急情况；应当向什么机构报告紧急情况等等。这些志愿者在经过培训之后，就会得到一个保密的街区守护者编号。当发现犯罪行为或者其他的危机情形的时候，这些志愿者有责任向警察局及时进行报告，在报告的时候，他们要说明自己的编号，以便识别。大多数街区守护者都是老年人或者残疾人，服务于自己所居住的社区。街区守护者的身份严格保密，犯罪控制中心的指挥人员负责管理街区守护者的档案，只有他们知道街区守护者的身份。被派往现场的工作人员通常也不会被告知是谁提供了有关犯罪行为或者其他紧急情形的报告。所有程序的设计都充分地考虑到如何保护街区守护者的身份以及他们的安全。

5、辅助警察。辅助警察由自愿协助当地治安部门工作的志愿者组成。他们由警察局录用、训练、装备，并在他们所属的社区中着装巡逻。他们的职业背景各不相同，包括计算机程序员、机械工程师、商人、护士、保安、老师和学生等等。辅助警察的作用主要是协助警察进行着装巡逻，并将观察的紧急情况及时报告给警察局。在可能的情况下，他们也会协助正规警察执行一些非强制性、无伤害性的任务。辅助警察具体的职责范围包括：住宅区、商业区和公园巡逻；在社区有节日庆典、游行、音乐会、或者赶集等活动时，协助巡逻，维持秩序；在地铁站人口和投币电话亭附近进行巡逻；在宗教礼拜场所周围进行巡逻；协助开展犯罪预防活动；协助指挥交通。

第三节　志愿者组织的危机应急功能

志愿者服务是公民参与社会生活的一种非常重要的方式，是公民社会和公民社会组织的精髓。志愿者组织传统的最重要和最直接的功能是慈善活动和社会福利事业，随着现代社会的发展，在越来越多社会领域里，志愿者组织成为广泛的社会服务的重要提供者。在现代国家公共治理过程中，志愿者组织与私人工商企业一起，共同构成政府之外的重要治理主体。从危机管理的视角来看，一些传统的志愿者组织，如国际红十字会，一直活跃在战争和灾难救助的第一线。在现代西方国家大城市危机应对过程中，大量的志愿者组织参与其中，成为抗击危机的一支重要辅助力量；参与危机救援工作也成为志愿者组织一项越来越重要的新功能。

例如美国大量存在的公共健康志愿者组织在推动政府采取措施防治传染病、开展健康教育宣传、动员民众关注健康、进行社会调查，以及在洛杉矶大地震、"9.11恐怖袭击"、"非典"（SARS）事件这样的危机事件的受难者救助过程中，都发挥了重要的作用。

在西方国家城市危机管理过程中，城市政府以社会和社区为基础，还推动成立了大量专项危机管理志愿者组织。以色列国民护卫队是以色列最大的民间志愿者组织。由于以色列特殊的历史发展背景，一直深受恐怖主义侵害之苦。出于国家安全的考虑，以色列政府早在20世纪70年代中期就建立了协助警察反恐怖犯罪的志愿者组织以色列国民自卫队。今天，国民自卫队遍布以色列各大城市和社区，成为协助警察维护社会秩序，预防和抗击犯罪、恐怖活动的不可或缺的得力助手。

日本东京都在1995年阪神大地震后，特别加强防灾市民组织的建设。东京都政府认为，要防止灾害的发生和减少灾害损失，必须建设一个抗御灾害能力强的社会和社区。防灾市民组织是地区或社区组织和居民自主结成的团体，主要作用和任务是：（1）彻底地普及防灾知识和防止火灾；（2）实施各种关于初期灭火、救出、救助、应急救援、避难等各种训练；（3）准备和保养好各种灭火、救助和做饭等器材以及储备应急食品；（4）掌握和检查地区内的危险地方并让地区居民都知道；（5）努力掌握地区内在灾害时需要救援的行动不方便的居民，完善灾害时的支援机制；（6）研究讨论与地区内的企业、单位进行合作的事项；（7）研究讨论与行政进行合作的事项。都政府对市民防灾组织给予必要的支持，区市町村政府作为培育主体，对市民防灾组织进行积极的指导和建议，给这些组织创造好的活动环境和在防灾器材等设备上给以资助。

美国纽约市在"9.11"恐怖袭击事件之后，为了充分利用美国公民的市民精神，发挥志愿者组织的危机救援和服务功能，使市民、邻里和社区做好更充分的准备，应对犯罪、自然灾害和恐怖袭击的威胁，根据布什总统倡导提议的联邦项目"市民梯队"行动计划，在纽约市危机管理办公室的协调之下，设立了市民梯队行动委员会。市民梯队行动计划开展了社区危机反应团队、医疗预备队、街区守护者、辅助警察等二十多个志愿者服务项目，其目的是帮助纽约市市民做好准备，一旦危机爆发，就可以迅速动员起来，投入应急救援之中。例如医疗预备队是一个由医疗卫生和健康服务界的志愿者组成的志愿者队伍，包括医生、药剂师、牙医、护士、医师助理、危机医疗技术人员等医疗专业人士。在纽约市爆发危机时，该项目可以保证有一支专业医疗队伍，能够迅速被动员起来，协助纽约市健康与心理卫生局进行危机救助。尤其是当爆发公共健康受到严重威胁的公共卫生危机事件时，纽约市就会需要成千上万的医疗专业人士，与其他危机应对人员通力合作，医疗预备队中的志愿者就可能被安排去做各种不同的工作，指导危机应对工作。

成立各种危机应急的志愿者组织，并经过定期的训练和演习，既可以在危机爆发以后辅助专业应急救援队伍的救援工作，补充专业救援人力的不足，还有助于提高所有市民的危机应急能力和对公共事务的参与程度。志愿者组织在危机监控、危机情报提供、应急救援、受灾地区、单位和受难者的社会援助等方面都发挥着重要的作用，成为城市危机处理过程中一支生力军。

第四节　整合资源快速反应

一、由上海案例看中国城市危机管理

骤然而降的"非典"（SARS），让上海同样处于一场猝不及防的危机中。在党中央、国务院的正确领导和全国各地的大力支持下，上海市委、市政府紧急启动"公共卫生突发事件应急处置体系"，带领 1600 万上海人民打响了这场没有硝烟而动人心魄的"抗非战"。难忘的"上海案例"，生动演绎了中国现代城市的危机管理战术。

案例回放：春节后，上海开始完善应急处理方案。4月4日，上海出现首例"非典"（SARS）病例，"上海市公共卫生突发事件应急处置体系"立即发挥作用。当天下午，上海防治"非典"（SARS）联席会议制度建立，4小时内，承担综合协调功能的18个小组到位，通信、信息、交通、后勤等保障设施悉数开通运行。专司防灾抗灾的民防大厦被紧急启用，成为上海抗非的指挥中枢所在……

千百万市民高度聚集且有300万流动人口的"上海防线"十分难守。但从4月4日发现首例病例以后，上海其后仅发现8例病例。上海何以会在较短时间内将"非典"（SARS）防治导入平稳可控状态？公共危机管理学者、复旦大学管理学院教授高汝熹说："一个能快速整合各种资源投入抗灾的危机管理机制，帮了上海的大忙！"

在特大型城市，对天灾人祸等一类危机处置不当，会引起灾害链的放大效应；而处置得当，则可激活特大城市在科技、管理、人力等方面的优势，显现缩小效应。"病来如山倒"，危机处理成败的关键，其一在反应快速，其二在资源整合，两者并重。一些管理学专家认为，上海此次"抗非"成效显著的管理学依据，就在于上海迅速启动了"上海市公共卫生突发事件应急处置体系"。理顺了"下面千条线"，掌握了"上面一根针"。"千条线"就是分布在市域内的道口、医院、社区、学校、宾馆……这些"线"上的动态，最后都归集于"一根针"——上海抗非领导小组及指挥部。指挥部就是各种危机信息的整合处理中心和各种社会、经济资源的协调调度中心。据此，领导小组就可以实施运筹帷幄、高效决策了。

为了提高城市抗灾御险的能力，上海2002年就组建了体现统一指挥、整合资源优势的综合减灾领导小组，把可能受袭的灾害事故分为19类25个灾种，实施灾害分级管理制度，聘请了一批知名专家、学者组成专家委员会，参与危机处理的决策和研究。

尽管整套危机管理机制还只是初步运作，但其科学与合理已在"抗非"战役中发挥显著作用。从政府到企业、专家到市民，人员组织和资源整合都相得益彰；从医务部门到其他工作部门，从前方到后方，每一方面都协同作战，形成了全社会共同参与的防治格局。4月底，世界卫生组织的专家考察后肯定了这一危机管理体系，认为上海成功应对疫情考验，重要的是建立起了"并非完美"但"行之有效"的"非典"（SARS）监测、预防和报告系统。其成功的经验是：其一在反应快速，其二在资源整合，两者并重。

二、政府人员工作失误造成企业危机

　　2004年1月16日，安徽阜阳临泉县吕寨镇勇庄村村民张广奎投诉所购三鹿婴儿奶粉有质量问题，后经阜阳市疾病预防控制中心和三鹿集团共同确认为假冒产品，并予以结案。

　　3月29日，阜阳劣质奶粉坑害儿童事件经媒体曝光后，全国上下开始全面围剿"空壳奶粉"，在阜阳市的围剿中，阜阳市疾病预防控制中心个别工作人员，由于工作失误，把假冒三鹿婴儿奶粉的检测结果按三鹿婴儿奶粉为不合格产品上报，并公告在4月22日的《颖州晚报》上。该消息立刻被国内多家媒体和网站转载，之后三鹿奶粉在全国多个市场被强迫撤下柜台、封存，损失过千万。甚至有的地方扣留三鹿的经销商，认为他们进假冒伪劣奶粉，是犯罪分子。

　　危机发展及处理过程：

　　当日，三鹿总部的高层管理者获悉并立即带队赶到阜阳市，与当地政府相关部门交涉，并与阜阳市达成了"是相关人员工作失误"的共识，阜阳市也同意就此事道歉。

　　4月24日，三鹿召开新闻发布会，中央人民广播电台、中央电视台"新闻联播"、"经济半小时"、"经济信息联播"以及全国地级市以上的媒体都接连进行了纠正报道。

　　4月27日，三鹿与数十家国内知名品牌乳品企业在多个城市召开诚信座谈会。主题为"抵制'杀人奶粉'、倡导诚信经营"，共同呼吁加强行业自律，倡导诚信经营，培养理性消费意识，并联合发布了"杀人奶粉"事件发生后全国第一份"乳业诚信宣言"，承诺坚决不生产和销售劣质乳制品。回到石家庄后，总裁立即采取四项措施：第一，扩大现有的营销队伍，提高员工素质；第二，将营销管理延伸到县级，深入农村市场，了解当地零售店及批发市场的货源和销售情况；第三，印制一批宣传材料及三鹿标志，让所有经销三鹿奶粉的零售店张贴；第四，如发现价格不统一或销售假冒三鹿奶粉的零售店，迅速清查。

4月28日，在中国儿童食品专业学会的组织下，三鹿与9家食品安全信用试点企业向阜阳市捐赠了4985箱婴幼儿奶粉，以帮助在伪劣奶粉事件中受害的婴幼儿家庭。

面对突如其来的危险，三鹿没有一味的"喊冤"，也没有逃避，而是通过正确的公关策略适时化解了危险，还主动牵引危机的关注点，使危机为企业品牌宣传所用，其成功之处表现在：

第一，正确判断事情轻重缓急：三鹿被误上不合格产品榜单源出阜阳政府工作人员失误，而三鹿没有把责任认定作为重点，始终把注意力集中在如何挽回事态方面，也得到了阜阳政府的有力支持。

第二，纠正报道声势浩大：三鹿在危机发生之初，就抓住这一新闻点，利用多途径权威传媒如CCTV，把纠正报道的声势做到最大，不但维护了自己的品牌名誉，也巧妙地提升了品牌知名度。

第三，冷静处理与政府的关系：货物下架是中央政府指令，三鹿积极求得事发地地方政府的支援，并在最短的时间内，及时得到中央通知三鹿产品重新上架的指令，为自己争取到了应有的权利。

第四，连续开展后续公关活动：三鹿不但及时挽回品牌危机，而且，开展诚信宣言、捐助等后续公关活动，进一步提升了品牌美誉度。

三、面粉被误检为不合格，媒体大肆炒作引发危机

2004 年 10 月 10 日，湖北省黄石市某报以《拉网式围剿有毒特精粉》的醒目标题，刊载了"豫花"牌面粉惨遭"围剿"的报道。同日，湖北一份很有影响的报纸以《大批"毒面粉"流入黄石》为题，报道"豫花"牌"毒面粉"流入市场、工商部门全面清查的情况。报道称：黄石市疾控中心抽检化验并做出检测报告表明，这种面粉过氧化苯甲酰（俗称'增白剂'）每公斤含量为 0.089 克，而国家标准含量为每公斤不超过 0.006 克，超标 14 倍。

危机发展及处理过程：

此后，众多媒体纷纷跟进，同时，互联网也竞相转载。一时间，在黄石市、湖北省乃至在更大的范围内，人们谈"豫花"而色变。各地经销商纷纷要求退货，"豫花"面粉的生产商——河南大程面粉实业有限公司在短短的几天内，全国的销量迅速下降了 2/3，很多地方已被禁止销售。企业陷于全面瘫痪。此前，"豫花"牌被国家评为"放心面"品牌，经无形资产评估，有 3000 多万元的品牌价值。

10 月 12 日，湖北省的质量检测部门抽样检验结果显示，"豫花"并未超过国家标准。在河南当地和其它城市和地区的陆续出来的检测结果也证明，豫花面粉是符合国家标准的。10 月 20 日，河南地方媒体记者用大幅报道为豫花澄清事实，第一，源于经销商竞争对手恶意举报；第二，最初的检测机构非正式粮食品质检验机构，第三，最初的报道中，弄错国家标准，夸大事实，导致豫花蒙受冤屈。

自己品牌的经销商遭遇恶意举报和媒体的"笔误"，豫花成为不折不扣的受害者，5 年的苦心经营废于一旦，证明了外来风险的不可预见性和残酷性。尤其是与民众健康安全息息相关的商品，一旦负面新闻尘嚣日上，几乎都要面临商品下架、经销商退货、生产停滞的艰难局面。此事件中，事实最终证明了豫花的无辜，豫花也可以通过法律途径讨回公道，但它仍然要在很长时期内承受品牌名誉恶化的后果。

此事件暴露出我国大部分年轻企业的普遍问题，危机公关意识薄弱、缺乏公关危机管理思想，也缺乏与媒体接触的经验，虽然报道出来当天，豫花方面人士就亲赴事发地武汉调查交涉，但由于缺乏媒体交往的基本经验，在媒体关系上有重大失误。第一，没有控制危机蔓延：危机出现后，豫花把精力放在与首先披露的媒体进行交涉上面，没有适时阻止危机的蔓延，从而出现更为严重的后果。第二，与媒体态度对立：由于没有与媒体打交道的经验，不免在交涉过程中对媒体怀对立态度，使得双方关系更为紧张；第三，没有充分利用有利于自己的证据：第一篇曝光报道发布于 10 日，到 12 日武汉再次检验结果就已出来，若此时豫花重点将此信息发布给媒体，竭力扭转传播主题，也会有很大帮助；第四，没有主动与媒体沟通：若豫花主动约见记者，澄清是非，不但有利于澄清事实，也有助于品牌的正面传播。第五，没有充分利用媒体的力量：与声势浩大的"围剿毒面粉"报道相比，事后为豫花喊冤的报道反被淹没，另外豫花也有上京申诉之行为，但由于没有媒体发布经验，跟毒面粉的报道比起来毫无声势，更谈不上采用把豫花蒙冤与商业环境、媒体现状等问题联系起来、引发大家深层次思考等公关策略了。同时，这个事件也对媒体慎用宝贵的舆论权利有警醒作用。

四、权威机构不利消息威胁企业

2004 年 7 月 8 日，美国环境保护署表示杜邦公司自 1981 年 6 月至 2001 年 3 月间，从未通报特富龙制造过程中的主要成分全氟辛酸（C. 8）可能对人体有害，已经违反了毒物管制法。

7 月 12 日中国中央电视台报道，美国杜邦公司生产的"特富龙"不粘锅可能对人体健康带来危害的情况，引起中国国家质检总局的高度关注，并且已经组织专家进行论证。

危机发展及处理过程：

7月15日，杜邦在香港召开紧急会议，商讨"特富龙"事件应对之策。香港杜邦公司公共事务部透露，杜邦中国集团公司已要求总部派出技术专家，前往中国内地进行支援，解答国家有关部门、客户、消费者以及媒体提出的所有技术问题。

7月15日，杜邦（中国）公司常务副总经理任亚芬、杜邦（中国）氟应用产品部技术经理王文莉作客新浪嘉宾聊天室，就"特富龙事件"进行了大量的事实举证以及与消费者进行了感情沟通。

7月18日，"特富龙俱乐部自在下午茶"活动在上海举行，杜邦中国的代表徐军接受记者访问。他表示，目前杜邦正在等待相关部门的检测结果，希望以此来证明"清白"。由于杜邦坚信特富龙产品对人体不会构成伤害，所以公司"完全没有必要考虑研发、生产类似的不粘锅代用品"。

7月19日，杜邦中国集团北京分公司公共事务部经理在接受记者电话采访时表示目前媒体对杜邦不粘锅的报道与事实有偏差，主要是技术和概念上出现偏差。

7月20日下午，杜邦中国集团有限公司在北京召开媒体见面会。杜邦中国公司总裁查布郎在新闻发布会上与记者见面，三位在杜邦美国总部负责"氟产品"的技术专家也携带相关技术资料来到北京。此次媒体见面会的主要目的是回答媒体记者以及消费者的问题，把事实的真相告诉消费者。

美国杜邦总裁贺利得接受《人民日报》记者独家采访。贺利得向外界宣称："我们可以拿整个杜邦公司的名誉作担保，杜邦不粘锅绝对安全。"此篇专访被多家报纸和网站转载。7月13日杜邦美国总部透露，杜邦将提出法律交涉，正式否认美国国家环保署（EPA）的指摘。次日国家质检总局正式就特富龙事件发表声明，称特富龙人体健康危害论证开始进行。

10月13日，中国检验检疫科学研究院公布的检测结果表明，所有被检测的不粘锅产品中都未发现全氟辛酸及其盐类残留。

面临危机，杜邦公司首先在战略上非常重视，从总部调动了相当多的资源，包括请公司总裁亲自来中国表态、请总部资深技术专家向中国公众解释等。其次，采用了比较规范的危机处理程序，第三，频繁接触媒体，特别是有影响力的重点媒体，并通过大量的活动，向消费者反复声明特富龙的无毒性。第四，在检测结果10月13日正式公布后，杜邦在最快的时间内，通过广泛的传播渠道，将这个消息高调传播出去。但这个事件也体现一些问题：第一，发现危机不够及时：跨国企业和本土市场之间的文化差异，使得杜邦对发生在中国市场的信任危机不够敏感。第二，采用决断性语言：杜邦从最开始就用了决断性的语言，体现自己的坚定立场，但也暗藏较大的风险；万一检测结果对杜邦不利，将陷于极大被动境地，不可轻易借鉴。

第十一章　中国股市隐现危机及应对

随着中国股市的逐步发展壮大，中国股市对经济的影响也越来越大，受国内外投资者的关注程度越来越高，其经济晴雨表的作用愈益显现，中国股市不仅仅是一个投资融资的市场，它的发展状况将直接关系到国家经济和金融安全，关系到人民生活和社会稳定，其健康发展是必要的也是必须的。但在中国股市15年的发展过程中，对股市存在的问题和矛盾并没有给予足够的重视和解决，致使问题越来越多，矛盾也越积越深，尤其是在2001年下半年以后，随着股市持续四年多的连续大幅下跌，使得各种矛盾和问题集中爆发，股市对政治经济、社会发展和人民生活产生了重大的负面影响，如果任其发展下去，必将引发全社会性的隐现危机，必须引起社会各方的高度重视，及时有效的给予解决。本文将从几个方面对中国股市的隐现危机给以简要的论述。

一、中国股市隐现危机的特点

1、指数暴跌而矛盾依旧，股票投资亏损累累，投资者信心崩溃

中国股市是在一种极为特殊的情况下产生和发展起来的，新兴加转轨的现实就使得股市中充满了在一般新兴市场中所不曾有过的特殊矛盾和问题，并且使得解决这种矛盾和问题的难度也在成倍增长。中国股市自诞生以来，已经经历了几次重大的牛熊交替过程，但在这个过程中，我们却没有很好地利用牛市本身所具有的能够化解矛盾的特点而去主动地解决矛盾和问题，相反，牛市的来临却往往被认为是加快上市与加速融资的好机会，从而使我们失去了一轮又一轮的解决非流通股等重大矛盾的大好时机，并且使解决这些矛盾和问题的难度越来越大，时间也越拖越长。曾几何时，股价指数与市盈率成了判断市场是否健康的主要指标，

并且把它作为市场是否"完美"的一个重要标志。如今，股价指数已经大幅下滑，投资者已经亏损累累，但除了社会财富的大量蒸发与股市功能的全面萎缩以外，市场又得到什么呢？不但股市没有伴随着市场的下跌而"完美"起来，相反，市场中的各种矛盾与问题却因熊市的日益加深而变得更加复杂与深化，化解这些矛盾的选择余地也变得更加狭小，而风险却在成倍增大。如果再在这个问题上举措失当，中国股市在发展中就可能会出现恶性循环，矛盾与问题的最终爆发。

在股市暴跌的同时，投资者的亏损也直线上升。据不完全统计的中国股市投资者高达7000多万，而这7000多万投资者中盈利者屈指可数，亏损者居多，在2001年下半年以后更加明显，而从2004年4月份的1780点左右调整以来的亏损比例创出历史记录，有统计显示的数据亏损的投资者高达95％以上。投资股市不仅仅亏损严重，而且回报率很低，据统计，中国股市1999－2003年的股息率分别是0.78％、0.64％、0.69％、0.77％、1.08％，平均股息远远低于同期银行存款利率（试想这还是在低利率时代）。而1990－2003年世界主要证券市场上市公司股息率为2.9％，上市公司通过股份回购形式回报股东的收益率是1％。两者相比，国内股市的投资回报率仅是世界主要证券市场的几分之一。2004年中国股民有90％以上是亏损。而截止到2005年6月份在股市1000点的统计数字显示，中国股市的投资者亏损总额高达1.5万亿元，已经超过了股市融资金额、印花税以及佣金等收入总额，中国股市完全是赔本的生意。股市的长期熊市不但使私人投资者亏损累累，而且也使券商和机构投资者累积问题日渐显露，并且使得深陷委托理财陷阱的上市公司也处于水深火热之中。市场的矛盾进一步累积，市场的缺陷进一步放大，市场的环境进一步恶化。而在我国香港地区则有80％以上的人赚钱。两个市场，冰火两重天。

在中国股市最低迷的时候，投资者表现出对股市的绝望，为股市伤透了心，纷纷表示要离开股市，调查显示，2004年在投资中国股市的股民中，资金额1万－5万元和资金额5万－15万元的小股民分别占23.18%和36.94%，二者合计占抽样调查投票总数44007票的60%以上；而15万元以上的投资者占39.89%。这些投资者自2001年下半年以来损失惨重，其中亏损50%以上高达调查总数的48.70%。这一普遍性的亏损现状，最终导致投资者艰难地选择了告别中国股市。在"如果有新资金，是否还会投入股市，以及入市多少"的调查中，74.99%的投资者选择了"再也不会投资股市"。就在2005年股市最低迷的时候，投资股市成为最丢人的事情，这在中国股市的历史上还是第一次，试想，一个没有人参与的市场是多么的可怕，那样的话，中国股市将是名存实亡，股市也将面临灭顶之灾。

2、基本制度隐现危机是股市隐现危机最为重要的方面

制度走形、制度伤害与制度反复是中国股市基本制度的最主要弊端。这些弊端的存在就使得中国股市在运行中日益脱离股市运行的常态，而成为一种非正常的市场。具体来说，正常的股市必须能够促进资源配置的优化，而中国股市却不能对资源配置起促进作用从而也不能成为对投资者有回报的市场；正常的股市必须能够对投资者的利益进行有效保护，而中国股市中不断增长的"圈钱"倾向却使得流通股股东受到年复一年的无休止的制度伤害；正常的股市必须能够让参与者分享国家的经济发展成果，而中国股市的内在缺陷却使得它在反映国民经济"雨"的时候非常敏感，在反映"晴"的时候比较迟钝；正常的股市必须能够给投资者提供比较明确与稳定的预期，而中国股市变数充斥，并且变化过快使得它的走势常常也变得扑朔迷离和难以捉摸。

中国股市连正常股市的最基本要求都无法满足，就更谈不到有效的市场和资源配置的有效性与有效度了。在资源配置的有效性基本丧失的情况下，股市就无可避免地会演变成"圈钱"的场所与工具。在以高度行政化为特征的中国股市中，这一特点就表

现得尤为突出也尤为明显。正可谓"冰冻三尺非一日之寒",中国股市的基本制度缺陷在长时期中被忽视、被容忍、被放纵,使得市场中的消极因素日益累积、相互交织,积极因素不断削弱、相互掣肘,以至于最终演化为危及股市根基的全面生存隐现危机。

3、市场信用隐现危机,全社会性的缺乏诚信,使股市失去了立身之本

中国股市的市场信用最为薄弱也最为脆弱,市场的运行规则缺失、市场的运行主体缺位与市场的运行主因模糊这三个方面的问题,导致中国股市从发行到上市都出现了巨大的制度漏洞,并且给权力寻租提供了制度土壤与温床。增量发行与上市的股票制度造成了千军万马过"独木桥"的状况。于是乎,融资为制度之本、包装为登堂之桥、公关为制胜之道——股票发行中长期存在的这种"潜规则"对市场信用与市场规则形成了严重的蔑视与巨大的挑战,并且亵渎了市场的严肃性与原则性。

现实中,由于行政审批权力过大、社会资金奇缺和制度漏洞明显,再加上在融资问题上管理层、上市公司与中介机构有着利益的共同点与均衡点,因而中国股市中的"圈钱"冲动与制度缺失的不正常与不恰当对接就导致了上市公司、中介机构与行政官员的"三重寻租"。在股市的基本制度与市场的监管体制未做大的改变的情况下,无论管理层做出怎样的规定和付出多大的努力,市场的寻租问题都将很难解决,更不要说从根本上杜绝。

4、股市定位和功能隐现危机

对于股市各方的参与者来说,股市就是一个纯粹的"挣钱"的场所,首先是管理层对股市的定位上就是要为国有企业解困服务,解决国有企业发展最需要的资金问题;对于上市公司更是贪得无厌的从股市中大量圈钱;而对于投资者来说,投资股市是为了赚钱;对于政府来说,股市也是通过各种税收和费用能从股市中赚到钱的场所,而且这种获得没有任何的风险和成本;对于各类的中介机构无非是能在股市项目中挣到钱。尤其是对于大多数

上市公司来说，股市除了圈钱好像找不出别的用处了。更为致命的是，钱圈到手之后却"找不到"好的投资方式和增长点，"一有钱就变坏，一变坏就有钱"的丑陋现象层出不穷，如此恶性循环，中国股市隐现危机四伏！在单一的纯粹圈钱的定位之下，公司的一切行为都成了一种形式。上市公司的目标只有一个，就是盯准投资者的钱袋子。如此这般，中国股市怎能兴旺起来？股市的本质是什么？当然是投资而不是投机。有人说中国的股民很幼稚，只知道追涨杀跌，原因很简单，中国的股民只关心股票的投机价值，没有人去关心上市公司的投资价值，因为中国的上市公司本没有投资价值。

从管理层和上市公司对于股市的理解和认识来看，过于突出了融资功能，圈走了投资者大量的资金。成熟股市的功能有四个，即融资、优化资源配置、价值再发现、让投资者获利。但反观中国股市，这四个功能变成了一个：融资，十几年融资上万亿。但是，资源非但没优化，资源使用效率十分低下；上市公司业绩反而从1992年的0.456降为2001年的0.13元，到2005年上半年尽管达到每股0.1376元，有所回升，但和1992年相比仍有不少的差距，上市公司价值不仅难发现，反而"一年绩优，二年绩平，三年绩差，四年亏损"。有些公司在上市前和上市时业绩极其优良，但上市后马上变脸，甚至产生巨额亏损。即使有少数绩优股，也是造假的造假、水分的水分、滑坡的滑坡、增发的增发，鲜有投资价值。至于让投资者获利，更是难于上青天。股市功能定位的偏颇，使投资者对上市公司、对中国股市越来越没有信心。

二、制度缺陷是中国股市产生隐现危机的根本原因所在

在中国股市股权分置改革以前，大家都把中国股市的问题和隐现危机归根于股权分置，不可否认股权分置是中国股市存在的一大问题，应该给予解决，但这并不是中国股市的根本问题，如果中国股市的根本问题不解决，即使在全流通以后，中国股市的隐现危机仍将长期而严重的存在着，所以绝对不能把解决股权分置作为解决中国股市根本问题的"灵丹妙药"，如果是这样的话，中国股市的隐现危机非但不能减少和化解，反而会进一步的加深和严重。中国股市面临前所未有的生存隐现危机，以上所谈到的隐现危机的几个表现，不管是诚信隐现危机、监管隐现危机、功能隐现危机、还是投资者远离股市等等的隐现危机仅仅是隐现危机的外在表现，是表面现象，而产生这一切的根源在于中国股市甚至中国的政治经济制度存在着严重的缺陷，这种缺陷的存在将成为制约中国股市改革与发展的天花板，无论做出多大的努力，始终是在天花板以下的范围内变动，所以中国股市改来改去一直没有也不可能有实质性的突破。

中国是一个经历了几千年封建社会的国家。千百年的人治经过长时期的历史积淀形成的专制，在神州的大地上已根深蒂固。人治对权力的强调将国民划分成官与民两个不平等的社会阶层。而专制的主宰，又使得这种社会性的权力极度个人化。以至于权力与个人结合时，权力的拥有者便成了这一权力的化身而与之同一。由于权力本身不可能限制自己，因此对权力拥有者而言，他就完全有可能将自己排除在这一权力的约束之外，而拥有这一权力范围内的相对自由。因此社会性权力应有的公正性便完全取决于权力拥有者个人的道德修养以及受此影响的社会责任感和对客观事物的认知能力。而事实上，对一个没有客观制约的主观来说，自由纵横就是这一原因产生的结果。所以执行交通法规的警察，无意识的违规纠错是常事。执法者在权力的纵容下表现出的痛快淋漓。以及一些政府官员在台前对他人执行的是完全的马列主义，在台后自我行使的则是彻底的自由主义的例子在我国的现实社会中层出不穷。这就难怪上市公司不可能不利用国家权力行使者对他们的偏袒于股民的利益而不顾。

市场的变化莫测给一个公司带来的或许是难以持续的影响。但上市公司都号称是中国最优质的企业。如果在中国市场尚未完全开放中处于主导地位时连几年的兴旺都不能维持，那么中国经济的长期运行将走向何方？更有甚者，对那些刚上市就亏损的企业以及公司老总卷款消遁又作何解释？国家在这一方面的权力行使者应承担不可推卸的责任并须为此付出相应的代价。但实际上，由于体制原因造成的"个人化权利的自由"在本位特性的支持下不会出现惩罚自我的追究。于是在这种情况下连相应的责任也可以自由到忘我的程度。事前不计后果的高价发行，事后又强行与国际接轨导致股价大跌。如果说这样的决策是不负责任的举动有点偏激的话，那么断定这些决策者缺少胜任这一工作的能力该不会言过其实。而这种无能的代价是广大中小投资者为此付出血本！甚至连上市审核权的拥有者也如同批发商一样，以数量来证明自己的工作。我们想，假如这些权力的行使者也像普通股民一样在二级市场上投资有股票，且他从事的工作又没有钱权交易的可能。或者他们的这一工作权力是由广大股民选举决定的。他们对上市公司的数量不会情有独钟，容许高价发行的事情也绝对不会发生！转而追求公司的质量以及发行时的合理定价将成为他们工作的重中之重是不难想象的！

市场经济的真正意义是遵循凌驾于一切参与者之上由体现公理确立的不可违抗的所谓游戏规则的制约下，由供需双方共同来决定。但由于我国体制的特殊，这种规则实际上是由拥有国家权力的相关官员所取代。因此，当这些不是平等的中小投资者与以管理者为代表的上市公司双方在缺少公理确立的游戏规则的环境中，连负有公正责任的权力拥有者也偏向上市公司一方时，中小投资者的遭遇从足球场上黑哨的结果就可想而知了——受益的总是裁判偏袒的一方。如此不平等的市场规则只能导致弱肉强食的恶劣环境，不存在什么双赢的理性市场可言！我们的股市其所以走不出困境乃至隐现危机四伏，完全由于它是在行政体制前提下市场化的产物。即缺少公理下的游戏规则人为主宰的结果以及将社会主义资本化所导致上层建筑的社会主义框架同经济基础的资本主义结构之间的尖锐矛盾所致！

三、隐现危机应对及化解

直面隐现危机是为了避免隐现危机。我们指出中国股市所面临的种种隐现危机，是为了有效阻止这些隐现危机的发生并且促使中国股市尽快摆脱隐现危机而走上与国民经济持续发展局面相适应的健康轨道，从而使中国股市在促进整个经济体制转轨中发挥更大的作用。以促使中国股市中各种矛盾的加快解决和使市场运行尽快地步入良性循环。

1、制度创新和变革是化解隐现危机的根本

回顾中国十几年来的股市政策，管理层始终在资金的供求上做文章，不管是1994年的"三大救市政策"，还是1999年的允许三类企业入市，以及2003年以后的大力发展机构投资者，无以不是在资金供求上进行调整，而始终不见实质性的制度改革和建设，正如著名经济学家、原全国人大财经委员会经济法室副主任王连洲所指出的那样，回溯近15年的中国股市，可谓一部"亡羊史"。"但见行情起伏，难觅制度建设"，其间，"权宜"政策频繁干预股市，其价值导向也常常相左，研究人员纷纷抱怨根本无法看清这些所谓的"政策市"；市场参与者、市场立法者、机构投资者以及股民、学者等，几乎都得出一致的结论："十多年来，除了围绕股指的纷纷扰扰，技术层面的修修补补，真正称得上的股市制度构建凤毛麟角。"无奈的制度重建，中国股市已经跌宕起伏地走过了近15年，而一次次改革的机会也在一次次的"权宜之计"中蹉跎。

中国股市反反复复出现的问题，最主要的根源在于制度建设的严重滞后和制度本身的不完善，即使是不完善的制度在执行过程一再被打折，致使股市中同样的问题和错误反复出现，所以，建议管理层多在制度建设和改革方面下功夫，只有这样，才是中国股市的根本之策和长久之计，也只有这样，中国股市才能真正走上健康、稳定、持续的发展之路。

2、提高上市公司质量是提升股市投资价值的基础

要把切实加强上市公司治理整顿，推进上市公司规范运作，进一步提高上市公司质量，作为落实《国九条》精神的重中之重。上市公司是证券市场发展的基石，《国九条》首次提出上市公司的质量是证券市场投资价值的源泉，定位非常精准，今年以来，管理层也多次强调提高上市公司的重要性，为了提高上市公司质量，《国九条》强调上市公司董事和高级管理人员要把股东利益最大化和不断提高盈利水平作为工作的出发点和落脚点。要进一步完善股票发行管理体制，从源头上提高上市公司质量。鼓励已上市公司进行以市场为主导的、有利于公司持续发展的并购重组。要完善上市公司法人治理结构，按照现代企业制度要求，真正形成权力机构、决策机构、监督机构和经营管理者之间的制衡机制。强化董事和高管人员的诚信责任，进一步完善独立董事制度。规范控股股东行为，对损害上市公司和中小股东利益的控股股东进行责任追究。强化上市公司及其他信息披露义务人的责任，切实保证信息披露的真实性、准确性、完整性和及时性。建立健全上市公司高管人员的激励约束机制。

　　提高上市公司质量还要严把上市公司的质量关。提高上市的质量不仅仅是要提高业已上市公司的质量，对于那些新上市公司以及准备新股发行上市的公司，管理层同样应严把质量关。如果我们只重视老上市公司的质量，而对于新发行股票公司的质量不予以重视，而任凭一些垃圾公司源源不断地混到市场中来，那么，这提高上市公司的质量只能是一句空话。而在这个问题上特别值得提醒的是，不久前审议通过的新《公司法》、《证券法》里，新股发行上市的门槛是降低的。不仅上市公司的总股本由"不少于人民币 5000 万元"降为"不少于人民币 3000 万元"；而且对上市公司的盈利要求也降低了，将原来的"在最近 3 年内连续盈利，并可向股东支付股利"等条款修改成了"具有持续盈利能力，财务状况良好"。因此，面对新股发行上市门槛的降低，作为管理层来说，在审核新股发行上市之时就更应该对新股的质量从严把关了。

"根基不牢、地动山摇"，上市公司质量是证券市场的基石，没有一个良好的上市公司群体，绝对支撑不起中国股市的大厦。历史经验告诉我们，与民争利，最终将没有利，算计市场，最终将被市场所算计。谁玩弄股市，终将要付出惨重的代价。

3、加强诚信建设，大幅度提高违法违规成本

诚信与不做假是中介机构必须遵循的一个基本原则，因为股价所反映的应该是上市公司真实的经营情况，而投资者判断上市公司质量的好坏，只能依据其公布的公开信息。如果中介机构不严把质量关，致使上市公司所公布的各种信息又带有严重的虚假成份，就会使投资者丧失对整个市场的信任，股市的长期健康发展也无从谈起。从我国股票市场发展情况来看，虚假信息对市场的负面影响十分巨大，琼民源、红光、大庆联谊、蓝田股份、银广厦、亿安科技、中科创业……一串串耳熟能详的大案要案，都对股市的健康发展产生了极为恶劣的消极作用，投资者的信心遭到重创，产生了动摇，也使整个市场疲弱不堪。事实证明，当一个市场屡屡暴露出虚假事件，投资者的投资信心就会受到严重打击，市场也往往走出下挫调整的走势。大量的虚假信息将危害市场投资氛围的形成。

面对股票市场中发生的造假发股、操纵股价、内幕交易、财务造假、母公司挪用上市公司募股资金、证券公司挪用客户保证金等诸多违法违规行为，监管部门本应依照有关法律法规予以坚决打击，但多年来，监管部门基本依靠主管部门的行政方式来处理相关事件，以至于一些违法违规行为呈现愈加严重的态势。以母公司挪用上市公司资金为例，人民银行早有规定，企业间不准进行资金借贷，而母公司挪用上市公司资金属企业间资金借贷行为，但在股市中这一问题一直得不到有效解决，以至于发展到2002年有977家上市公司（占上市公司总数80％左右）被母公司挪用资金高达1175亿元的境地，2003年关联方占用资金合计高

达 2098 亿元，2005 年上半年大股东占用上市公司资金仍高达 509 亿元，加上违规担保资金总计高达近 1000 亿元。再以证券公司挪用客户保证金为例，早在 1993 年中国证监会就已严令禁止证券公司挪用客户保证金，但迄今几乎没有因此而受到公开处罚的证券公司，以至于证券公司挪用客户保证金的数额增加到数百亿元之多。对于《国九条》提出的这些要点，可谓是对上市公司当前所存在的问题与改革的重点一针见血地做出了全面深入的安排部署，关键在于建立健全法规制度和狠抓落实。实际上近两年来证监会在这方面做了很多基础的工作，取得了很好的成效。在规范控股股东行为，应对损害上市公司和中小股东利益（如欺诈上市、占用资金、虚假披露等）的控股股东进行责任追究方面加大力度，要把实行和参与这些损害行为的所有当事人和机构的利益与问责挂钩，严重的应追究民事与刑事责任，如大股东占用上市公司资金还不了的拟先用这些相关操控当事人的个人和家庭财产冲抵，余下的再以股抵债，立下法规，让这些参与违规操作的人被罚得倾家荡产，违法违规的行为才能杜绝。

4、加强投资者教育，切实保护投资者利益

开展投资人教育，建立投资者的使命感和责任感。人们在追逐自身盈利动机的驱使下，做出市场短线品种的投资选择，而这一过程也正是增加社会共同财富，推进我国改革开放事业的过程。充分调动投资人对国家建设事业的参与意识，使参与者的盈利动机与国家经济的发展有机统一，是对传统上以牺牲奉献来促进国家利益发展的重要补充。对此，投资人应该引以为荣，并值得人们赞誉。应该从正面去倡导这种投资者的道德与使命，而那种认为投资股市发不义之财的偏见必须被摒弃。股民既是中国改革发展进程中的智力劳动者，也是社会财富的创造者。股票投资人应该是受保护并且树立股票投资是光荣的这种投资理念，不能总觉得低人一等。

加强投资者教育还要树立科学的投资理念。在正确投资观的指引下，必须普及股市运作的专业知识和法律意识，提高投资者的专业素质，形成科学的投资理念，具体包括：做理智的投资人，正确认识资本市场的风险防范；学会对上市公司质量判断的基本知识，科学选股，不盲目跟风，实现资本市场价值与价格一致，做理性投资人；熟悉资本市场的法规政策，对各种证券欺诈、操纵市场等违规行为能够防范，增强自我保护意识。

5、建立完善的退市机制，真正实现优胜劣汰

10多年来中国股市沉淀了大量劣质公司。统计数据显示，截止到2004年年末，以每股净资产计，资不抵债的上市公司已占上市公司总数的2.27%，如果以调整后的每股净资产计，这一比例则上升为3.96%。这类资不抵债的上市公司不仅威胁到股东利益，也威胁到债权人的利益，但这些上市公司的目前仍在股市很好的生存着，而且部分公司的股价高的可以。股市中劣质公司沉淀的数量不断增加，投资者面临的风险也越来越大。这被普遍视为投资者信心逐年下降的重要因素之一。必须建立起一种有进有出的机制，对一些违法违纪、经营很差、净资产是负的上市公司要摘牌退市，让一些业绩好的公司入市，逐步提高股市的质量。只有这样才有可能提高公众投资者的信心，才有可能使股市恢复其本色，才能使股市成为一潭活水，如果没有有效的退市机制在起作用，股市终将鱼目混杂，甚至成为一个大垃圾场。在市场经济成熟的国家，由于股市择优汰劣的作用，熊市时上市公司的数量会减少。但我国股市低迷时，上市公司却还不断增加。这源于我国目前缺乏严厉的上市公司退市制度。我国股市在成立初期只有上市规则，并未推出相应的退市规则，只规定了最近3年连续亏损的上市公司将暂停上市。中证监会于2001年12月发布《亏损上市公司暂停上市和终止上市实施办法（修订）》，宣布中国股市的退市制度正式出台。但退市制度显得过于"仁厚"，不能起到清理劣质公司的作用，亦无法对不良上市公司形成应有的威慑力。

中国股市应该建立严厉的退市制度加以强调。退市的方式可

以有3种：一种是强令摘牌退市；一种是并购退市；还有一种是回购退市。《证券法》修订草案中已经允许上市公司回购股票。在上市公司退市之后应该设立柜台交易，使公众投资者手中的股票得以变现。一定要让股市中的上市公司有进有退，提高上市公司的整体质量。这是股市的治本之策，也是真正保护公众投资者的利益最重要的一点。

6、标本兼治纠正证券市场功能定位缺陷

应重视证券市场的可持续性发展，即指能动地调控金融复合系统，使证券市场在资源（资金、投资品种等）与经济环境承载能力的条件下，促进经济发展和保持整个市场的永续发展。淡化短期行为及融资功能，突出"优化资源配置和实现投资回报"的功能，避免出现单纯以"量"的扩容作为发展目标。此外，还要依靠完善的法律体系、政策体系和强有力的监管，建立可持续发展的综合决策机制和协调管理机制。

针对把上市公司当作"提款机"的倾向，必须制定严格并有可操作性的募集资金运用管理办法，这几年在我国商业银行中，行之有效的封闭贷款管理办法值得借鉴。我国证券市场在政策制定上一直强调企业本位制的定位，而忽略了对投资者权益的保护。今后完善保障措施，切实保护投资者切身利益，实现、重视投资者的投资回报。

抓住机遇，推进我国资本市场改革开放和稳定发展，是众望所归，也必将成为资本市场的主旋律。我们相信，在党的十六届五中全会精神指引下，在国务院的正确领导下，我国证券市场发展一定会度过目前的难关，进入新一轮的快速发展时期。只要政府和市场各方共同努力，就一定会化解隐现危机，迎来中国股市的美好未来！

第十二章　化解危机——综合案例分析

从中外危机管理案例中学习危机管理的思想、思路和思维，是非常有必要的。因为危机管理中思路、思想和思维的不同，给企业带来的结果也截然不同。但我们要举一反三，学会自己思考，而不仅仅是刻板的模仿。本章节我们主要通过对以往危机管理案例的研究来提高企业的危机管理水平，而这也是当前中小企业最实用、最有效和最迅速的方法。

案例一　可口可乐的比利时危机公关

危机范畴：饮料安全

危机起因：饮用可口可乐引起中毒

1999 年 6 月 9 日，比利时 120 人（其中有 40 人是学生）在饮用可口可乐之后发生中毒，产生呕吐、头昏眼花及头痛症状。

危机发展及处理过程：

事发后，可口可乐公司立即着手调查中毒原因、中毒人数，同时部分收回某些品牌的可口可乐产品，包括可口可乐、芬达和雪碧。一周后中毒原因基本查清，是因为安特卫普工厂的包装瓶内有二氧化碳。但问题是，从一开始，这一事件就由美国亚特兰大的公司总部来负责对外沟通。近一个星期，亚特兰大公司总部得到的消息都是因为气味不好而引起的呕吐及其他不良反应，公司认为这对公众健康没有任何危险，因而并没有启动危机管理方案，只是在公司网站上粘贴了一份相关报道，报道中充斥着没人看得懂的专业词汇，也没有任何一个公司高层管理人员出面表示对此事及中毒者的关切。此举触怒了公众，结果，消费者认为可口可乐公司没有人情味。很快消费者不再购买可口可乐软饮料，而且比利时和法国政府还坚持要求可口可乐公司收回所有产品，形势非常严峻。

可口可乐公司这才意识到问题的严重性，事发之后 10 天，公司董事会主席和首席执行官道格拉斯·伊维斯特专程从美国赶到比利时首都布鲁塞尔，在这里举行记者招待会。当日，会场上的每个座位上都摆放着一瓶可口可乐。在回答记者的提问时，依维斯特这位两年前上任的首席执行官反复强调，可口可乐公司尽管出现了眼下的事件，但仍然是世界上一流的公司，它还要继续为消费者生产一流的饮料。有趣的是，绝大多数记者没有饮用那瓶赠送与会人员的可乐。

记者招待会的第二天，也就是 6 月 18 日，依维斯特便在比利时的各家报纸上出现——由他签名的致消费者的公开信中，仔细解释了事故的原因，信中还做出种种保证，并提出要向比利时每户家庭赠送一瓶可乐，以表示可口可乐公司的歉意。

与此同时，可口可乐公司宣布，将比利时国内同期上市的可乐全部收回，尽快宣布调查化验结果，说明事故的影响范围，并向消费者退赔。可口可乐公司还表示要为所有中毒的顾客报销医疗费用。可口可乐其他地区的主管，如中国公司也宣布其产品与比利时事件无关，市场销售正常，从而稳定了事故地区外的人心，控制了危机的蔓延。

此外，可口可乐公司还设立了专线电话，并在因特网上为比利时的消费者开设了专门网页，回答消费者提出的各种问题。比如，事故影响的范围有多大，如何鉴别新出厂的可乐和受污染的可乐，如何获得退赔等。整个事件的过程中，可口可乐公司都牢牢地把握住信息的发布源，防止危机信息的错误扩散，将企业品牌的损失降低到最小的限度。

随着这一公关宣传的深入和扩展，可口可乐的形象开始逐步地恢复。

案例评析：

事发后，虽然可口可乐的反应非常及时，但却因为内部消息不畅通，决策者没有制定出正确的策略，同时也没有向外传达出积极的消息，引发了大的危机。虽然最终危机成功化解了，但是可口可乐却付出了惨重的代价：损失达到 1.3 亿万美元，全球共裁员 5200 人，董事会主席兼首席执行官道格拉斯·伊维斯特也被迫辞职。由此可见面临危机时，统筹安排、保持无论内部还是外部消息畅通的重要性。只有这样，才可能做出正确的决策，化解危机，避免损失。

案例二　万科卖身华润

危机范畴：企业发展

危机起因：原大股东遭遇资金障碍

案例介绍：

2000 年，由于原大股东深特发遭遇资金障碍，以及在发展战略上深感受制，万科创始人、董事长、精神领袖王石力主把万科卖给华润。本来只拥有华远，又加上万科自愿"入赘"的"华润置地"立即变成中国第一房地产巨头。

案例评析：

即使原大股东遭遇资金障碍这样的危机，"万科"也不至于死路一条，因此对于王石走的这招"万科卖身华润"，很多人不解，包括华润人都不理解王石的这种舍己度企的举动。

其实，王石是早有此打算的，"原大股东遭遇资金障碍"只是其导火线而已。上世纪末，在考虑到当企业发展到一定程度时，万科因改制上市后股权分散，长期缺乏大股东支持，只能靠自身力量逐步积累，难免形成新的制约问题，王石就曾公开说："我们寄希望于有大家伙进入万科，这是 1997 年包括 1998 年万科经营者优先考虑的问题。也就是说，在国内很多企业考虑兼并谁的时候，万科考虑的是谁来兼并万科！这个未来的东家应该具备两个条件：一是有较多的土地储备，二是有较强的筹资能力。至于王石在未来的万科处于什么样的位置，并不重要，关键是万科今后的发展。但我想，如果王石是万科未来经营者的最佳人选，就没有必要非换掉我。"

事情的发展也证明了王石的远见：万科的发展显然也更加游刃有余了。

万科的做法则是规避风险的"武功新解"。随着"国进民退"进程的加快，可以预见越来越多的经理人会成为创业者，另辟一方事业空间。事实上，对于暂处于弱势的企业来说，要生存无非两条路，一是造势，一是借势。但这需要大的魄力，可见企业的发展离不开领导人的正确决策。

案例三　罗可坦公司的危机管理

危机范畴：市场竞争

危机起因：专利到期，部分市场份额将被后起者占领

罗可坦是瑞士罗氏公司销售额位于第二的药品。该产品在1999年全世界的销售额为10.4亿瑞士法郎，折合6.93亿美元。在痤疮治疗药物市场上，罗可坦远远领先于其他产品。然而，2001年罗可坦的专利保护期限将终止，从一般意义上来说，这类专利即将到期的重磅炸弹级药物是仿制品的重点目标。随着仿制品的上市，原研制公司的产品将不得不降价，而且还面临销售额的下降。

危机的处理：

影响生育是痤疮治疗药物的一个严重的副反应。自从1982年被正式批准临床应用以来，导致生育畸形是罗可坦的禁忌症，罗氏公司正是利用了罗可坦这种严重的副反应，在痤疮治疗上创立了一个患者教育的成功范例，也成功地帮助罗氏公司避开了仿制品的竞争，从而规避了由于大量仿制者的涌入导致市场分额的萎缩。

为了确保罗可坦安全地用于患者，罗氏在患者教育和用药监控项目方面花费了大量的资金。为了减少妇女服用罗可坦的风险，罗氏在1988年开展了服用罗可坦的妇女要防止怀孕的活动即"防止怀孕计划"。这是第一个有关怀孕的风险管理计划。该计划包括妇女患者的知情同意书（即给患者介绍药物情况并取得同意服用

的文件），帮助医生提供给患者咨询的手册，免费为女性患者推荐妇科医生进行避孕的咨询，以及要求患者同时使用两种有效的避孕方法等。为进一步减少罗可坦使用者的怀孕风险，罗氏在2000年6月又实施了一个"目标防止怀孕计划"。这个计划是一个统一的全面的市场策略，旨在改变医生的高风险处方习惯和患者的用药行为。不断修改和增加的罗可坦"防止怀孕计划"，给仿制品厂商在开展他们自己的异维A酸（罗可坦的活性化学成分）促销时带来了更高的进入壁垒。任何的仿制品在进入市场时都不得不像罗氏那样采用用药监控措施，但这些措施的花费是昂贵的，而且不可能在短时间内建立。这虽然不会将竞争完全排除，但它将是仿制品进入市场的一个极大的障碍。

在美国，罗可坦的专利权在2001年8月到期。尽管罗可坦有这么高的销售额，仿制品制药厂商们却并没有表示出对该产品的极大兴趣。因为比起罗氏，仿制品厂商一般规模小得多，因而对于他们来说，要像罗氏那样采取系列的风险管理措施将是十分冒险的举动。因此，在某些看来是负面的副作用，在合理运用营销手段的情况下，也可以化腐朽为神奇，成为阻止跟进者的有力武器。

案例评析：

罗可坦成功化解竞争危机，采取的措施实为奇招，在为公司着想的大前提下，以对消费者负责、为消费者服务之名，使产品的副作用对产品产生了有利的影响，更实现了公司的盈利。企业在面临危机时，应保持头脑清醒，积极寻找突破口，考虑公司盈利的时候兼顾消费者的利益，才有可能"化腐朽为神奇"，战胜危机。

案例四　端州月饼被诬陷事件

危机范畴：食品卫生

危机起因：同行恶意造谣

肇庆端州酒店出产的端州月饼一直很有市场，每年临近中秋节前来定货的港商络绎不绝。然而，在某年的中秋节前，突然传出这样一个消息：肇庆公安局在肇庆火化厂抓到了两个偷"死尸油"的人！根据交待，这两个人是端州月饼厂的工人，他们透露，他们厂生产的月饼需要这种"死尸油"作为配料。随着这个消息的蔓延，一些香港的订货商迫于压力纷纷向厂家退货。

危机的处理：

面对客户纷纷退货的毁灭性打击，端州酒店不急不躁，向各个媒体发邀请函，邀请记者们前来参加"中秋媒体恳谈会"，既然是中秋，那么肯定要吃月饼，加了"死尸油"的月饼记者敢吃吗？鉴于此，主办者又加了一句"并就此讨论月饼'死尸油'事件"。

在恳谈会上，火化厂的领导第一个出面澄清：首先，火化厂没有榨尸体而卖"死尸油"，同时火化厂也不可能昧着良心搞什么"第三产业"；其次，根据火化要求的高温，也不可能有油榨出来，这在技术上也不成立。随后，播放幻灯片以核实这个过程。接着是公安局代表出面否认曾经抓到这样两个盗"死尸油"的人，端州酒店人事部门也证明没有这两个人。在一连串的论证之后，主办方邀请现场的任意两名记者到街道上买来端州月饼送往卫生局检查，而消费者协会也出面证明：到目前为止，还没有收到有关对端州月饼质量的投诉。

最后，端州酒店老总出面，阐述由于目前市场竞争激烈，一些厂家为了打击对手无所不用其极。为了在社会上提倡公正、有序的竞争，端州酒店决定与当地电视台联手举办"商业道德知识竞赛问答"活动。至此，"死尸油"事件在厂家的正面回击下销声匿迹。

案例评析：

在竞争日益激烈的商业社会当中，任何形式的竞争都不足为过，暗箭随时可能射来，令企业猝不及防。就如此案例中的端州酒店，稍有不慎便会"中箭而亡"！所以，对于企业来说，平时就应注意防范危机，积极"练箭"，当"暗箭"射来之时以"正义之箭"将其粉碎。

无法对质的谣言无根而起，客户纷纷要求退货，作为无法动用大规模社会力量的中小型企业，端州酒店所面临的形势可以说是非常严峻，然而端州酒店从容不迫，用"正义之箭"干练、利落地打了一个漂亮的危机公关战。其中，以下几点措施非常值得借鉴：

第一，主动邀请媒体"恳谈"[2]。危机当头，对媒体不仅不躲不避，还主动与之沟通，第一时间将正确的信息传达给媒体从而传达给公众，避免了谣言借媒体之力愈传愈盛，有效的保护了自己。

第二，让第三者来为之澄清，更具说服力。火葬厂领导的话从科学上证明了谣言的荒谬性，公安局代表的话更是进一步揭露了谣言之假，端州酒店人事部门又及时出面证明"没有这两个人"，紧接着请记者互动，参与抽样调查，使消费者协会也出面为之说话。倘若端州酒店只顾自说自话，不仅不足以使人信服还有可能引起消费者的反感，引发更大的危机。然而，端州酒店统筹全局，"稳坐在主帅席上"，由在谣言中处于重要地位的第三者打头阵，以科学、法律、事实作武器，环环相扣，招招到位，迅速破解了谣言。

第三，老总压阵，最后出马说明事情真相：竞争对手恶意中伤。从而从根本上摆脱了谣言，而宣布将与当地电视台联手举办"商业道德知识竞赛问答"活动，则使企业站到了正义和主动的位置，提升了其形象及美誉度。

案例五 联想——杨、郭一个都不能少

危机范畴：人力资源管理

危机起因："一山不容二虎"

案例介绍：

2001年3月，联想集团宣布"联想电脑"、"神州数码"战略分拆进入到资本分拆的最后阶段，同年6月，神州数码在香港上

市。分拆之后，联想电脑由杨元庆接过帅旗，继承自有品牌，主攻 PC、硬件生产销售；神州数码则由郭为领军，另创品牌，主营系统集成、代理产品分销、网络产品制造。

至此，联想接班人问题以喜剧方式尘埃落定，深孚众望的"双少帅"一个握有联想现在，一个开往联想未来。曾经长期困扰中国企业的接班人问题，在联想老帅柳传志的绝佳安排下，迎刃而解。

案例评析：

柳传志可谓"世事洞明"的伯乐，他不仅发现、培养了千里马，更为难能可贵的是为每匹千里马都安排了好的归宿。哪怕他失去杨、郭任意一人，对联想来说其损失都将是不可估量的，然而"一山不容二虎"，深谙用人之道的柳传志选择了"合分"之术。他将跑道清晰、明白、严谨地划开，给他们各自一片天空，任其闯荡，同时二者假如一方受扼，另一方还可以立即出手相助[3]。

对于企业来说，在人才培养中，如果有幸得到难分轩轾的"赛马"结果，千万珍惜这种幸福，不要轻易把"宝马"送人，尤其是送给敌人。否则，必将给企业带来危机。

案例六 CECT 手机："中国种的狗"事件

危机范畴：创意理解

危机起因：消费者向媒体反映其问候语伤国人尊严

2003 年 2 月，南京的个别消费者发现自己购买的中电通信 CECT928 手机屏幕上竟出现一句问候语"Hello Chow"，翻译意思是"你好，中国种的狗"，消费者随即向新闻媒体反映。此事经媒体曝光后，立刻掀起轩然大波。许多人认为这是对民族尊严的伤害，是对中国人的侮辱，众多此手机的用户欲向厂家讨说法。

事件发生当日，中电通信市场总监飞赴南京，并与首先发现问题的用户取得联系。随即，中电通信公司发表公开声明：

1、中电通信作为国内重要的手机供应商之一，一直以发展民族企业为己任，本着"用户至上的原则"，绝无伤害国内用户民族尊严的想法与行为；

2、CECT 928 是 2002 年 8 月推出的产品，以性能卓越和价格合理而赢得消费者喜爱。"Hello Chow"是手机问候语，意为"你好，可爱的宠物狗"，是该手机人性化的开机界面；

3、本着对国内购买者负责的原则，购机用户如不喜欢该界面，CECT 可提供免费软件升级，并公布售后服务中心的地址和电话。

案例评析：

CECT 手机"HELLO CHOW"事件爆发后，中电通信市场总监即飞赴南京调节，并在第一时间与首先发现问题的用户取得联系，表现了中电通信对公关危机的重视程度和反应及时性。包括中电通信所发表的公开声明，都具有积极的意义。然而，深究一下就会发现，中电通信所做的仅仅是一种表面文章，表面上看似积极应对，危机也化解了，事实上在消费者心中却植下了不舒服的感觉：

首先，外交辞令过于强硬、死板，以自我为中心，高高在上，言外之意是责任在消费者，而不是在厂家，没有给自己和消费者都留下余地。中电通信在声明中的第二条的意思是说我的手机很受欢迎，开机界面也没有错，你们不应该那样理解！声明的第三条"本着对国内购买者负责的原则"言下之意好象消费者是在无理取闹。显然这些声明没有一种良好的公众态度，暗含危机的缘由是消费者的误解，责任在消费者，显然加大了对立面。我们会原谅一个道歉的人，却不会原谅一个狡辩的人，危机发生后，企业应积极从自身找原因，主动承担自己应承担的那一部分责任，而不是一味地强调自己没错，否则只会越辩越黑，不仅丧失公众的信任还会给公众留下极为恶劣的印象。在危机公关中，最忌讳的一点就是"嘴硬"，"SHUT UP"是解决危机的关键词。不要和消费者争论。永远不要和公众去辩论谁对谁错．始终把企业形象放在首要地位，了解公众，倾听他们的意见，确保企业能把握公众的情绪。并设法使观众的情绪向有利于自己的方面转化。

其次，中电通信在此次公关危机中没有很好的发挥危机公关中的互动性、谅解性、真诚性的原则。没有与消费者、媒体进行互动交流，主动让他们参与到此次危机的处理之中，而是自说自话，以自己的态度来决定一切，缺乏可信度。危机发生后，企业应积极关注消费者的反应，尽最大努力来满足消费者，使其怨气得以安全的发泄掉，从而不至于使其言论、行为对企业构成潜在威胁。

其三，没有防范危机的意识。"Hello Chow"不仅有"你好，可爱的宠物狗"的意思，还有"你好，中国种的狗"的意思，人的思维是多样性的，不可能都按照一种思路去理解。在创意该问候语的时候，企业应顾及到其歧义及将会带来什么影响，事先做好调查之后再考虑是否设置到手机上。在当今维权意识日益强烈的情况下，消费者有过激的反应或者将问题上升到民族和个人人格的高度也不足为奇，该问候语毕竟不是消费者自愿或主动下载的，而是供应商强加的。在世界经济全球化趋势越来越强的形势下，任何一家想在商战中立于不败之地的企业，都应该建立危机预警机制，有统筹的危机意识，不仅要提高产品质量，还要兼顾到产品销售地民众的各种禁忌及特殊感情、习惯。这样，才能有效地避免危机。

案例七 富士："走私"丑闻

危机范畴：违法犯罪

危机起因：媒体曝光其丑闻

案例介绍：

2003 年关于"富士走私"的传闻先在坊间流传，而后被传媒曝光，问题的焦点又更多的集中在珠海真科身上。富士一直以沉默作答，仅有的一份"与自己无关"的声明更显示出其大有逃避中国媒体和舆论监督之嫌，企图蒙混过关之意。而在媒体公关上，富士更多的是"义正严词"，试图使媒体屈服。富士曾将一纸声明函发给北京某著名财经媒体，表示要诉诸法律来解决被曝光事宜。事与愿违的是，就在富士发出声明的两个星期后，北京这家报纸仍然利用较大的篇幅对富士以及"胶片"走私事件作了追踪报道，并配有社评性的评论，大有将曝光"富士走私"事件进行到底的决心。

"富士走私"丑闻更是遭到同行诟病。柯达全球副总裁对外宣称：柯达对珠海真科的"灰色行为"早就有所耳闻，珠海真科以前的"不规范运作"伤害了柯达。乐凯也表达了"极为不满"的情绪，并早就收集了有关真科的"违规资料"，并上报国家经贸委。"在我们看来，富士与中港照相本来就是一家。""中港照相参与走私，富士难脱干系！"富士成为了众矢之的。

对于富士涉嫌走私事件，富士（中国）副总经理小泉雅士称，无论是富士总部还是富士（中国），都从来没有给珠海真科投过一分钱。实际上珠海真科只与富士总社的代理商有关。有关"走私"的传闻与富士公司无任何瓜葛。

可调查表明，在中港照相的旗下，竟有十几家"富士"名号的公司。富士，本该紧急采取危机公关战略，力争平息危机，以保住自己苦心经营多年的中国市场。可是令人遗憾的是，在其涉嫌走私已经是公开的秘密的前提下，富士居然未采取任何危机公关策略，而是在珠海真科东窗事发后，干脆把自己推了个一干二净。

案例评析：

富士违反了中国法律法规的底线，这就是个严肃的问题了，是企业发展的大禁忌，不幸的是又被媒体曝光，按理说这或许是危机管理中最难应付的情况：企业本身就底气不足，想躲不能躲想逃不能逃，只能硬着头皮站在镁光灯下接受媒体和公众的"审判"。但是不管怎么说，事实虽重要，态度是关键，负荆请罪往往能博得同情。然而，富士在危机公关方面的表现却令人大跌眼镜，总结起来有如下重大失误：

首先，沉默不是金。关于"富士走私"的消息不断被传媒曝光时，富士多以沉默作答，"与自己无关"的声明明显是在推卸责任。沉默不是金，面对媒体的曝光，沉默不仅不是消除危机的办法，反而是变相的默认。

其次，与媒体关系不和谐。对待媒体富士采取"义正严词"的态度，竟然试图使媒体屈服！富士作为一家国际性的公司，在与媒体的沟通上却没有显示出与跨国公司身份相匹配的风范。各大媒体开始了大规模追踪报道，则更是把富士与媒体关系不和谐的情况表露无遗。与柯达相比富士缺乏了一种与媒体互动性的双向沟通。这种双向的沟通不仅仅是一种物质利益上的关系，更重要的是在精神层面上的东西。

另外，国内媒体与公众对于跨国公司进入中国市场的看法也在发生着变化，先是认为它们是"天使"，随着时间的推移，传媒与大众逐渐认识到一些跨国公司的"另一面"，媒体对于跨国公司的报道也逐渐从"宣扬"转为"揭幕"，承担起向公众披露跨国公司危机的重要职责，这同时也是国内媒体市场化的需要。而部分跨国公司又对自身的不合法和违常理行为在媒体和公众面前遮遮掩掩，不肯说明事情的来龙去脉，之间必然产生碰撞。在很多时候，由于跨国公司对中国媒体的不理解或者处理不当，往往促使危机爆发。而又由于公众与企业这种信息不对称的关系使得公众受媒体舆论影响较大，所以危机公关在很大程度上就是要考虑如何向媒体进行公关。

其三，与同行关系不融洽。在事态本来已经严重的情况下，富士又遭到同行诟病，成了"众矢之的"，可见其与同行关系的紧张。

其四，不真诚。在其涉嫌走私已经是公开的秘密的前提下，还死不承认，"能推就推，能赖就赖"，负隅顽抗。事实证明，开诚布公才是化解危机的唯一出路。

案例八　爱多的不归路

案例介绍：

2003 年 6 月 19 日一代"标王"、前 VCD 巨头爱多原总经理胡志标被中山市中级人民法院一审判决票据诈骗罪、挪用资金罪、虚报注册资本罪三项罪名成立，判处入狱 20 年，罚款 65 万元。其实早在 1999 年 12 月 14 日中山市中院就已依法受理了东莞宏强电子有限公司等申请债务人广东爱多电器有限公司破产还债一案。2000 年 4 月 18 日，胡志标在中山某酒店被汕头警方拘留审查，至 2003 年结案，胡志标一手创建的广东爱多，终于走上了司法终结的轨道。纵观爱多的发展历程，不难发现，走上不归路应该说是其自身一手造成的。

1995 年 7 月 20 日，广东中山爱多电器公司正式成立，胡志标任总经理，他的好友陈天南出任法人代表。在此之前，两人曾一起给人修电视机、做变压器，各出 2000 元办起爱多前身升达电子厂，先做游戏机，后做学习机，小打小闹积累了一些原始资本。后来，胡志标看上了 VCD 项目。

到 1996 年，胡志标先花 450 万元请成龙拍出"爱多 VCD，好功夫！"的广告片，又花 8200 万元投中中央电视台天气预报后的 5 秒标板。1996 年产值达到 2 亿元，1997 年就猛蹿至 16 亿元。1997 年 6 月爱多实施"阳光行动 a 计划"6 种产品降价 40％左右，随之引发全行业的价格大战，爱多一夜之间名声大振；同年 11 月销售额大涨的爱多推行"阳光行动 b 计划"，进入增值服务领域，斥资数千万实施千店工程、宝典工程和金碟工程，想在全国开近万家碟片专卖店，并给用户定期免费杂志，爱多从制造销售领域进入陌生的软件服务领域。该月在广告方面，爱多刚投入 8000 万元的广告费，又用 2.1 亿元抢得中央电视台 1998 年广告标王，而当时其在国内的市场份额是 18％多，比新科 24％还少；此后，"阳光 c 计划"再出笼，爱多要学海尔售后服务，又投资 3000 万搞保修网点，并计划有 1500 个点、5000 工作人员……1998 年开

250

始，VCD市场开始萎缩，爱多着手实施多元化战略，电话机项目正式上马。1998年年中，爱多正式宣布进入数码电视、音响等领域，爱多也更名为企业集团。1999年，问题日趋明显。更多人此时注意到，爱多在中央电视台的5秒标版广告早在2月份已经停播，到3月1日，15秒钟的形象广告也停播。4月7日，《羊城晚报》刊登了一则广东爱多电器有限公司董事会授权的律师声明，说爱多电器公司的下属机构除了中山爱多电信设备有限公司外，其余在国内设立的所有分支机构及下属企业均未经爱多电器公司董事会授权同意设立，其所发生的债权、债务和经济活动也与爱多电器公司无关。发表声明的两个股东为陈天南和中山益隆村。爱多的"股东危机"爆发。5月13日，广东爱多电器有限公司对股权结构进行了调整，董事会同意由胡志标全权负责广东爱多电器有限公司的日常工作。至此，喧嚣一时的爱多"股东危机"宣告结束。但是，爱多危机开始暴露于外界。据悉，爱多欠供货商、代理商的债务分别达上亿元和数千万元。到"爱多"讨债的人员络绎不绝，人们甚至模仿"爱多"的广告语，打出"'爱多'，我们一直在努力讨债"的横幅，"爱多"仅欠这家广告制品公司的债务就有几百万。资金链的断裂，巨额的欠债，使爱多被告上法庭，也就出现了本文开头的一幕。

案例评析：

爱多的失败主要有以下几点：

第一，盲目迷信策划和广告。在爱多的经营理念中，明确提出"市场是策划出来的"，从而把"经营策划"放到企业发展的最高位置和首要位置，投入了巨大的精力和资金，对企业、产品、品牌进行了包装、策划，这些包装、策划也确实为企业赢得了众多"美丽的、眼前的、可观的"的经济效益，但是，品牌策划力不等于企业的核心能力。爱多还不惜投入巨资，从中央电视台到街头小报，进行了全方位、立体式、密集型的广告轰炸，伴随着广告的是品牌知名度的迅速提升和企业规模的急剧膨胀，然而，名牌是"创"出来的，不是广告"打"出来的。在进入买方市场后，爱多的"广告武器"一下子就失灵了。

第二，感情大于理性。对一些决策不是借助科学，而纯粹靠感情冲动，不假思索，在企业内个人说了算，董事会、监事会都只是摆设而已。在某次公开会议上，胡志标谈超级 VCD 的市场容量时，竟宣称几个月内就达到 500 万台。而其"上下游借资"策略，太过于理想化、浪漫化，其中的任何一个环节出现差错，危机就不可避免。

第三，崇尚"投机技巧"，宁可相信"爱拼才会赢"，而不相信"Step by step"（一步一个脚印）的成功之道。他对靠赚产品的利润来发展一直认为太慢，他看好的是一飞冲天，无视市场"游戏规则"，对市场细分、目标市场、市场容量、用户需求、竞争对手、消费模式、产品定位、技术趋势、市场潜力等至关重要的经营指标心中无数，一切跟着"投机"走，更别说去仔细研究怎么规范管理企业。

第四，好大喜功，不根据自身及市场情况，一味的追求所谓的"大"，甚至靠欠巨额债务维系企业的壮大。

由爱多的失败我们可以领悟到，只有运用科学、冷静的态度提升企业管理水平和创新能力，适应变幻莫测的市场环境，推行企业"自救"，才能实现企业在当今买方市场的激烈竞争中发展壮大。具体需要做到以下几点：

第一，是建立科学的管理体系。明晰产权关系，完善法人治理结构，形成有远见的决策系统和有效的指挥系统，理顺企业内部各种管理关系，克服和避免"机构臃肿、部门林立、等级森严、层次繁多、程序复杂、信息不畅、反应迟钝"现象的出现，形成发展合力；苦练内功、夯实基础、提高技能，甚或对企业原有的生产形式进行重新调整与彻底重组，通过一种全新的生产组织方式，使企业内部的技术潜力、智力潜力和成本潜力充分释放出来，奠定企业在成本、品质、服务、信誉等方面的优势。企业的管理体系，必须与市场接轨，与国际惯例接轨，以适应全球经济和全球竞争的需要。

第二，是培养企业的核心能力。认真研究并掌握市场"游戏规则"，研究消费需求、消费心理、消费习惯、竞争环境、竞争对手等，充分利用自身所拥有的关键资源，培养创造出不同于对手的最关键的竞争能量与优势，形成让对手短时间内难以模仿，自己能长久保持的特色与专长，从而拉开竞争对手与自己的距离，不断扩大自身的生存发展时空。抛弃一切与核心业务无关的枝节事业，已成为新企业的游戏规则。

第三，要加强自身的品牌管理。既不要盲目地进行品牌延伸，也不要盲目地炒作品牌的知名度，需要的是脚踏实地地提升品牌的信誉度、美誉度，丰富品牌内涵，凸显品牌风格，逐渐培养消费者的品牌忠诚度，巩固和扩大品牌消费群。

案例九　肯德基应对危"鸡"时刻

危机范畴：食品安全

危机起因：禽流感盛行导致消费者对鸡肉的恐慌

案例介绍：

2004年，由于禽流感的盛行，鸡肉在市场上受到了消费者的自觉抵制，特别是在亚洲。尽管政府高官曾以带头吃鸡的做法来减轻消费者对鸡的恐慌，然而效果不大。作为以鸡肉为其主打产品原料的洋快餐巨头肯德基自然大受其害：亚洲一半分店生意下降。消费者谈"鸡"而"畏"，更何况是吃呢？

面对危机，肯德基亚洲连锁店积极采取措施，力争把危"鸡"的危害降到最小低程度。

首先，以一种坚定的姿态出现在公众面前，坦言其"有信心"战胜禽流感冲击，并向消费者郑重承诺其原料鸡全部来自非疫区，以消除禽流感给消费者造成的紧张心理。

其次，又于2月5日首次公开了该品牌食品的基本制作工艺，并邀请农业大学营养专家和畜牧业专家品尝产品，以此向社会承诺，其产品可以放心食用。

案例评析：

面对不可抗拒因素而引起的危机，肯德基的做法值得效仿：及时向公众表明其信心并承诺原料鸡的安全，是非常明智的做法；邀请专家品尝产品，让第三者来证明其产品安全可靠，而不是自说自唱，增加了可信度；难为得的是，自暴炸鸡秘诀。此举虽然有一定的风险，但却向消费者传达了积极的信息。

从企业自身来说，特别是对禽类加工企业来说，如何自身克服市场变化所带来的不利影响，也是体现企业危机管理手段成熟与否的一个重要标志。面对危机，肯德基交了一份令人满意的答卷。

案例十 方正科技："PC骨干"集体叛逃"事件

危机范畴：企业人力资源变动

危机起因：骨干人员变动产生品牌信任危机

2004年3月中旬，IT圈即有"方正电脑部分核心骨干集体跳槽"的消息传出，并称周险峰及其团队去向为家电巨头海信，传闻一出，引发社会广泛关注。传闻背景是原方正科技总裁魏新此前升任集团董事长，这一被外界看来是"明升暗降"的安排，让跟随魏新多年的周险峰的地位也越发显得尴尬，也是引发周险峰率众跳槽的直接原因。

危机发展及处理过程：

此后数日，各路媒体多方求证此事。方正科技市场部人士表示，"方正从没有任何人出走，也没听说过。"并建议记者向集团求证。而集团市场部的相关人士却向记者透露，辞职"确有其事"，"去海信的说法也是事实"，无意中佐证了方正PC骨干集体出走的真实性，并让记者找方正科技市场部询问并称"集团对科技的事情不太清楚。"

3月18日晚，魏新在接受21世纪经济报道记者采访时否认周险峰出走，同时还表示，"方正集团总裁室将保持稳定，不会有一人离职。""这些纯属'空穴来风'。"

3月19日，方正集团发表声明称：助理总裁周险峰现仍在方正工作，目前离开的方正科技PC业务骨干有7人，但整个方正科技公司总监级以上骨干有100余人。

3月20日，魏新在接受一家网络媒体记者采访时这样说道："一段时间来，我们进行了内部调整。调整牵涉到结构、流程，以及程序的改变，也必定削弱一部分人的权力。"

4月6日，吸引了业内大量眼球的方正高管集体跳槽事件终于真相大白。海信集团透露，原方正集团助理总裁周险峰率吴京伟、吴松林等十几位原方正骨干已经正式加盟海信数码产品公司，并将于当月12日集体亮相北京。

案例评析：

这是比较特殊的源于高层人士变动的危机事件。应该说，高层人士跳槽，是哪个企业都会遇到的情况。而方正之所以被这件事情逼上风口浪尖，跟它的历史背景有很大关系。此前，方正高层人员变动频频，而且，在一定范围内，其领导层核心不够稳定已经成为共识。所以，在媒体揭露方正骨干人员变动消息后，方正显得比较敏感，在记者求证时持坚决否定态度，没想到反而招致更多的猜疑。这个事件的典型性在于，正是出于避免危机的目的所做出的行为，由于违背了公关的真实性原则，反招致真正的危机。

企业有避免危机的良好愿望，却得到适得其反的结果。这是值得我们深思的问题。在我国，IT行业是最早进行专业公关实践的，发展到现在，也具备了一定的公关运作模式，但是，从这个事件来看，我国IT行业在公关危机的预见及防御能力上仍有欠缺，需要我们有目的的培养危机防御意识、学习科学的危机处理策略和方法。

案例十一　朗科"优芯"专利风波

危机范畴：产品专利权

危机起因：不良消息在互联网上曝光

案例介绍：

2004年4月11日，一篇题为《优芯变忧心：朗科离职员工大曝造假内幕》的神秘文章出现在某IT个人网站。文章作者自称是"前朗科员工"，对朗科的技术和"优芯一号"提出了质疑。

4月19日，朗科公司才正式对外发表声明，称这是一次"网络恐怖袭击"。朗科市场部经理张洲宽联合其公关公司负责人汪华东紧急约见广州几家主要媒体，就事态的发展和朗科对该事件的看法表明了态度，并逐一批驳了文章对朗科公司的质疑。朗科方面的解释显然没有起到澄清事实的作用。一些媒体开始针对神秘文章的"爆料"和朗科言论的疑点寻求佐证。有一种观点是：此次"网络恐怖袭击"乃是朗科竞争对手针对一年前朗科公关公司负责人的一篇"恶意文章"而采取的报复行动；同时朗科前公关公司负责人也加入战团，使事件真相更加扑朔迷离，没有一个黑白分明的结论。

而不同的人、不同的利益集团发出迥异的声音，基于利益与意气的相互"揭发"令整个事件弥散着"阴谋"的味道，以至于内外受众根本弄不清楚谁讲的是真话、谁说的是谎言。此事件给朗科健康发展带来了阴影。

案例评析：

首先，朗科公司反应速度太慢，在事情发生一周多了才正式出面发表声明，可见其危机意识的贫乏。"落后必然挨打"，在危机处理中，速度至关重要。否则，在正面消息出台时，负面消息已经先入为主，牢固地占据了公众的头脑，无论企业花费多大力气去化解危机，其效果都是大打折扣。

其次，"优芯"闹剧中演员众多，没有"绝对领导"，缺乏强有力的管理、约束。缺失权威必然引发混乱。如果把企业危机事件管理"项目化"，那就需要任命项目的"负责人"——绝对领导者。"绝对领导"的实质就是"集权管理"——事故处理者需要的是绝对的控制力，而不是"民主"。企业领导者应在危机乍现之时便赋予危机事件管理者充分的权柄，管理者对危机事件全权负责，统筹安排，特别应注意"疏堵"结合——"疏"对外，"堵"对内。对于同一危机事件，企业内部竟传出不一样的声音，这是危机管理的大忌，不仅会令原本简单的事态趋于复杂，更会暴露出企业内部的"矛盾"，同时令舆论和受众对其真实意图莫衷一是，甚至可能由此引发新的危机。所以对内，必须杜绝那种未经授权便擅自发声的情况；对外则根据事前的部署，由危机事件管理者指定的发言人发布信息。

案例十二　北电网络财务丑闻的危机管理

危机范畴：公司财务

危机起因：因涉嫌财务造假被调查

2004年，因涉嫌财务造假，美国、加拿大证券监管部门和加拿大警方对加拿大著名电信设备制造商北方电讯网络公司（北电网络）展开调查，受到证券监管部门的压力，北电不得不成立内部调查委员会对财务造假进行调查。不久，其财务丑闻正式曝光，北电网络2000年到2003年的财报中均存在不同程度的虚构利润，其中2003年的销售收入多报3亿美元，一时间各种议论纷至沓来，股价当天就暴跌了28%，形势极为不利。

危机的处理：

面对来自各方的压力，4月28日，北电网络正式宣布，解雇其总裁兼CEO弗兰克·邓恩（Frank Dunn）等3名涉嫌财务造假的高层管理人员，对其他四名高级财务主管进行了停职处理，以便进行独立的财务审计，管理层有近一半人员被替换，另外，任命威廉·欧文斯为新公司首席执行官。欧文斯当天表示，公司目前拥有充足的资金，主营业务增长势头也很强劲，公司仍然很强大。公司还宣布，过去3年的财务报告将被重新审核，2004年第一季度的财务报告也将被推迟公布。

北电网络又陆续采取措施进行肃清，以求重塑投资者和消费者的信心。一方面，北电网络配合接受美国证券会和安大略证券的调查，另一方面，公司内部审计委员会也着手进行清查核实。另外，除了长期聘用的德勤会计师事务所之外，北电网络还聘请了安永会计师事务所帮助进行业绩重报。接着，公司开展新的全球投资，并适当调整公司战略，以求重塑公司的形象。正如公司新总裁欧文斯所说："在我的任期内，大家将会看到着眼点会更多放在合作上。"5月中旬，北电网络被西班牙国家铁路网络 Renfe 选中，为西班牙毕尔巴鄂和桑坦德地区的公共铁路线建设 GSM 铁路数字移动通信网络 GSM－R。一个月后，北电网络又与中国普天信息产业集团在京宣布，他们将在中国合作进行 3G 移动通讯设备及产品的研发和生产。这些都是北电网络的重要海外合作投资项目。

为了摆脱困境，北电网络采取的另一项措施是将旗下的加工制造业务外包给新加坡伟创力公司，如此一招将巨大的员工数量削至 32500 人。

一连串的动作，使北电网络暂时从危机中得以缓解。

案例评析：

北电网络的危机处理还算比较到位，其成功之处主要有以下几点：

首先，在第一时间迅速反应，实行高层人员"大换血"：解雇对公司财务负主要责任的高层领导人，其中包括 CEO、CFO 和总审计师，同时任命新的 CEO，向外界表明其重建公司领导层和财务报告的决心。

其次，积极配合证券部门调查，公司内部审计机构也主动进行清查核实，表明了公司对此事的正确态度。同时还聘请多家会计师事务所帮助进行业绩重报，专业权威部门，保证了其业绩重报的质量，也更具说服力。

其三，开展新的全球投资，积极寻求机会、创造机会、再拾信心。用不懈的努力工作来向公众展示北电网络不惧危机，积极进取的形象。

其四，将加工制造业务外包，使公司的长期成本得以减少，同时也这种撤退式的战略调整也是该公司危机处理的精明之举。

积极的措施，挽救了企业的经营、品牌和信誉，稳固了投资者和消费者对公司的信心。但是，"不能在同一个地方跌倒两次"，早在 2002 年 2 月，公司当时的首席财务官亨格尔就因财务核算问题而辞职，有行业人士认为，北电网络的财务问题甚至可追溯到上个世纪 90 年代互联网泡沫时期。危机管理绝不能成为企业运作失误的挡箭牌，进行危机管理，就不能忽视危机背后积累已久的问题。建立必要的危机预警机制，平时善于挖掘问题、归结问题、处理问题、总结经验，把企业出现的任何问题消灭在萌芽阶段，才是明智之选。

案例十三　龙口毒粉丝事件

危机范畴：食品安全

危机起因：媒体曝光节目披露

2004 年 5 月 2 日 CCTV《每周质量报告》披露：知名品牌地方特产"龙口粉丝"存在大量掺假现象，用低廉的玉米淀粉代替国家标准中明确规定的绿豆或者豌豆淀粉，更为严重的是一些生产厂家使用有毒的碳酸氢铵和氨水来漂白黑粉丝，这将会严重威胁食用者健康。

危机发展及处理过程：

之后，大量媒体报道了"龙口毒粉丝"事件，香港地区的华润、百佳及惠康三大超市宣布暂停出售所有龙口粉丝。与此同时，香港食物环境卫生署也已经开始对市面销售的粉丝品种进行抽样化验，调查劣质粉丝是否外销到了香港。全国许多市场也将在售的龙口粉丝产品下架停售，抽样化验，粉丝行业销售一度停滞。粉丝原产地烟台市则要求全市所有粉丝厂停产，进行彻底的质量检查，查处造假企业。

5 月至 6 月底，国家质检总局以及各大城市的质检和卫生监督部门纷纷在媒体发布粉丝产品检验结果，公布了产品质量检验合格的企业和产品品名，同时，也对存在质量问题的6家企业予以查封。至此事件才得以渐渐平息。

案例评析：

它的典型之处在于，以地域命名的传统名牌，存在品牌所有人缺失的问题，谁都可以用这个牌子，而又没有明确的责任人，对于地域传统名牌的管理、保护、使用措施缺乏明确的管理机构和管理制度，自然会出现借名牌出劣品的现象。而且，一旦有危机出现，必然打击一片，凡与龙口粉丝沾边的产品都受牵连。

在这种类型的事件中，行业协会和政府成为责任主体。严肃行业规范、清理造假企业等行政手段可以将媒体披露的问题进行处理，但著名品牌本身已经遭到了沉重打击，而且，粉丝行业也很可能由于此危机留下的阴影而发展迟缓。如何重振龙口粉丝品牌，将成为亟待解决的问题。

历史名牌遭遇信任危机，龙口粉丝不是第一个。金华火腿、山西陈醋、平遥牛肉等传统名牌都曾经被曝光过，传统名牌接连遭遇信任危机，说明危机决非偶然，必有其内在原因。同时也提醒我们，传统名牌的管理工作已经到了不能继续等闲视之的地步。鉴于以地域命名的传统品牌的特殊性，需要通过行政手段，建立维护和管理品牌的组织保证，维护品牌及其所处行业的正常健康发展。

案例十四　通策房地产集团"墨香苑"危机事件

危机范畴：违约

危机起因：百名业主联名上书投诉

2004年5月中旬，通策房地产集团在与社会同遭遇"非典"危机之后又遭遇了另一个危机事件，由该集团开发的"墨香苑"其百名业主联名上书投诉。原因是5月21日，通策房地产集团墨香苑开始交房时，一些拿到钥匙的业主们发现，房产的使用面积减少了，公摊面积却增加了，业主们极度不满。

危机的处理：

通策房地产集团在接到投诉后，立即组织了业主见面会，在报刊上以公开的形式答复了业产们所提出的问题，并在接到投诉之日的一个星期后（5月28日）提出解决方案：拿出140万元设立"墨香苑特别基金"。通策房地产集团表示，凡墨香苑的业主认为损害了自己合法权益的，都可以通过法律手段得到自己应得的利益赔偿；如果140万元的赔偿数额仍然不足以支付业主们的损失，通策房地产集团承诺即时追加；如果这140万元的"墨香苑特别基金"最终没有用完，则无论剩余多少，全部用到墨香苑的社区建设中去。至此，在各方的努力下，危机成功化解。

案例分析：

通策房地产集团在"墨香苑"危机事件发生后及时地采取了一系列正确的决策，"以最务实的、诚恳的态度来解决投诉事件"赢得了公众和舆论的支持，使公司信誉的损失减少到最低程度。

首先，危机发生后，集团董事长在第一时间亲自挂帅，直接负责处理和组织危机公关活动，并在最短的时间内拿出合理的解决方案，可见公司对此事件的重视，对消费者的重视，对危机的敏感。其次，在危机面前不存任何侥幸心理，不计代价，主动承担责任。尽管如果是严格按已经签订的合同履行契约，通策房地产集团可能可以减少赔偿数额，但其决策者仍下决心以巨大的代价，承担所有业主所有的损失，这需要魄力和远见。

但是，"主动出击是最好的防御"，若通策房地产集团能在业主们拿到钥匙之前发现问题，在其投诉之前就提出解决方案，作为开发商将会获得更多的主动权，而结果也会完全不一样。这就反映了通策房地产集团管理的规范性问题，只有规范管理，设立专门的监督部门或危机预警机制对企业是否违约进行监督，及时提醒，才能有效的规避危机，保证企业的平稳发展。

案例十五　北京新兴医院：虚假广告事件
危机范畴：医疗效果

危机起因：媒体披露，质疑其宣传效果

2004年8月2日，《了望东方周刊》一篇题为《北京新兴医院巨额广告打造'包治百病'神话》的文章，对自称是"目前国内规模最大、医疗水平最高"、"专业医治不孕不育症的'超级航母'"北京新兴医院提出了质疑。

危机发展及处理过程：

该报道经报刊、网站广泛转载后，公众及相关监管部门纷纷质疑该院"铺天盖地的广告有夸大成分"。各路媒体也不断接到来自各地的患者投诉，投诉的范围已不仅限于该院涉嫌"夸大宣传"，刊出不实广告打造"送子"神话。更多的患者、同业专家、医师、药师对北京新兴医院的高额收费、医生资质、检查过程、用药过程、治疗效果等提出全面质疑。一时间，媒体对这家医院的报道，似乎比该医院在全国20多家电视台做的广告更引人注目。

8月4日，新兴医院在其网站首页张贴了"律师声明"称院方将依法追究某些媒体的法律责任，同时通知媒体他们会在最短的时间内向公众澄清近期媒体对新兴医院的质疑，并定于8月5日召开新闻发布会。但到了次日又取消了发布会。

8月5日，该医院的注册地海淀区工商分局开始对新兴医院立案调查，调查内容就是其铺天盖地的广告宣传是否合法。

8月7日，召开媒体见面会。在遭受舆论重击之后，新兴医院似乎想以"人海战术"来增强反击的气势，在媒体见面会上，院方重量级人马悉数到场，依次发言，且"语气无不慷慨激昂"——"每个人的发言都各有侧重"，看上去新兴医院很好地利用了这次与媒体沟通的机会，但古语云"言多必失"——更别说是这么多张嘴齐齐发声。从事后媒体对此次"见面会"的报道看，院方的态度和言词已然引起了"公愤"。

虽然时至今日新兴医院的诚信危机已告一段落，但院方在危机事件管理方面的不佳表现却也是有目共睹。

案例评析：

作为一个成立仅仅两年的医院，在广告策略方面新兴医院是非常成功的：聘请观众熟悉的代言人、大范围在全国卫视频道的垃圾时段密集播出电视广告、在央视黄金时段投放公益性广告等，同时采用多种广告形式，如证言广告、电视短片广告、说唱广告、浮标广告、冠名广告、访谈节目形式的广告等多版本广告。广告语言中的"最高""全面"、"所有"、"都能"等等无疑都为新兴医院增添了神奇的光环。但是其危机管理能力却令人不敢恭维：

第一，在其网站首页张贴"律师声明"，宣称将追究揭露它媒体的法律责任实则不明智之举，把医院和媒体生生的对立了起来，媒体之间也是惺惺相惜的，从而导致了和其它媒体之间关系的恶化。

第二，8月5日临时取消原定于该日召开的新闻发布会，出尔反尔。危机当头，企业应事先制定好整体的应对策略之后再对外发布消息，否则如同儿戏，媒体和公众有被愚弄的感觉，导致其企业形象更加恶化。

第三，违背了制定唯一对外发言人的法则，"人多嘴杂"、"言多必失"，事先又没有统一口径，以至于媒体反应强烈：直言医院答非所问、声东击西者有之，以揶揄之辞描摹院方"表演实况"者有之，引个别发言人不冷静言语讥讽戏谑者亦有之，造成了极为恶劣的影响。

案例十六　普华永道劳资纠纷事件

危机范畴：劳资纠纷

危机起因：薪金水平过低，薪金调整使员工失望

案例介绍：

2004年6月底普华永道（PWC）在其中国公司公布了其薪金调整标准，该标准与工方的能改变"目前状况"的希望值相差甚远，令大多数基层员工感到非常失望，他们认为，PWC的薪金水平在四大会计师事务所（安永、毕马威、德勤、PWC）中是最低

的，而其工作强度却不低。一时间，基层集体怠工，乌云笼照了天空。

为了解决问题，2004 年 7 月 1 日，PWC 的员工与中国区合伙人展开了第一次对话，上百名员工从北京的各个角落赶到嘉里中心 18 层的会议室，进行谈判，希望能够找到合理的解决之道。加班费成为核心问题，如何计算加班费，成为劳资双方谈判的重点之一。

一位中国区合伙人在会上表示，虽然普华没有加班费，但每年都有 Bonus（分红），他认为这部分分红足以覆盖应该支付的加班费。但这并没有得到大多数员工的认可，他们认为 Bonus 对加班的补偿过于微薄。一名员工提议由人力资源部门提供 Bonus 的计算方法，然后核定 Bonus 是否可以覆盖加班费。而另一名员工干脆认为，依据国家劳动法规定加班费必须发放，不如将 Bonus 直接以加班费的方式发放。

第一次虽无果但不失热烈的谈判及管理层的沟通意愿，更坚定了多数员工希望通过谈判解决问题的决心。他们认为只有组织起来与管理层进行对话，才是争取获得更大权益的最好方式，他们发起了倡议书。7 月初，工方选举产生了 12 名谈判代表。7 月 12 日，PWC 北京办事处数名合伙人发出了一封回应信。对于员工要求的加班费问题，信中仍然强调"加班费合并在每年的 Bonus 中，我们认为这种 Bonus 是一个合适补偿，Bonus 将在下两周宣布"。在这封信中，合伙人同时承认，"我们的加班补偿机制应该改变"，北京办事处原则同意对加班进行补偿，将尽快决定一个详细的方案，"不过这项措施涉及范围甚广，不仅仅是北京办事处，而且还涉及香港等地，必须经高级管理层商议"。

然而，对于这种答复，PWC 的一名高级经理用了一句非常不客气的评价："根本不可能。"他说，PWC 管理层讨论中根本就没有提到薪金调整问题。但他的说法无法得到 PWC 北京办事处的正面回应。……在尴尬中，这场持续了两周的劳资纠纷终于以 PWC

做出一些让步结束。案例评析：

此纠纷是 PWC 合并安达信后遇到的第一次危机，它的背后有着更为深刻的原因。那就是管理滞后。

2003 年，PWC 与安达信中国区业务合并之后，安达信的审计业务都带到了 PWC。在此之前，PWC 大部分审计对象是跨国公司的中国区业务。业务相对轻松。但在合并之后，由于安达信在中国审计业务深度最广，很多中国本土公司都是安达信的审计对象，突增了不少中国业务，打乱了原来 PWC 员工的工作节奏。因许多中国公司的账目在规范性上与跨国公司还存在一大截差距，所以同样一笔业务需要投入的精力却更多了。再加上合并之后实力的增强，PWC 自身业务也得到了快速拓展，审计单子纷至沓来，审计师们的工作量被迅速加大。

但管理方面却并没有改进，仍然沿袭平均分配方式。再一个就是庞大的规模，也导致了 PWC 人力资源管理的相对滞后。

市场竞争的日益激烈、中国公民维权意识的日益觉醒，越来越呼唤规范的企业管理制度。作为一家想在中国做大做强的企业来说，必须意识到这一点，健全其管理体制，保护员工的合法权益，否则必将陷入劳资纠纷的旋涡，不仅影响员工对企业的感情更影响企业在公众面前的形象，阻碍企业的健康发展。

案例十七　蒙牛本世纪初的历险

危机范畴：企业竞争

危机起因：竞争对手恶意"谋杀"

案例介绍：

2003 年 6 月，蒙牛的竞争对手与北京某品牌传播机构签定将蒙牛这头带着"神五、标王、央视 2003 年度中国经济人物候选人"等等光环的"猛牛"扼杀成"死牛"的协议，并制定了周密的扼杀计划。

第一，空中打击——新闻诽谤

2003 年 9 月"受人钱财的刽子手"北京某品牌传播机构开始

按计划对蒙牛进行空中打击——新闻诽谤，目的是打击蒙牛企业的诚信，压制蒙牛公关动作及市场发展，拖延其上市时间，缓解蒙牛对竞争对手XX造成的压力；弱化央视2003年度中国经济人物之后蒙牛的宣传声音及削减牛根生的社会形象；营造2004年XX良好的竞争环境。时间持续到2004年1月。在这阶段针对蒙牛的新闻诽谤达到高潮，波及数十家媒体、数百篇稿件。蒙牛经过顽强抗争，于2月份，将一个由竞争对手出资600万元扶植的新闻诽谤团伙一举粉碎。在充分掌握"杀牛者"证据的条件下，蒙牛顾全大局，以德报怨，放弃了自己对这家企业的诉讼权，但这次"空中打击"极大地损害了蒙牛的商业信誉和商品声誉，造成直接和间接的巨大损失是无法估量的，险些影响了蒙牛的上市进程。

第二，地面暗杀——产品投毒

2004年2月至4月，XX竞争对手继续按照原计划执行"地面暗杀——产品投毒"，组织人员以向企业、政府和媒体发匿名信件、打匿名电话的方式，连续制造了湖北恐吓事件、广东恐吓事件、武汉恐吓事件、长沙恐吓事件、佛山恐吓事件，一时间，谣言四起，人心惶惶，企业与产业链上的西部百万奶农随时都有可能遭受灭顶之灾。在此期间，牛根生与他的管理团队坐镇北京，熬过了一个又一个不眠之夜，用生命的力量为正义而战。最后在党和国家重要领导的直接关怀和亲自部署下，由中宣部控制相关媒体，并由公安部直接指挥，通过北京、内蒙古、广东、湖北四省公关机关的连续奋战，所有恐吓分子全部落网，最终取得了反恐怖斗争的胜利。

2004年11月18日，央视招标蒙牛意外成为标王，媒体上开始出现对蒙牛质疑的声音而且这些文章内容大同小异，有的文章标题都没改，这违背了新闻原则。12月份蒙牛公司企划部的孙先红顺藤摸瓜找到文章的来源——北京某品牌传播机构，在公安机关的配合下发现了前面提到过的准备扼杀蒙牛的行动计划，至此由竞争对手策划的不正当竞争产生的企业公关危机得到了全面化解。

经历企业危机的蒙牛成为社会的蒙牛，全体员工的蒙牛。牛根生决定在他有生之年将自己的股权的50％以上的收益拿出来，成立老牛基金会。基金会用来奖励对蒙牛做出重大贡献的人，另外低于50％的收益用于他的工作、牛根生死后的股权不能由家人继承。

案例评析：

企业缺少防范公关危机的思想意识。在瞬息万变、竞争激烈的社会环境中，置身于期间的企业面临的生存环境和要应对的各类问题错综复杂，因此应该从认识上高度重视，把危机当作一种社会常态，即企业时刻要保持危机意识，随时准备应对危机，只有这样才能把危机"扼杀在摇篮里"或者及早发现危机并采取相应措施。蒙牛公司没有意识到在激烈竞争的乳品行业，自己的每一次公关活动取得的轰动效应，对于竞争对手来说都是沉重打击，并有可能遭受不正当竞争的危害。

蒙牛成功应对并化解此次企业面对的媒体危机和公关危机，为我们提供了处理企业危机的可以借鉴的实践经验，同时也暴露出许多企业在应对企业危机当中存在的不足之处。

在成功击碎"空中打击——新闻诽谤"后，虽然掌握了确凿的证据，但蒙牛还是"顾全大局，以德报怨，放弃了自己对这家企业的诉讼权"。从中国人重义气方面来说，这是无可厚非的，然而商场如战场，"不是你死就是我活"，企业间"没有永远的朋友，没有永远的敌人，只有永远的利益"，这是法则。蒙牛过分的相信"曾经是朋友"这个信条，淡化了此法则的存在，间接导致了对手对其二次打击发生。可见蒙牛缺少居安思危的防范意识。

在应对"地面暗杀——产品投毒"时，蒙牛有以下两点值得借鉴：

一是公司最高层领导统一指挥，整合有效资源应对突发的企业公关危机，有力保证了企业进行危机管理的一致性和有效性。在应对投毒事件的过程中，公司董事长牛根生亲自挂帅，利用竞争对手在零售终端各超市等卖场中对蒙牛产品投毒，不仅会影响社会公众排斥蒙牛产品，给公司造成企业形象和经济收入等多方面的损失，而且会危害上游产业链、地方支柱型产业的存亡及会危害广大消费者食品安全这个关系社会稳定大局的关键问题，上报中央最高领导层，得到本省政府的鼎立协助，并得到中宣部支持，控制了媒体对该事件的报道，从而对蒙牛控制整个事件的局面提供了有力的、根本性的保障，为取得应对企业公关危机的胜利奠定了坚实基础，同时在应对过程中配合有关省份进行统一的、有步骤的行动，从而取得"反围剿"的胜利。

二是及时应对公关危机，抑制了危机的进一步蔓延和扩散。蒙牛公司在2004年3月3日接到武汉蒙牛公司汇报，在武汉超市中发现投毒奶包，当日立即到公安局报案，这不仅使蒙牛公司从危机的开始就采取了相应的法律手段，而且为蒙牛公司及时控制危机进一步在全国范围的蔓延和扩散奠定了基础。

蒙牛虽然表现比较出色，但也有其不足之处：企业缺少应对公关危机发生的管理体系。蒙牛公司作为国内乳业的行业领袖，在激烈的市场竞争环境条件下，没有建立自己的公关危机管理机制和相应的支撑的体系。

企业应主动出击应对公关危机，深究产生危机的根源，防范危机的再次发生。2004年11月份当对手的"新闻攻击"再起时，曾深受"新闻诽谤"和"产品投毒"事件之苦的蒙牛公司没有坐以待毙，也没有采取大事化小，小事化了的方式，而是针对危机寻根求源，并积极与公关部门合作，最终发现了一整套有预谋的打击、压制蒙牛发展的行动计划，从而在根源上铲除了企业公关危机爆发的"定时炸弹"。然而此事也暴露了企业缺少有效的危机预警机制的问题。蒙牛缺少根据公关危机发生征兆来预测危机发生几率的预警系统，还停留在根据企划部门人员的经验来判断、预测危机发生的可能性，因此这对于认识危机的真相缺少科学性，容易被个别人的主观臆断所干扰。

通过应对企业危机，蒙牛锻炼了其管理团队，提高了企业应对突发危机的能力。在员工同心协力化解企业危机之后，为增强企业凝聚力，将危机转变成其做成百年企业的契机，公司董事长牛根生又无私的将自己的股权收益用来成立激励蒙牛人不断前进的老牛基金会，为做成百年企业打造优秀的管理团队，这就更为蒙牛的发展添加了安全保障和无穷动力。

案例十八　英特尔迅驰有惊无险

危机范畴：企业发展

危机起因：政策改变

案例介绍：

随着 2004 年 6 月 1 日中国 WAPI 标准强制执行期限的临近，英特尔"迅驰"何去何从成为媒体、消费者、渠道以及英特尔合作伙伴关注的焦点。针对舆论界出现的迅驰与国标之争的质疑声音，英特尔中国方面只是通过公关部经理表示："正在了解新标准的技术细节"，而英特尔总部和英特尔中国的高级官员则保持着谨慎的缄默。

其实，英特尔早就有所准备。在"WAPI 风波"吸引公众注意力之前，作为长期占据产业链高端、在产品市场占有率方面具有显著优势的跨国企业，英特尔已用了不到一年的时间，把迅驰笔记本送到了主流的位置。其国内合作厂商甚至包括了 WLAN 国标所圈定的受益企业，而随着国标的执行，必将损害这些企业、已经围绕迅驰技术进行了前期商业部署的运营商以及数以百万计的用户的利益，他们也必定会"替英特尔上阵"。果不其然，正是纷争方起时，重量级的国内企业（因为压货）、迅驰笔记本的用户纷纷质疑 WLAN 国标的经济价值与技术意义的原因所在。在质疑声中，这场危机随着"中国政府无限期延期执行 WAPI 标准"而结束。

案例评析：

危机来袭，应尽可能将影响危机发展趋向的各方因素都考虑周详，在此基础上部署管理过程、确定管理方式。

英特尔不愧是"老手"，在危机来临时看似"低调"的应对，不显山不露水，其实早已布置好了一切，胜券在握。在"WAPI风波"吸引公众注意力之前，建立好"食物链"，包括WLAN国标所圈定的受益企业、运营商、最终用户，一荣俱荣一损俱损。政府方面虽然有自己的立场，但来自产业内部、运营商、最终用户的"异议"却是谁也无法漠视的——合作伙伴和用户的直接"上阵"让英特尔得以最大限度地避开恶意舆论的锋芒，进而获得了部分公众的理解和同情。英特尔的成功之处主要表现在：首先，有强烈的危机意识，及早部署，在危机为来临时就已做出行动，建设好了化解危机的"渠道"；其次，策略得当。让产业内部、运营商、最终用户等成为自己的"棋子"，心甘情愿出面代己说话，不仅更具说服力还有效的保护了自己。在应对舆论的指责时，英特尔（中国）显示出了对国情的深刻了解和对公关技巧的熟练把握，以低调的、有足够弹性的表态从一定程度上缓解舆论的压力。最后终于成功化解了危机。

案例十九　郑州煤电股市跌停

危机范畴：企业形象

危机起因：股东企业发生事故无辜受牵连

案例介绍：

2004年10月20日，河南省郑州煤电集团大平矿发生瓦斯爆炸事故，造成人员严重伤亡。

事发后，郑州煤电股份有限公司以为与己无关，未出面在公开场合解释，导致公众对其误解，股票连续跌停。此时，该公司才紧急发布通告：郑州煤电有三个煤矿和一个电厂，它们分别是超化煤矿、米村煤矿、告成煤矿和东风电厂。河南大平煤矿发生的矿难属于大股东郑煤集团，跟本公司没有关系。至此，危机逐步化解，然而其所带来的损失，郑州煤电股份有限公司只能忍痛承受了。

案例评析：

这本是一起"事故危机"，然而由于郑州煤电股份有限公司反应迟缓，而使其转化为"公共关系危机"，并带来了巨大损失。

兵贵胜，不贵久——企业应在获悉危机发生后的 24 小时内启动危机管理机制，并做好准备工作，如各方言论的搜集、基本立场的确认、"官方"声明的拟定等，相关资源亦应协调到位。作为上市公司，郑州煤电更应深谙此化解危机之道。然而，从它的反应来看，它并没有足够的危机意识。随着市场竞争的日益激烈，建立危机预警机制，提高危机意识和危机管理能力对企业尤其是上市企业来说是非常必要的。

案例二十　广本的危机公关

危机范畴：意外伤害顾客

危机背景：

2004 年 6 月，广州本田汽车公司因为 03 款雅阁轿车出现燃油箱体与箱内燃油室支架焊点处振裂现象，发出免费检修或更换燃油箱报告，但没有发出召回通告。11 月 26 日，本田在美国召回27 万辆 04 款雅阁，原因是安全气囊可能有问题。本田的中国发言人称中国市场的 04 款雅阁不存在此缺陷，不需要召回。

广州本田汽车公司在中国汽车行业有着特殊的地位，它对中国汽车行业的影响力与冲击力是不言而喻的。它曾在轰轰烈烈、吸引大批眼球注意力的 Fit lady 全国公关活动中出尽了风头，新车未下线便被预订一空并获得"2004CCTV 中国年度汽车榜最具人气奖"、"2005 年度工程设计大奖"等荣誉。而在广州，本田的卓越表现对拉动城市 GDP 增长更是做出了巨大的贡献。

危机起因：车祸

案例介绍：

2005 年 1 月 9 日，杭州发生一起严重的车祸，一辆迎亲途中的本田雅阁轿车在撞击中断裂为两截，车祸造成三死两伤，"婚礼门"事件惊动全城；无独有偶，在此之前不久，有一辆本田飞度在山东临沂发生车祸，飞度在撞击中车身断为两截，驾驶员当场死亡。引起轰动，危机一触即发。但是考虑到广本的影响力与强大的公关势力，除了极个别媒体外，大部分媒体选择了在沉默中观望。

事发后广本曾召集专家进行了勘察，但对事故原因缄默其口。事过将近三个月，处于刀尖浪口的广本还是表现得异常平静：不仅没有召开新闻发布会对于"婚礼门"事件有正式的声明，也不见对两起车祸的受害者有公开的安慰、抚恤的表态，而对于外界的诸多探询，其发言人只是草草回答：一切等待鉴定结果出来再作定论，现在无可奉告。与此相反的是，在此两次危机事件发生之后不久，广本在总部举行了隆重的庆贺典礼：庆祝广本第50万辆轿车下线。

案例评析：

广本在车祸发生之后，将处理结果寄托在鉴定之后，并尽力封锁媒体的负面报道。从保护自身利益的角度出发，这种危机处理方式无可非议。但是，考虑到中国特殊的人文环境及中国民众的心理思维，这种危机处理方式却并不妥当。这种在西方或者其他国家可能是正确的危机处理手法放在中国特殊的市场环境中，并不完全合适。鉴于此，广本应注意以下几点：

第一，理应容情

随着中国社会的进步发展，讲"理"已经成为中国各行各业自觉遵守的一种商业准则。但是另一方面，中国也是一个讲人情的社会，与讲"理"一样，"情"已经成为一种处事的潜规则。

在中国，做生意有人情作为纽带会发展得更顺利，同样，在危机处理中，同样要顾及到"情"字，而不能凡事只是要求循"理"行事而忽视"情"的维护广本在"婚礼门"的严重车祸发生之后，如果考虑到中国特殊的人文环境，就应该主动向社会及受害人进行公开表态，甚至立即向受害人施以援手，而不是用一句冷冰冰的"一切有待事故鉴定结果而定"的话去回应外界。

第二，积极向媒体提供消息

同样，广本对于"婚礼门"事件处理中，对媒体报道的尽力封锁并不妥当，虽然凭着广本强大的公关势力可以让众媒体在短时间内失语，但是民众及媒体对于事件的探究心理却不会因此罢休。媒体只是尚未找到合适的爆发点，一旦时机到了，铺天盖地而来的舆论危机会让广本应接不暇，给企业造成严重的压力。

另外，由于中国媒体在民众心目中有很高的公信力，一旦媒体的舆论导向出现一边倒的情况时，纵使错方并不完全在企业，这时企业也是百辩无言，"三株"就是因此倒下的。

无论从情、从理的角度分析，广本自身的缄默以及逼使众媒体在如此严重事故之后集体失语，都是非常不适当的。因为在表面平静的底下，更加危险的危机激流正在四处寻找爆发的突破口。

第三，得民心者得市场

从弱到强、从三流产品到一流品牌，本田在全球的崛起发展有目共睹，我们有理由相信广州本田在科技研发、营销谋略、公关策略等等方面，可以说已经相当成熟。而对于企业或产品的危机管理，广州本田也绝对不会是弱项。从在中国对 03 款雅阁轿车发出免费检修或更换燃油箱报告来看，广州本田汽车公司的危机公关意识还是相当强烈的。而从本田在美国召回 27 万辆 04 款雅阁轿车，原因是安全气囊可能有问题，而且是"可能"来看，本田的危机处理手法娴熟。而广本作为其子公司，对在中国发生的两起车祸的危机处理手法是不是显得太令人失望了？出现这种情况的原因，既是日本企业对待不同国家市场的区别对待，也是因为日本企业对中国文化缺乏深入系统的了解，在特定事情上的认识与公众的理解存在着较大差异。另外，中国的消费者维权意识有待提高、相关法律法规有待完善也是造成上述情况的原因之一。

任何一家国际性的大企业，都应建立与其身份相匹配的危机处理机制，并在危机发生时主动承担其必须承担的责任。对于广本而言，无论如何，中国的媒体和公众还是希望看到一个勇于承担责任、主动表现企业社会责任感、主动向外界说明事件问题的企业，而不是一个竭力封锁媒体报道、用"一切有待鉴定结果而定"一句话来搪塞的企业，"主动承担起应承担的责任"才是最好的危机公关处理方式。然而在抚慰民众心理、还民众知情权的天秤上，广本已经在无形中输了一场。

在中国，处理危机事件最重要的原则就是要记住一点：争取民心永远比争取市场更为重要。相对于企业长远的发展，赢取民心总比暂时赢得市场更为重要。失去市场份额还可以夺回来，失去民心却是失去了一切。

总之，作为汽车行业的巨头，广本在企业的危机事件陆续而来时，要做的最重要的事情不应该是缄默其口、闭门自守，甚至企图用其他活动去转移公众视线，以此在短时间内保住自己的产品市场销售，而是主动向社会发布声明，表现广本的态度与立场，立即抚恤受害者——即使最后证明责任方并不在己身上。只有这样才能继续赢得中国民众的信赖。

案例二十一　肯德基："苏丹红"的考验

危机范畴：食品安全

危机起因：部分产品涉嫌含有苏丹红

2005 年 2 月 18 日，英国食品标准署发出"苏丹红一号"警报；23 日，中国国家质量监督检验检疫总局发出通知，要求各地质检部门加强对含有"苏丹红"食品的检验监管，并通知亨氏、肯德基等有关跨国企业进行自检。

3 月 4 日，肯德基供货商——亨氏"美味源辣椒酱"被查出含有"苏丹红一号"。几乎同时，肯德基被查出其新奥尔良烤翅、烤鸡腿堡两种产品中含有可能致癌的"苏丹红一号"添加剂并被被曝光，3 月 19 日，北京市有关部门在食品专项执法检查中又查出其"香辣鸡腿堡"、"辣鸡翅"、"劲爆鸡米花"3 种产品中也含有此添加剂。至此，肯德基含有"苏丹红"的产品增至五种。一时间，各种不利的议论包围了肯德基，尤其在3. 15的大背景下，危机显得尤为强势。

危机的发展及处理：

为应付"苏丹红"事件，肯德基在2月底就启动了危机小组，由营运、产品质量控制、物流、公共事务等部门的10多位员工为小组核心，共同应对"艰难"时期。

"涉红"问题出现后，3月16日下午，肯德基主动向公众宣布：其新奥尔良烤翅和烤鸡腿堡的调料中被发现含有"苏丹红1号"，国内所有肯德基餐厅已停止出售这两种产品。百胜餐饮集团已经将国内所有餐厅和配销中心的问题调料进行回收，并按照肯德基公司内部废弃物处理标准程序进行销毁。

但是在随后发表的声明中，肯德基所属的中国百胜餐饮集团将被检出"苏丹红一号"归结为"供货商的责任"，并称："我们虽然多次要求百胜的相关供应商确保其产品不含'苏丹红一号'成份，并获得了他们的书面保证，但是非常遗憾，在肯德基新奥尔良烤翅和新奥尔良烤鸡腿堡调料中还是发现了'苏丹红一号'成份。"强调公司将追查此次供应商的违规责任，确保此类事件不再发生。这份声明立即被网民们抨击为"推卸责任"，也遭到中国食品专家的批评。

3月22日，肯德基在全国发出通告，称对"苏丹红"的调查已全面完成，有问题的调料都已排除，并得到妥善处理，经检验不含"苏丹红"的替代调料也已准备就绪。新奥尔良烤翅将从3月23日起在各城市陆续恢复销售，短期促销产品新奥尔良烤鸡腿堡将停止售卖。同时，肯德基再次强调，"所有相关产品都已送交国家认可专业机构进行全面检测，化验结果确认所有产品都不含"苏丹红"成分。请广大消费者放心食用。"

肯德基所属的中国百胜餐饮集团还宣布，投资不少于200万元成立一个现代化的食品安全检测研究中心，对所有产品及使用原料进行安全抽检，并针对中国食品供应安全问题进行研究。

在连续的公开声明和果断措施中，危机渐渐化解，肯德基的餐厅里依旧生意红火。

案例评析：

面对突如其来的危机，肯德基积极应对、及时公开信息，终于将其顺利化解，其成功之处主要表现在：

第一，危机意识强，反应迅速。诚恳的自查，早在英国发出"苏丹红"警告时，肯德基（中国）就意识到了问题的严重性，开始在中国的各个餐厅开展自查工作，并于 2 月底启动由各相关部门组成的危机小组以应对可能出现的危机。

第二，及时道歉并向外界公布信息，以保证消息的畅通。"涉红"问题当头，此举向公众表明了其积极应对危机的态度，同时也避免了猜测及不利消息的传播。

第三，全国连锁统一步骤，主动停售。对问题调料进行回收、销毁，此举展现了肯德基以消费者健康为重、宁愿自己承受损失的正面形象。

第四，采取措施，避免类似食品安全问题发生。斥巨资成立现代化的食品安全检测研究中心，使消费者重建对其食品安全的信心。

但是，肯德基也有失败之处，如第一次"苏丹红"事件发生之后，将责任推给供货商，称问题是由供货商违反了其已写"保证书"所至。作为国际知名的餐饮企业，对食品安全风险的控制管理机制是不会仅靠供货商的一纸"保证书"来维持的，此解释不免牵强，有推卸责任之嫌。还有就是在就"苏丹红"事件公开向消费者道歉并信誓旦旦的保证回收问题调料后，又出现了二次"苏丹红"事件，原因是 GMP 标准守门不力，物流中心失职，这也暴露了肯德基在管理上的漏洞和执行上的混乱。可见，无论对国内企业还是对跨国企业，管理是否规范，执行是否到位，都直接影响着企业的发展和危机的规避。

案例二十二　宝洁 SK．Ⅱ风波

危机范畴：化妆品安全

危机起因：消费者诉讼

2005 年 3 月 7 日，一江西吕姓消费者因使用宝洁的明星品牌 SK．Ⅱ产品出现皮肤问题，怒而状告宝洁公司。

该消费者听信 SK．Ⅱ关于"连续使用 28 天细纹及皱纹明显减少 47％"的广告宣传，购买了一支 SK．Ⅱ紧肤抗皱精华乳，结果使用 28 天后非但没出现上述效果，反而导致皮肤瘙痒和部分灼痛，为此向法院提起了诉讼。另外，她的代理律师认为，此款产品还存在成分标示不明及成分含腐蚀性物质的嫌疑。因为撕去了这款产品瓶身上贴着的不干胶中文说明，发现瓶身原本印有产品成分的日文说明，经译，日文标示的产品成分表明，这款 SK．Ⅱ紧肤抗皱精华乳的成分包括氢氧化钠、聚四氟乙烯、安息香酸钠等化学材料，其中氢氧化钠俗称"烧碱"，具有较强的腐蚀性，而聚四氟乙烯俗称"特氟龙"，"特氟龙"是用于电饭煲不粘锅制造的常见化学材料。

危机的处理：

当日上午，宝洁公司就此事召开了紧急会议，并通过公司销售专柜尝试联系消费者，同时，公司法律部主动联系受理此案的江西当地法院。

当日晚，宝洁又联系新浪财经，发表了一系列声明，称 SK．Ⅱ产品上市前经过了公司内部严谨的安全检测，确保产品的安全性，进入中国市场之前，通过了政府相关行政部门严格检验和审批，完全符合政府各项法律法规，同时对 SK．Ⅱ紧肤抗皱精华乳中所含的氢氧化钠（NaOH）成分的作用作了简要说明并公布了供有疑问的消费者拨打的热线电话。

此后，关于媒体对此事的报道及消费者的诉讼，宝洁做出了"恶意炒作"的判断与"动机不纯"的定性。宝洁公司还搬出了该产品的两位形象代言人。

3月9日晚，南昌市工商局公平交易局有关人士做出了"SK.Ⅱ广告中所涉及的内容都有实验数据支持的说法很值得质疑"的评述。SK.Ⅱ案当事人吕女士又委托代理人向法院递交了两份"追加被告"申请，一份针对"宝洁（中国）有限公司"，一份针对"刘嘉玲"，指控罪项均为"欺诈"。

3月28日，江西南昌市工商局对宝洁公司罚款20万元，缘由是宝洁在"SK.Ⅱ紧肤抗皱精华乳"的宣传手册中称，使用这种护肤品后，将使你"皱纹减少47％"、"肌肤年轻12年"。而实际上，宝洁早已不在欧美国家使用类似的宣传语言。

案例评析：

随着消费者维权意识的提高，日用品、化妆品，尤其是食品等使用后会涉及人身健康的产品，遭遇消费者投诉、公曝于众而起的危机事件会逐渐增多。对于化妆品行业来说，发生危机事件一般与企业的炒作手法有较大关系，尤其是一些功能性化妆品，实用效果达不到宣传的高度，遭遇危机的可能性就比较大。遭遇危机事件，在处理上没有什么奇招、怪招，而是"有路数可寻"：首先是态度要坦率，敢于将自己的处理过程公曝于公众目光下，其次要真正做一些务实、细节的工作。

作为跨国公司，宝洁没有表现出与其身份相匹配的危机公关能力。"恶意炒作"的判断并没有让媒体停止继续"炒作"，"动机不纯"的定性又缺乏事实依据。更为不合时宜的是，宝洁公司搬出了该产品的两位形象代言人。只要不弱智的人都明白，代言人的声援是建立在数以百万元计的商业利益的基础之上的，其公信力可想而知，充其量不过是给媒体增加了一点报料。

宝洁的幼稚公关使这场发端于3·15之前的消费风波愈演愈烈：危机发生后，SK.Ⅱ"涉嫌虚假宣传"和"烧碱风波"在媒体的关注下迅速传播，从消费者投诉，到工商部门的介入，再到法院的立案，时间仅仅为数天。

有人称宝洁公司的危机管理办法是按照国际惯例来执行的。

这似乎是某些跨国公司，在展开中国战略时实施"中国化"手段中的一大通病。表面看，这次危机公关是宝洁公司公关体系的幼稚，实质上，体现出来的却是一个大型跨国公司在处理消费者与公众知情权问题上的傲慢与偏见，在国内国外执行两套标准。

中国的市场专家指出，从产品质量、技术标准、售后服务到危机处理，跨国公司在国内国外执行两套标准的现象的确大量存在；但双重标准之所以产生，与中国的监管环境、标准制定、法律环境和消费文化的发展现状都不无关系，这是跨国公司的"本土战略"与中国市场状况博弈的结果。跨国公司在"本土化"的过程中，通常会按照所在国的国家标准组织生产和经营。由于中国部分行业标准低于欧美国家，同款产品在国内外形成了实际意义上的不同档次。而所谓"营销歧视"，则指在商业行为中，生产厂商直接或间接地针对不同地区的客户，有意无意地采用了不同的营销标准或营销行为方式。营销歧视通常利用法律、法规的漏洞来实现。

近年来随着中国从传统的计划经济向市场经济转型，随着国民收入不断增加，中国的各项制度建设和消费文化都在迅速提升，消费者维权意识不断提高，投诉也不断增多。而对危机事件管理不当、导致对企业或品牌造成伤害，也已经成为阻碍跨国企业在中国继续迅猛发展的绊脚石。作为想在中国"掘金"的跨国企业应及早看到这一趋势，及时针对市场的变化调整战略，无论国内国外一视同仁，这样才能赢得消费者的信任，从而赢得长远市场。

案例二十三　强生婴儿护肤品石蜡油事件

危机范畴：日化品安全

危机起因：印度权威部门检测结果传至中国

2005 年 3 月 17 日，印度马哈拉施特拉邦食品与药物管理部门官员表示，经测试发现强生婴儿油中含有液体石蜡油，而在强生婴儿发油、护肤液和洗发液中也发现了"对婴儿有害的矿物油和化学成分"。印度当地官员表示，强生公司不取消"婴儿使用"标志，其产品将在马哈拉施特拉邦禁售。同时还建议印度联邦政府在全国范围内禁止这些强生产品使用"婴儿使用"标志。

消息不胫而走，很快传至中国，引发了消费者的恐慌。

危机应对措施：

强生（中国）公司表示，在印度的产品遵照印度的当地标准，而在一些没有当地标准的产品上，如强生婴儿油、婴儿霜和婴儿露等产品，强生公司完全遵照自己的全球标准。强生的产品通过了世界所有权威机构的检测，同时强生公司在全球的产品大部分都是当地采购当地生产。

其最新表态称，强生的产品中含有石蜡油。但是，专家指出化妆品含有石蜡油本身并没有问题。强生的产品在中国进行了超过200次的安全测试和产品实验，以确保其配方用于婴儿身上是安全的。强生（中国）在中国生产和销售的产品均符合中华人民共和国相关行业产品标准，其原料的使用符合国家卫生部颁发的《化妆品卫生规范》。产品上市前均经过卫生部指定检验单位——上海市预防医学研究院，进行安全性评价，结果均符合《化妆品卫生规范》。

有消息表明，国家工商总局和卫生部正在调查强生的产品问题，但目前尚无结论，而强生的产品销售依然保持正常。

（石蜡油又称矿物油，是从原油分馏所得到的无色无味的混合物。它可以分成轻质矿物油及一般矿物油两种，而轻质矿物油的比重及黏稠度较低。由于矿物油具有低致敏性及不错的封闭性，有阻隔皮肤水分蒸发的作用，所以常在婴儿油、乳液或乳霜等护肤品中被当作顺滑保湿剂来使用。此外，因为它具有良好的油溶性质，所以也会出现在卸妆油或卸妆乳中。）

案例评析：

以卫生部的调查声明作为此次危机的句号，以权威机构的检测等他方的观点来佐证自己的安全性，的确是很可取而且是必然途径。然而强生在声明中却表示："在中国进行了超过200多次的安全测试和广泛的产品实验，来确保强生婴儿产品的配方在用于婴儿身上是安全的。"这显然是要让为人父母的不得不担忧："没准，自己的孩子就做过它的试验品"。相信强生不会想让自己在危机中再爆弊端，那么，在应对此次危机时，其负责人要么是"居高自傲、得意忘形"，要么是准备不足，口不择言。但是不管怎样，这对危机的化解都是不利的。

案例二十四　联合利华：立顿速溶茶氟化物超标事件

危机范畴：食品安全

危机起因：媒体曝光

2005 年 3 月份，《环球时报. 生命周刊》称，"美国一项最新研究发现：许多速溶茶里的氟化物含量超标，过量饮用会引发骨骼氟中毒。"该报道称，氟是人体所必需的微量元素，它能促进骨骼发育、预防蛀牙。许多城市的自来水中都添加了一定量的氟化物，来促进市民的牙齿健康。但是物极必反，过量的氟化物会使人体骨骼密度过高、骨质变脆，从而导致疼痛、韧带钙化、骨质增生、脊椎黏合、关节行动不便等症状。为此，该报道提醒消费者，每天吃六袋以上的消费者一定要注意，以免引发骨骼相关的疾病。

接着又有报道，美国华盛顿大学医学院教授迈克·维特对美国市场上不同品牌的速溶茶做了测试分析，结果发现，很多品牌的速溶茶中，氟化物的含量叫人大吃一惊：美国环保局规定，饮水中每升所含有的氟化物最多不得超过 4ppm（ppm 表示一百万份重量的溶液中所含溶质的重量），美国食品和药品管理局所规定的瓶装水及饮料中每升所含氟化物标准则是不得超过 2. 4ppm。而市场上销售的立顿普通型速溶茶的氟化物为每升含 6. 5ppm，大大超过了以上标准。这些报道在中国引起广泛关注。

危机应对措施：

针对此不利说法，联合利华（中国）公司的公关部经理吴亮称，联合利华在美国市场销售的立顿茶严格按照 FDA（美国食品和药品管理局）的相关标准执行的，绝对不可能超标，同时他对维特教授的抽查的科学性提出了质疑。

接着，联合利华（中国）公司从市场上随机购买正在中国市场上销售的立顿产品送往农业部茶叶质量监督检测中心进行检测。该中心对不同批号的四种立顿产品进行了先后四轮的检测。3月29日上午10时，农业部茶叶质量监督检测中心正式公布了关于联合利华立顿茶氟含量检测结果：被检测的立顿系列产品氟含量全部符合标准。

联合利华公司表示：作为世界最大的食品公司之一，公司非常重视食品安全。在食品安全的研发和控制流程方面有严格的标准。立顿在中国的系列产品一贯遵从联合利华全球的严格标准和国家有关标准，通过了 ISO9001 及 HACCP 认证，生产的产品品质符合 GB7101. 2003《固体饮料卫生标准》，QB/T3623. 99《果香型固体饮料》。危机告一段落。

案例评析：

此案例中，联合利华（中国）公司的危机公关能力不错，"成功"地绕过了我国"国家标准"的两道关卡——国家标准委和《生活饮用水卫生标准》，取得了一个根本不算国家标准的"标准"的庇护，比较有说服力。但萦绕在消费者心中的疑问并没有散去：立顿氟化物含量符合什么样的标准才能让人放心？作为生产"入口"食品的企业，危机发生时不是用公关手段将之化解就万事大吉了，而应更关心消费者的需求和健康，这样才能实现长久发展，从而获得更大的利益。

案例二十五　哈根达斯"厕所门"事件

危机范畴：食品安全

危机起因：媒体曝光

2005 年，继亨氏、肯德基、强生、立顿、雀巢等跨国知名品牌相继爆出质量丑闻后，《珠江晚报》报道，被称为"冰淇淋中劳斯莱斯"的哈根达斯，竟出自深圳罗湖区振华大厦里的一套三居室的小作坊，这个无牌无证的房间，竟是哈根达斯深圳品牌经营店的正宗"加工厂"。

危机的处理：

事发后，哈根达斯负责人对外宣称，"无证"是因为其没有及时更新卫生许可证。在深圳"厕所门"事件爆出的第四天，哈根达斯上海、北京中央大厨房就首次向媒体打开，以证明上海市场的冰淇淋蛋糕全部在本地加工。哈根达斯中国区总部在事后通过媒体向消费者致歉。案例评析：

面对食品质量事件，有些企业真心诚意地采取了补救措施，承担了应负的责任，但遗憾的是，更多的知名品牌却将"功夫"花在了"诗外"——他们不是光明磊落地承担应尽的责任，而是动用一切手段开展危机公关，甚至力图摆平政府职能部门和媒体，混淆视听，强压消费者。

此案例中，哈根达斯一直强调其问题是未"及时更新卫生许可证"，而据深圳工商部门的注册登记资料显示，哈根达斯在深圳六家分店的经营范围均为"销售本公司产品"，也就是说根本没有产品加工资格，而不只是没有卫生许可证的问题。哈根达斯的解释未免过于牵强，同时其认识问题避重就轻的态度也使得道歉缺乏诚意。一个知名国际品牌在对外的声明中不断使用'生产车间'和'厨房'等名词。这种应对危机的公关辞令实在让人耳目一新。事发后，先后保护上海、北京等城市"据点"，这让人看起来，深圳哈根达斯好像确实只是个别现象，不得不承认，这点确实值得学习。然而就在发表据致歉书后，《南方都市报》又爆料：其成都"据点"又成了黑作坊！可见，其卫生问题还真是个大问题。

案例二十六 高露洁"致癌"牙膏风波

危机范畴：日化品安全

危机起因：媒体报道失实

2005年4月13日，美国弗吉尼亚理工暨州立大学向新闻界提供了题目为《太爱干净可能对你的健康和环境有害》的新闻素材，介绍了该校教授 Peter Vikesland 的研究成果：很多抗菌香皂中包含的抗菌化学成分三氯生，会和自来水中的氯发生反应，产生挥发性物质三氯甲烷，而三氯甲烷被美国环保署列为可能的人类致癌物。

4月15日，英国《旗帜晚报》记者马可·普里格根据 Peter Vikeslands 的观点写出了《牙膏癌症警告》一文。该文章的主题是"十几种超市出售的牙膏今天成为癌症警告的焦点，受到有关影响的还有一些抗菌清洁产品，包括洗碗液、洗手液等"。并声称《旗帜晚报》调查发现，包括高露洁等品牌在内的数十种超市商品均含有三氯生，而马莎百货正在撤出所有含三氯生的商品。在文章中，马可·普里格还提供了"专家说法"：世界自然基金（WWF）毒理学专家 Giles Watson 警告说，消费者如果不放心的话，最好的建议是避开含有这种化学物质的产品。

该文在英国并未掀起波澜，但在国内却掀起了轩然大波，媒体纷纷爆炒，均在显著位置发布高露洁可能致癌的消息。

危机的处理：

4月18日，针对一些媒体关于高露洁牙膏可能含有致癌成分的报道，高露洁牙膏的生产商广州高露洁棕榄有限公司发表声明称，"高露洁全效牙膏已经由全球各相关权威机构审查与批准"。并表态：目前公司不会回收中国市场上的高露洁牙膏，必要的时候会给媒体一个答复。

4月19日，Peter Vikesland 在接受相关媒体采访时说，许多媒体对他的观点纯属断章取义。他没有说，也没想给谁一个结论，说抗菌化学物质是潜在的危险和值得引起健康关注。他说，周五伦敦《旗帜晚报》说的英国玛莎超市把有些牙膏下架，显然是对他最近研究的过度反应。他认为，人们跳过了他的结论，现在没有担心的必要。

4月19日，媒体又披露出宝洁旗下的佳洁士同样含有三氯生。随后，国家质检总局法规司有关负责人也表示，我国有相关规定，禁止化妆品中使用三氯生成分，但目前对牙膏产品中三氯生成分还没有明确的安全标准及检验标准。国家质检总局将密切关注此事。

虽然 Vikesland 对他的观点作了解释，但是高露洁有致癌嫌疑的消息让消费者恐慌。高露洁牙膏销量明显下降，甚至有人开始退货。许多网站发起了网上调查。"截至20日凌晨0时15分，共有60025人参加了新浪网的网上调查，其中54118人表示将不再购买高露洁牙膏，仅5907人愿继续使用该产品。这说明，不少网民对高露洁的信任几乎降至冰点；88.4%的网民过去信任高露洁品牌，但是现在愿意使用该品牌牙膏的网民仅占9.84%。"

4月21日，《南方周末》发布《高露洁致癌事件调查：谁制造了牙膏信任危机》，称所谓"高露洁致癌事件"，其实是由于媒体信息传递失真而制造的一起"公共卫生危机"。Vikesland 在接受该报记者采访时对《旗帜晚报》的报道表示遗憾："这是一篇非常差的新闻——如果有人称其为新闻的话，它明显扭曲了我们的研究工作。我讲的也就是使用抗菌洗洁精时可能发生的事情，怎么和牙膏扯上关系了呢？我的名字竟然出现在这样一篇报道之中，真是让我非常失望。"

4月27日，高露洁棕榄公司副总裁 David Wilcox 及亚太区总裁高仕亚等一行紧急赶到中国，前来救火。

当日，高露洁对"牙膏致癌"传言正式对外界作出回应。召开新闻发布会，接受150多家新闻媒体的"拷问"。高露洁在中国的制造商广州高露洁棕榄有限公司董事长方宝惠表示，"高露洁全效"牙膏是全世界经过最广泛测试和评估的牙膏，全世界超过30家独立的牙医协会都盖章认证了该品牌牙膏的安全性，消费者完全可以放心使用。在发布会现场，高露洁向记者出示了两大证据：一方面，David Wilcox 等带来了威克斯兰教授的澄清录音。威克斯兰表示，"媒体错误地报道和过度地反应，造成了不必要的恐慌"，他的实验室研究根本没有涉及到牙膏，或提出任何对高露洁牙膏使用安全性的担心。另一方面高露洁展示了中华口腔医学会和中华预防医学会近期发表的声明，这两大机构确认：在中国所做的研究发现，高露洁全效牙膏的独特专利配方非常有效。

但是，此前表示关注此事件的国家质检总局并未出席会议进行表态。至此，高露洁事件落幕。

案例评析：

高露洁在应对危机的表现中有以下几点教训值得其它企业"改之"或"加勉"：

1、公事公办，毫无诚意。在媒体开始爆炒其致毒嫌疑时，高露洁却只是公事公办地发表声明，称"高露洁全效牙膏已经由全球各相关权威机构审查与批准"，让人感觉傲慢，毫无诚意。

2、十天后才召开新闻发布会，错过了灭火的最佳时机。只到十天后，高露洁才正式面对媒体和公众，但这时候人们的恐慌早已达到顶峰。

3、没能够动用政府表态，公信力不够。在高露洁的新闻发布会现场并没有国家质检总局官员到场，虽然高露洁方面就"政府对整个事件已非常了解，没有疑问和声明，就是对我们的安全性有信心。"但显然不具有说服力。沉默只能说明政府官员对事件的性质还没有把握。

4、不敢承担责任。在高露洁并不能完全排除自己是否会致癌的情况下，却不敢勇于承担责任，只是一个劲地表示"目前公司不会回收中国市场上的高露洁牙膏，必要的时候会给媒体一个答复"。如此言语，让消费者反而更不放心。

当然，高露洁在事态愈演愈烈之时，力挽狂澜，也有其出彩之处，表现在：

1、有极强的媒体掌控能力，很快使媒体报道的风向发生转变。4月19日，广州高露洁棕榄公司法律及政府事务部告诉《南方周末》，该公司4月18日已经发表了一份声明，接下来还会对媒体和公众做出更详细的说明。随后，《南方周末》发布《高露洁致癌事件调查：谁制造了牙膏信任危机》，称所谓"高露洁致癌事件"，其实是由于媒体信息传递失真而制造的一起"公共卫生危机"。由于《南方周末》的影响力，重多媒体的报道的风向开始转向。

2、由研究人本人发言澄清，正本清源。2004年4月27日新闻发布会上，高露洁公司播放了"三氯生危机"始作俑者美国弗吉尼亚理工学院的教授彼得·威克斯兰（Peter Vikesland）的一段录音，彼得表示，自己的研究只是有关于自来水和含有玉洁纯的清洁剂相互之间的化学反应，根本没有涉及牙膏。同时"刷牙时仅用少量的水，因此研究中所提及的化学反应不会发生在任何类型牙膏的使用过程中。"

3、充分借助第三方独立机构的影响力。虽然新闻发布会现场并没有国家质检总局官员到场，但高露洁也充分借助了第三方机构的影响力，一是在新闻发布会上中华预防医学会等均派代表出席，二是列举了大量独立第三方权威机构的证明，以及高露洁公司自身的安全记录。三是召开有专家、学者、政府官员及媒体记者参加研讨会，进一步借用媒体进行公关。

4、在新闻发布会上，高露洁亚太区总裁高仕亚，广州高露洁棕榄有限公司董事长方宝惠、高露洁棕榄公司副总裁魏德威、高仕亚都出现在会场，表现出对消费者的重视，从而在一定程度上得到了公众的谅解。高露洁亚太区总裁高仕亚先生对记者说，"在高露洁，我们的工作不仅仅是销售牙膏。高露洁为人称道的是它的产品质量和安全保障。高露洁在全球开展了很多宣传口腔健康的活动，这些都体现了我们最根本的价值观——关心我们所处的社会以及生活在这个社会中的消费者。"这番话可以视作是高露洁对此次风波的结语，也是对消费者的承诺。

案例二十七 科学经营我们的健康

危机范畴：个人健康危机

危机起因：科学、文化名人的相继猝然离世

案例介绍：

2005 年 8 月 5 日，浙江大学数学系 36 岁的皖籍博导何勇因患肝癌刚刚离开人世，8 月 18 日 46 岁的著名小品演员高秀敏、8 月 30 日 42 岁的当红影星傅彪分别又因心肌梗塞和肝癌撒手人寰。之前还有"高知"清华大学的焦连伟和中国社科院萧亮中，名人明星古月、陈逸飞等的相继猝逝。惋惜之余，人们开始对个人健康危机进行深入的探讨和研究。

案例评析：

今年以来，高知分子的"过劳死"和名人明星突发疾病去世的事件频发，折射了国人普遍的不重视自身健康、重治病轻防病观念，这突出表现为缺乏体检意识。

一个人之所以猝死，说明他的病已达到一定的程度。如果仅仅是生活中遇到大喜大悲之事，或遭遇恶劣天气，没有严重的病理基础即使病发也不足以危及生命。

有关专家建议改变"得了病再治"的医疗模式，积极建立"三级预防控制慢性疾病"的观念。一级预防是病因的预防，就是改变生活不良习惯和行为，使疾病不发生；二级预防是早发现，早诊断，如每年体检一次及早查出疾病；三级预防是针对发生的疾病进行积极有效的治疗减少并发症，用良好的康复手段来提高生活质量。

不健康的生活方式导致了慢性非传染疾病的产生，而减少和改正这种生活方式，就是预防此类疾病的最好方法。医学研究认为，个人的健康和寿命有 60% 取决于社会因素，8% 取决于医疗条件，7% 取决于气候的影响。如果我们重视自己健康，我们就可以通过改变个体行为来保持健康，通过科学管理来保障健康。

在慢性疾病尚未形成或者尚未发展成不可逆转之前来控制或延缓其进程。这种保健服务模式已势在必行。7 月 30 日，在北京举行的第二届中国健康产业论坛上，全国人大副委员长韩启德提出"健康管理已经成为一门学科。另据近日劳动和社会保障部即将公示的第四批新职业，健康管理师有望成为新职业。

可见：关爱自身，科学经营我们的健康已被政府部门提上了日程。个人健康危机已不仅仅只是个人的危机，珍爱自身健康，是每一个公民对社会最崇高的责任。

社会在发展，危机形式也会更加多样化，本书结束后，我们关于企业危机管理的探讨也就告一段落，但并不代表全部结束，我们还会继续关注危机，关注企业危机管理。

参考文献：

［1］胡君辰、凌赟慧. 现代企业该如何应对人事危机? 英才网联. 2005．07

［2］游昌乔. 危机管理之媒介攻略. 中国营销传播网. 2004．09

［3］李宝元. 人力资源管理案例教程. 北京：人民邮电出版社［M］. 2002．

［4］李黄珍. 救火要赶在第一时间.《职业》2005 年 8 期号

图书在版编目（CIP）数据

危机应对/张庆祥 孙振泽著 . - 北京：人民武警出版社，2007.7

ISBN 978 - 7 - 80176 - 218 - 4

Ⅰ. 危… Ⅱ. ①张…②孙… Ⅲ. 紧急事件 - 处理 Ⅳ. C936

中国版本图书馆 CIP 数据核字（2007）第 075050 号

书名：危机应对

编著：张庆祥 孙振泽

出版发行：人民武警出版社

　　社址：（100089）北京市西三环北路 1 号

　　图书部电话：010 - 68795387 发行部电话：010 - 68795350

经销：新华书店

印刷：金星印刷厂

开本：850×1168　1/32

字数：195 千字

印张：9

印数：1 - 3000 册

版次：2007 年 7 月第 1 版

印次：2007 年 7 月第 1 次印刷

书号：ISBN 978 - 7 - 80176 - 218 - 4

定价：53.00 元
